KB090421

여행사 취업특강

정찬종 · 곽영대 저

백산출판사
BAEKSAN Publishing

머 리 말

　장기적인 불황에 따른 취업난은 두말할 필요도 없이 여행업계에 한정된 것만은 아니다. 취업을 눈앞에 둔 학생들은 예년보다도 꽤 일찍부터 준비를 하고 있으며, 여행사에서 취업 공고를 해야 할지 말아야 할지 망설이는 사이 자료청구를 해오기도 한다.

　취업이 어렵다는 배경에는 경기침체에 의한 채용인원의 감소를 들 수 있다. 그 영향으로 타 업계를 제1지망으로 하고 있던 대다수 학생들이 여행사분야로 접근해 오고 있다. 더욱이 매년 퇴직자가 나올 것을 미리 예측하여 여행사는 채용예정자수를 결정하지만 퇴직률이 최근 수년간 낮아지고 있어서 퇴직률을 감안한 채용은 기대할 수 없게 되었다.

　최근에는 "여행사 취업을 위해 여행스터디그룹에서 공부했다", "복장도 세련되고 예의도 바르다", "외국어 실력도 상당한 수준이며 성적도 우수한 학생이 많다"는 등으로 요약할 수 있다. 이러한 현상은 여행사의 장래에도 밝은 요소들이다. 그러나 대다수학생들은 매뉴얼대로의 발언뿐으로 독창적인 개성이나 열의를 느낄 수 없는 학생들이 적지 않다.

　많은 사람들이 여행사에서 일하고 싶다고 찾아온다. 아마도 인기도 면에서는 타의 추종을 불허할지도 모른다. 특히 여성들에게는 자신의 능력을 최대한 발휘할 수 있는 매력적인 직장일 것으로 생각한다. 그리고 많은 사람들이 취업의 어려운 난관을 돌파하여 일하기 시작한다. 그러나 또한 실로 많은 사람들이 여행업계를 떠나고 있다. 수많은 젊은이들이 활기차게 입사하고서는 얼마 지나지 않아 서서히 여행업계에서 도태하고 마는 것 또한 사실이다.

　개중에는 "실은 인간관계가 잘 안돼서", "상상했던 일과 거리가 멀어서", "꿈이 깨져서" 등 여러 가지 이유를 들고 있으나, 난관을 극복하고 어렵게 쟁취한 취직이라면 그 업무를 충분히 소화해내는 것이야말로 보람이 아닐까? 업무를 즐길 줄 알아야 인생을 즐길 수 있는 것이다.

　직장을 선택하는 것은 인생에 있어서 매우 중요한 일이다. 취직에 대한 정보 또한 흔하게 널려 있다. 그러나 그 대다수는 채용을 원하는 여행사의 달콤한 권유와, 일한 지 수년이 경과한 여행사 입장에서 비교적 우수한 인재로부터 보람을 느끼게 하는 메시지 등 긍정적 정보와 그와 정반대로 취업하고 나서 그 결과 꿈이 깨진 사람들의 부정적 정보가 대다수를 점한다.

저자들은 서울소재 여행사에서 10수년 이상 근무하였으며, 여행사에 취업할 학생들을 선발하는 업무에 다년간 종사한 경험을 가지고 있다. 또한 대학의 강단에 서서 20여년 이상 학생들에게 줄곧 여행사 관련 과목을 가르치고 있어서 채용자로서의 입장과 공급자로서의 입장 모두를 잘 알고 있는 편이다.

그러므로 중간자적인 입장에서 여행사 취업에 대해서 써보고 싶다. 현업과 강단에 서서 그간의 근무경험을 토대로 여행사 취업을 원하는 젊은이들에게 참고가 되기를 바라는 심정에서 이 책을 집필하기로 하였다. 여행사를 선택하여 내 인생이 즐거웠다고 여길 수 있게 된다면 저자로서 이 위에 기쁨은 없을 것이다.

끝으로 이 책을 출판할 수 있도록 허락해 주신 백산출판사 진욱상 사장님을 비롯하여 편집부 직원들의 호의에 깊은 감사를 드리는 바이다.

2008. 가을
공동저자 드림

이 책의 목차

Employment Guide of Travel Agency

Chapter 6 여행사의 종류는 몇 가지나 되나 / 130

Chapter 7 여행사에서는 어떤 사람을 원하나 / 138

Chapter 12 여행사 면접시험 대책 / 196

Chapter **13**
부 록 / 282

취직활동을 개시하기 전에

Employment Guide of Travel Agency

취직활동을 개시하기 전에

취직활동을 시작하기 전에 알아둘 것이 있다. 그것은 "무엇을 위해 취직활동을 하느냐"이다. 목표가 정해져 있지 않으면 달릴 수 없다. 우선 자신의 인생이 유한하다는 것을 인식하지 않으면 안 된다. 그러한 까닭에 그 시간을 유용하게 사용하기 위해서는 자신만의 가치기준을 인식하고, 그 결의를 다져야 한다. 당신에게 취직은 정말 절실한 것인가? 천천히 그리고 가슴에 손을 얹고 질문을 던져보기 바란다.

취직활동이란 먼 여행을 떠나는 것과 같다. 당신은 어떤 상황에서 이 책을 손에 넣게 되었는가? 이제부터 취직활동을 하려고 하는 사람? 서류심사나 면접이 잘 안되어 고민에 빠져 있는 사람? 최종결과에 목을 매고 있는 사람? 등등 여러 부류의 사람이 있을 것이다.

취업활동이란 "목적지가 있는 여행"이라고 정의할 수 있다. 이 여행에서는 목적지 즉 "어느 여행사에 취직하는가"를 결정하지 않으면 안 된다. 지금까지 당신의 인생에서 일어난 일, 수험, 클럽활동, 아르바이트 등 정해진 목표가 있었던 적이 많지 않았을까?

그러나 취직활동이라는 여행을 성공시키기 위해서는 당신 자신이 정해진 장소에 간다는 발상으로부터 어디에 갈지를 자신이 결정한다는 발상으로의 전환이 필요하다.

0.1 발상의 전환

0.1.1. 정해진 목표에서 자신의 목표로

대다수 취직활동에 관한 책을 보면 "어떻게 취직활동을 하는 것이 좋을지"에 대해서 쓰여 있으나, "무엇을 위해 취직활동을 하는가"에 대해서는 거의 쓰여 있지 않다.

　그러나 취직활동에 있어서 가장 중요한 것은 무엇을 위해 취직활동을 하는가에 대해 분명히 하는 것이라고 할 수 있다. 이것이 바로 시간은 유한하다는 것이다.

　당신에게 남겨진 시간은 얼마냐고 물으면 대다수 사람들은 "모른다", "생각해 본 적이 없다", "생각하고 싶지도 않다", 대답하고 있지는 않은지.

　언제까지 살 수 있을지를 생각하여 남은 시간을 다음 식에 따라 계산하여 주기 바란다.

> 당신의 예상 사망연령－현재의 연령－현재의 여명(餘命)×365일
> ＝(　　　)일 ÷ 7일＝(　　　)주

　위 식에 따라 계산한 결과는 〈표 0-1〉과 같다.

〈표 0-1〉 시간의 유효성 측정

연	일	주	시 간	깨어 있는 시간
5	1,825	261	43,800	29,200
10	3,650	521	87,600	58,400
15	5,475	762	131,400	87,600
20	7,300	1,043	175,200	116,800
25	9,125	1,304	219,000	146,000
30	10,950	1,564	262,800	175,200
35	12,775	1,825	306,600	204,400
40	14,600	2,086	350,400	233,600
45	16,425	2,346	394,200	262,800
50	18,250	2,607	438,000	292,000

※ 깨어 있는 시간은 수면시간을 8시간을 기준으로 계산

　시간의 유한성을 외식하는 것은 자신의 인생에 진검승부에 대비하는 것과 같다. 이것이 취업의 제1보이다.

0.1.2. 어떻게 취직할 것인가에서 무엇을 위해 취직할 것인가로

위에서는 시간의 유한성에 대해서 언급했지만, 여기서는 한정된 시간을 어떻게 유용하게 활용하느냐에 대한 2가지를 설명하고자 한다.

과거를 돌이켜 보면 당신이 지내온 시간 가운데 "(충실하게 보냈던 시간＝보람찬 시간)"과 "(그럭저럭 보낸 시간＝헛된 시간)"이 있었지 않았을까? 1시간 1일이라는 절대적인 단위로 계산하는 시간은 누구나 평등하게 가지고 있으며, 자신의 힘으로 바꿀 수도 없다. 그러나 "충실감＝보람찬 시간"은 자신의 손으로 바꿀 수 있다. 남은 시간이 점점 짧아지는 상황에서 하나의 반격이 가능한 것이다. 보람찬 시간을 스스로 만들어 내는 것이다.

다음으로 자신만의 가치기준을 정하는 것이다. 자신 나름의 보람찬 시간에 대한 기준을 명확히 하는 것이 중요하다. 독서를 좋아하는 A씨와 스포츠를 좋아하는 B씨의 보람찬 시간 개념은 확실히 다를 것이다.

당신은 어떤 때 충실감을 가지는지를 자신만의 가치기준을 찾아내는 것이 무엇보다 중요하다.

0.2 회고

생각을 바꾸고 나서 당신은 다음으로 지금까지 걸어온 길을 뒤돌아보자. 취직활동에 있어서 무엇을 해야 할지, 무엇이 하고 싶은지 등 주로 미래에 대해서만 눈을 돌리는 경향이 있다. 그러나 그 물음에 대한 대답을 찾는 것은 실제로 당신이 생활해 온 "지금까지"를 찾는 것에 다름 아니다. 이제까지의 일기를, 사진을, 노트를 꺼내자. 주위 사람들에게 협력을 요청하고, 복수의 시점에서 뒤돌아보는 작업을 해나가자.

취직활동을 시작하면 면접을 통해서 기업으로부터 여러 질문을 받게 된다. "당신은 왜 우리 여행사를 지원했느냐", "당신이 여행사를 선택할 때 중요하게 생각하는 것은 무엇이냐", "우리 회사는 업계에서 이미지가 어떠냐", "우리 회사에 입사하면 어떤 일을 하고 싶으냐", "당신의 세일즈 포인트는 무엇이냐" 등등. 이러한 질문에 대해서 예상답변 등을 준비하여 여행사가 요구하는 것에 자신을 맞추려고 시도한다.

그러나 여행사의 인사담당자들이 알고 싶어 하는 것은 단지 2가지이다. 그것은 "이 사람은 어떤 사람일지", "이 사람은 왜 우리 여행사에 지원했는지"라는 2가지이다. 이 2가지에 대해 여러 각도에서 신빙성이나 깊이 등을 확인하고자 한다. 매뉴얼에 나와 있는 대로 대답해서는 이 분야의 도사인 인사담당자에게 통할 리가 없다.

기업에 맞추어 자신을 속이거나 암기한 것밖에는 대답할 수 없는 사람이 면접에 통과할 확률은 극히 낮다. 설사 통과했더라도 행복한 취직과는 거리가 멀다.

취직활동에서는 자기 자신을 위해서 "2가지의 물음"에 대해 확실한 대답을 찾는 길 이외는 없다. 당신은 어느 누구와도 다른 개성을 가진 유일한 존재이다. 자기다움을 자기 나름의 방법으로 어필(Appeal)하는 것이 취업의 첫걸음이다.

0.2.1. 자기사(自己史)를 작성하라

여기서부터 자기다움을 발견하는 작업이다. 즉 스스로의 과거를 회고하는 것에 해당한다. 현재의 자기는 과거의 행동과 그것을 불러일으키는 요인이 된다. 감정이나 생각의 집적 위에 성립해 가는 것이다. 인사담당자의 2가지 물음 즉 과거의 여러 가지 사건이나, 전환점에 있어서 스스로 무엇을 생각하고, 어떻게 행동해 왔는지를 분석하는 것으로 현재의 자기 자신이 보인다.

여기서 중요한 점은 과거 경험의 대소가 중요한 것이 아니라는 점이다. 자신이 과거에 큰 경험이 없어서 면접명단에서 빠질까하고 초조해 하는 사람도 있다. 반대로 자신의 경험을 크게 나타내려고 자신을 위장하는 사람도 있다. 조금이라도 면접관의 인상에 남으려고 기발한 방법에 몰두하는 사람도 있다. 이러한 방법에 몰두하기 이전에 우선은 자신을 믿도록 하자. 그리고 과거의 경험이나 사실에 대해 "어떻게 느꼈는지", "무엇을 얻었는지"를 깊이 통찰하는 것이 더욱 중요하다.

0.2.2. 자신의 감정을 주시하라

어떤 것에 기쁨을 느끼고, 슬픔을 회상하고, 분노에 치를 떨었는지, 그런 감정의 변화는 사람마다 천차만별이다. 타인과 똑같은 경험을 했다고 해도 그 감정의 변화는 천양지차라고 생각한다. 그만큼 "당신다움"이 분명하게 드러나는 것은 없을 것이다. 그들 감정 기복의 특징이 모티베이션(Motivation)의 특징이며, 그것이 정말로 "하고 싶은 것"과 직결된다.

당신이 취업활동을 시작하기 전에 상상하고 있던 "하고 싶은 것"이 실은 타인의 의견에 휘둘려 있었던 까닭에 "정말로 하고 싶었던 것은 실제와 달랐다"라는 경우도 있었을지 모른다. 자신이 납득할 때까지 이 작업을 반복하자. 진짜로 나는 여행사에 취업하고 싶은가?

〈표 0-2〉 자기감정 체크표(1)

(A군의 경우)

UP(모티베이션이 상승하였다) ↑			
사 건	1) 중학시절	2) 고교시절	3) 대학시절
	농구부 정규멤버였다.	애인이 생겼다.	농구부 코치가 되었다.
모티베이션 변화이유	포기하지 않고 끈질기게 한 것이 주위 사람들로부터 인정을 받게 되었기 때문에	자신의 생각이 상대에게 전달된 것을 실감할 수 있었기 때문에	자신의 행동으로 가르치는 아이들에게 영향을 미칠 수 있었기 때문에
공통점은?	나는 자신의 벽을 뛰어넘어 그것이 주위 사람들로부터 인정받았을 때 모티베이션이 올라간다.		

DOWN(모티베이션이 하락하였다) ↓			
사 건	1) 중학시절	2) 고교시절	3) 대학시절
	집단 따돌림에 참가하였다.	그녀에게 버림받았다.	자격시험에서 낙방했다.
모티베이션 변화이유	자신의 의지와는 상관없이 남을 괴롭혔으므로	자신의 행동이 원인이 되어 매우 좋아하는 사람을 잃었기 때문에	"좀 더 잘할 수 있지 않았을까"라는 후회가 남았기 때문에
공통점은?	나는 나의 의지를 관철시키지 못하고 마지막까지 최선을 다하지 못했던 때 모티베이션이 하락한다.		

(B군의 경우)

UP(모티베이션이 상승하였다) ↑			
사 건	1) 초등 시절	2) 고교시절	3) 대학시절
	학원에 다니며 시험공부	유학지에서 어학실력 향상	아르바이트
모티베이션 변화이유	공부에 열심인 친구가 옆에 있어서 함께 실력을 키울 수 있었던 것이 즐거웠기 때문에	주위 사람들과 의사소통을 할 수 있게 되어 서로를 알 수 있게 되었기 때문에	자신과 다른 사고나, 자신이 경험한 바 없는 얘기를 듣고 가슴이 두근두근 했기 때문에
공통점은?	나는 주위의 사람들과 교통하면서 자신의 시야나 견해를 넓혀 나갈 때 모티베이션이 상승한다.		

DOWN(모티베이션이 하락하였다) ↓			
사 건	1) 고교시절	2) 고교시절	3) 대학시절
	유학지에서의 시련의 연속	대학시험에서 낙방	동아리활동에서의 주위 사람들과의 충돌
모티베이션 변화이유	강한 사람들 틈바구니에서 친구가 없어서 고독했기 때문에	자신이 노력해 왔던 것이 증명이 되지 않았기 때문에	주위 사람과 대립할 뿐, 전혀 서로를 이해할 수 없었기 때문에
공통점은?	나는 주위 사람과 소통할 수 없을 때 모티베이션이 하락한다.		

0.2.3. 자신을 분석하여 강점을 발견하라

취직활동에서는 자기분석이 필수불가결하다. 취직활동에 있어서 자기분석을 어떻게 하는가? 자신만으로 자기를 이해할 수 있는가? 자신의 내면은 자신만이 알고 있다고 생각하고 있는 사람도 많다.

그러나 생각해 보아라. 당신 주위 사람은 당신의 말, 최근의 행동을 통해 당신이 어떤 사람인지를 판단하고 있다. 즉 타인의 거울에 비친 "자기모습"을 보는 것도 자신을 아는 이상으로 빼놓을 수 없는 것이다. 타인의 눈으로 본 "자기상"에 의해서 자신을 속박할 필요는 없지만 거기서 배울 점도 매우 많은 것이 현실이다. 다음 표를 참조해 보자.

(A군의 경우)

발견점	• 팀워크의 중요함 • 싫은 것을 하지 않는 것의 중요함	• 포기하지 않는 것의 중요함	• 집중력의 필요성	• 상대의 입장에서서 사물을 생각하는 것이 중요	• 리더십의 운용법 • 면밀히 계획을 세워 추진 해 나가는 것의 중요성
	◄─────── 타인 의존기 ───────►		◄─────── 자신 획득기 ───────►		◄─── 주위 통솔기 ───►

단계마다 발견점에서 획득한 것을 "인수분해" 해보자.

누구에게	타인에게	자신에게	주위에게
무엇을	자신의 의지를	과제를	목표를
어떻게	숨김없이 전한다	최후까지 완수한다	달성한다
	⇩	⇩	⇩
획득한 강점	주장하는 힘	노력하는 힘	주위를 통합하는 힘

(B군의 경우)

발견점	• 친구와 공부하는 즐거움	• 아무런 불만이 없으나 지루함 • 자신은 변화를 추구하는 인간	• 아무 것도 존재할수없는 괴로움 • 영(Zero)에서 자신의 존재의 미를 증명하기가 어려움 • 즐거운 것=편한 것은 아님	• 타인을 이해하지 않으면 자신도 이해할 수 없다	• 여러 가지 가치관과 어울릴 수 있는 즐거움

```
←——— 무사태평기 ———→←————— 전투기 —————→←——— 어울림기 ———→
```

단계마다 발견점에서 획득한 것을 "인수분해"해보자.

누구에게	타인에게	자신에게	주위에게
무엇을	미지의 환경에	모든 것은 어떤 기회라는 것을	가치관이 다른 사람들과
어떻게	뛰어 들어간다	믿게 한다	서로 이해하도록 한다
	⇩	⇩	⇩
획득한 강점	새로운 환경에 적응해 나가는 힘	항상 사물을 긍정적으로 파악하려는 힘	여러 부류의 사람과 서로 이해하려는 힘

〈표 0-3〉 타인의 거울에 비친 자신의 모습 체크표⑴

		나	
		알고 있다	모르고 있다
타 인	알고 있다	**열린 창** 자기 · 타인 모두 알고 있는 부분 나는 토론을 좋아한다. 나는 승부기질이 있다.	**알아차리지 못한 창** 자신을 알아차리지 못한 타인에게는 보이는 부문 나는 성격이 급하다. 나는 스트레스가 걸리면 머리를 긁는 버릇이 있다.
	모르고 있다	**감추어진 창** 자신은 알고 있으나 타인에게는 잘 보이지 않는 부분 나는 실제로 외로움을 많이 타고 있다.	**밀폐된 창** 자신 · 타인 모두가 모르는 부분

우선 친한 친구에게 부탁하여 다음의 표를 작성하게 하자. 서로 교환하는 것도 효과적이다. 거기서 얻어진 결과를 다음 〈표 0-4〉에 써넣어 보자. 이제까지 자신도 모르고 지내왔던 부분이 서서히 보일 것이다.

당신과 친한 친구, 선배, 후배, 은사 중 2명 이상으로부터(많으면 많을수록 발견할 수 있는 요소가 증가), 당신 자신에 관한 이하의 설문지에 응답하게 해서 받아보기 바란다. 단, 응답자는 비슷한 성격의 소유자는 피하는 것이 좋다.

〈표 0-4〉 타인의 거울에 비친 자신의 모습 체크표(2)

문1) 그이 · 그녀는 어떤 점이 매력적이었습니까?

문2) 그이 · 그녀는 어떤 점을 고치면 매력적이겠습니까?

문3) 그이 · 그녀가 동료 가운데에서 행하는 역할은 어떤 것입니까?

문4) 그이 · 그녀는 어떤 것에 흥미 · 관심이 있다고 생각하십니까?

문5) 그이 · 그녀는 어떤 일에 관심이 있다고 생각하십니까? 또한 그것은 왜 그렇습니까?

0.2.4. 자신의 루트를 발견하라

타인과의 커뮤니케이션을 통하여 자기분석을 깊이 있게 하기 위해서는 자신의 루트를 찾는 일이다. 나는 도대체 어디서 온 것일까? 그것은 바로 자신의 부모이다. 즉 부모는 방대한 수의 유전자 릴레이 가운데 직접 바통을 전해준 상대이다. 특히 남성이라면 아버지, 여성이라면 어머니와 솔직한 대화를 해 볼 것을 권유하고 싶다. 형제, 자매, 사촌, 이모(부), 고모(부)들을 추가해도 좋을 것이다.

당신이 이들로부터 받은 영향은 실로 지대할 것이다. 가족과 친척은 "당신이 모르는 당신"을 누구보다도 잘 알고 있다. 부모는 당신이 잘 기억하지 못하는 유년기부터 누구보다도

가까이에서 당신을 보아왔다. 당신이 어렸을 때, 어떤 때 웃고, 어떤 때 울었는지를 얘기하는 것만으로도 당신의 전혀 다른 일면을 발견할 수 있을 것이다.

〈표 0-5〉 자신의 부모를 통한 자신의 루트 발견

> 문1) 인상에 남아 있는 추억은 무엇입니까?
>
> 문2) 어떤 것에 열중하는 어린이였나요?
>
> 문3) 다른 어린이와 달랐던 점은 무엇이었나요?
>
> 문4) 부모께서 놀랐던 일은 무엇이었나요?
>
> 문5) 나는 가족 가운데 어떤 존재였나요?

※ 기타 질문항목
- 유원지에서 좋아했던 장소
- 크게 울었던 때는
- 크게 칭찬을 받았던 때는
- 부모가 걱정했던 것은?
- 할아버지 · 할머니, 큰집 · 작은집과의 관계는?
- 좋아했던 장난감은?

또한 다른 사람의 질문을 통해서 자신을 분석할 수 있다.

〈표 0-6〉 타인을 통한 자신의 발견

> 문1) 나는 어떤 학생이었나요?
>
> 문2) 내가 학창시절에 열중한 것은 무엇이었습니까?

문3) 내가 귀중하게 생각하고 있는 것은 무엇입니까?

문4) 나의 주무기는 무엇이며, 나의 약점은 무엇입니까?

문5) 내가 지금부터 5년 이내에 실현할 수 있는 것은 무엇이라고 생각하십니까?

※ 기타 질문항목
  • 지금까지 인생에서 영향을 크게 받은 사건은 무엇인가?
  • 지금까지 인생에서 영향을 가장 크게 받은 사람은 누구인가?
  • 존경하고 있는 사람, 목표로 하고 있는 사람은 누구인가?
  • ○○고교, ○○대학, ○○대학원을 선택한 이유는 무엇인가?

"과거를 회고하는", "타인과 소통하는"이라는 작업을 통해 나타난 당신의 강점, 모티베이션 특성, 동료나 가족의 일원으로서의 역할, "귀중하게 생각하고 싶은 것" 등을 정리하여 자신을 "한 마디로" 표현해 주세요.

(A군의 경우)

과거를 통해 본 자기	타인을 통해 본 자기
• "다른 사람에게 영향을 주던 때", "다른 사람에게 인정받았을 때" 모티베이션이 상승한다. • 눈 앞의 과제나 함께 수행하는 동료로부터 피하지 않고 도전하는 힘이 강점	• 좋은 의미로도 나쁜 의미로도 요령이 좋다. • 신중파로 새로운 일에 도전하지 못한다. • 프라이드가 높다. 위대하게 보일 때도 있다. • 친척 중에 경영자가 많고, 자신의 힘으로 인생을 개척하려는 쪽에 무게를 두고 있다.

⇩　　　　　　　　　　　　⇩

프라이드를 가지고 길을 열어나간다
• 타인으로부터도 자신으로부터도 피하지 않고 도전하고 싶다. 그것을 통해 독선적이 아니라 많은 사람들에게 좋은 영향을 준 결과로서 진짜 프라이드를 얻고 싶다.

(B군의 경우)

과거를 통해 본 자기
• 여러 사람들의 다양한 가치관에 접하는 순간에 모티베이션이 상승한다.
• 미지의 환경에 뛰어들어 여러 사람들과 서로 이해하는 힘이 강점

타인을 통해 본 자기
• 사람을 기분 좋게 하는 미소
• 감수성이 풍부한 반면, 관계없는 일에 자주 빠져든다.
• 겸허한 것을 중요하게 여기고 있다.

⇩   ⇩

세계 모든 사람들의 마음을 계속해서 비추는 등불
• 세계의 여러 부류 사람들과 마음을 트고 싶다. 만나는 사람들을 기분 좋게 해주고 싶다. 세찬 바람에도 꺼지지 않는 따뜻한 등불과 같은 존재이고 싶다.

※ 자신의 것도 작성해 보자.

0.3 지표

기업선택에 있어서의 가치기준을 생각해 두자. 지망하는 기업을 선택할 때에는 인기나 안정도 등 자신도 모르는 사이에 다른 사람들의 가치기준에 끌려버리는 경우도 허다하다.

이제까지 도전해왔던 "꾸밈없는 자기"는 어떤 환경을 중요시하고 있는가. 취직활동 중에 직면하게 될 장면들도 생각하면서 자신의 가치기준을 기업선택에 사용하는 "척도"로 높여나가자.

0.3.1. 선택된다에서 선택한다로

세계의 모든 학생들에게 취업활동이 "즐거웠나, 괴로웠나"라고 물으면 대다수는 괴로웠다라고 대답하는 것이 작금의 취업활동 상황이다. 그렇다면 취업활동은 왜 괴롭다는 것일까? 그것은 아마도 "기업에서 나를 선택하지 않으면"하는 강한 압박감 때문이다.

그러므로 여기서 중요한 것은 "선택되는 것이 아니라 선택하는 것"이라는 마음가짐을 강하게 가지고 있느냐 여부이다. 현대사회는 인재유동화(人材流動化)가 진행되어 기업과 개인이 대등하게 "서로를 선택하는 관계"로 되어가고 있다.

즉 면접에 있어서도 "자신이 선택되기를 바라는 것"이 아니라, "면접관에게 이쪽에서 면접해주마"라는 자세로 임하면 좋을 것이다. 자신이 가지고 있는 모든 것을 면접관에게 전하고, 그것으로 불합격되면 어쩔 수 없는 일이지 하고 배짱을 부리는 정도의 자세가 면접에 있어서 자기다움을 표현하는 하나의 실마리가 될 수 있다. 결과적으로 설사 불합격되었다고 해도 "이 회사는 나의 가치관과 맞지 않았다"라는 강한 자세로 전환할 수 있는 것이다.

0.3.2. 타인의 잣대에서 자신의 잣대로 바꿔라

매년 많은 학생들이 자신의 가치기준과는 별도로 각각의 업계순위나 인기랭킹 상위 여행사만을 노크하는 학생들이 있다. 대학진학까지에는 "편차치(偏差値)"[1]라는 알기 쉬운 기준이 있었다. 지원한 학교가 복수였다면 편차치가 높은 학교에 진학만 하면 만사 오케이였다.

그러나 당신 자신의 대학생활을 돌이켜보면 편차치가 높았다고 생각하던 당신의 대학생활이 당신을 행복하게 해주었을까? 당신이 충실하게 대학생활을 한 것이라면 그것은 대학생활에 있어서의 여러 가지 활동이나 만날 수 있었던 선·후배, 친구 등이 가져다 준 것이며, 결코 편차치가 높았던 것만이 이유가 아니었을 것이다.

여행사 선택도 마찬가지다. 취직시의 인기가 당신에게 충실한 시간을 가져다주는 것이 아니다. 그 여행사의 이념이나 사업, 풍토라는 요소가 당신의 인생에 영향을 주는 것이다. 친구나 지인에게 "△△여행사에 근무하고 있다"라는 약간의 우월감 등은 당신이 살아갈 긴 인생을 생각하면 별것 아닌 것이다. 그렇다고 해서 인기가 있는 회사가 나쁘다는 말은 결코 아니다. 중요한 것은 랭킹이나 지명도 등 타인이 정해 놓은 잣대가 아니라 "자신의 잣대"로 여행사를 선택하는 것이다.

〈표 0-7〉 타인의 잣대에 휘둘리지 않는 법

> 문1) 학교를 졸업하면 취직해야 한다.
>   ⇨ 정말 다른 길은 생각할 수 없을까? 취직하지 않은 자신을 생각할 때 비로소 정말 취직의 의미를 생각나게 할 것이다.
>
> 문2) 큰 여행사에 취직히면 행복이 기다리고 있나.
>   ⇨ 자신이 취업하고 있는 여행사가 안정되어 있다든지, 브랜드파워가 있다고 해서 자기자신이 반드시 행복하다고 할 수는 없다. 소속여행사의 이름이나 직책보다도 당신 자신의 가치가 중시되는 시대가 도래하고 있다.
>
> 문3) 인기 있는 여행사에 취업하는 것은 좋은 것이다.
>   ⇨ "모두가 가고 싶은 여행사"는 "자신이 가고 싶은 여행사"와는 다른 개념이다. 다른 누구도 가지고 있지 않은 자신이 입사하고 싶은 여행사를 찾는 것이다.

---

1) 상대적 정도를 표시하는 수치. 발달정도를 측정하는데 쓰는 것.

문4) 나의 인생은 스스로 선택할 수 없다.
⇨ 누군가가 당신에게 나아가야 할 길을 강제하고 있는가? 그것이 당신이 바라는 길이라면 문제는 없을 것이다. 무거운 짐이 되거나, 방해가 된다고 생각하면…, 그 선택을 해서는 안 된다. 당신의 인생에 책임을 질 사람은 당신 이외에는 없기 때문이다.

0.3.3. 양자택일의 사고를 바꿔라

잣대의 기준은 그렇게 간단치 않다. 우선 생각을 바꾸어야 할 것이 양자택일 사고이다. 즉 "대기업 : 벤처기업", "외자계기업 : 한국계기업" 어느 쪽이 좋을까? 라는 식의 사고이다.

이러한 관점에서 사고하는 사람들은 단편적인 공식을 머리에 떠올리게 된다. 즉 "대기업·톱니바퀴·안정 : 벤처기업·보람·불안정", "외자계기업·실력주의·개인주의 : 한국계기업·연공서열·전체주의", "충실한 업무＝사생활(private)과는 양립할 수 없는" "이제까지의 경험＝공부나 자격" 등이다.

그러나 그러한 본질적인 분류방식은 없다. 대기업에서도 업무에 보람을 느끼며 생활하고 있는 사람이 있는가 하면, 구조조정으로 불안정한 삶을 꾸려 나가는 사람도 있다. 그리고 외자기업 중에서도 조직의 화합을 추구하는 기업이 있고, 한국계 기업 중에서도 젊으면서도 중책을 맡은 사람이 얼마든지 있기 때문이다. 업무와 사생활을 양립하여 인생을 즐기고 있는 사람도 있는가 하면, 지금까지 공부해온 것과는 전혀 다른 업무분야에서 자신의 인생경험을 살려 성공하고 있는 사람들도 눈에 많이 띈다.

따라서 이러한 이분법 논리에서 빨리 벗어나 "본래 자신은 무엇을 가장 하고 싶었는지 어떤 일을 하는 것이 행복감을 느낄 수 있는지"를 생각하는 것이 중요하다.

〈표 0-8〉 양자택일의 시점을 바꾸자

대기업 또는 중소기업

양자 대립의 가운데 자신에게 맞는 것을 고르고, 그 이유를 써보자

⇨ 대기업(○) 또는 벤처기업(×)의 매력이란 무엇인가? (대기업을 선택한 경우)
• 많은 사업부를 경험할 수 있다.
• 해외연수 등 사내교육시스템이 완비되어 있다.
• 우수한 인재가 많이 있다.

⇩

나는 성장할 수 있는 기업에서 일하고 싶다.

이러한 것은 정말 대기업밖에 없는 것일까? 천천히 생각해 보자.

⇩

대기업에 들어가고 싶다고 생각하고 있어도 그 이유를 분해해 나가면 기업의 규모에만 눈을 돌리고 있어서는 안 된다는 점을 발견한다.

0.3.4. 기업선택의 관점을 주시하라

그러면 지금부터 실제로 여행사 선택에 있어서의 당신 자신의 잣대 만들기를 본격적으로 해나가자. 우선은 각 기업이 어떤 요소로 성립하고 있는지를 알 필요가 있다. 즉 "회사기반", "이념·전략", "사업내용", "업무내용", "조직·풍토", "인적매력", "시설환경", "제도·대우" 등 8가지이다.

〈표 0-9〉 내가 보는 기업선택의 관점

회사기반	1. 업계 가운데 영향력이 있는 기업이다.
	2. 유력한 거래처나 많은 고객을 가지고 있다.
	3. 지명도나 화제성이 있는 기업이다.
	4. 재무상태나 업적이 양호하다.
이념·전략	5. 기업이념에 공감한다.
	6. 기업이념이 현장까지 침투되어 있다.
	7. 사업전략에 일관성이 있다.
	8. 전략이나 목표가 납득할 수 있는 것이다.
사업내용	9. 경합사와 비교하여 분명히 우위성이 있다.
	10. 사업에 사회적 영향력을 가지고 있다.
	11. 사업에 사회적 의의나 공헌도가 있다.
	12. 사업에 성장성이나 장래성이 있다.
업무내용	13. 업무의 재량범위가 넓고, 책임에 따른 보람이 있다.
	14. 업무는 수행하는 것만으로도 사회나 고객에 대해서 공헌감이 있다.
	15. 업무는 수행하는 것만으로도 어디에서나 사회일반에서 통용될 전문능력을 몸에 익힐 수 있다.
	16. 업무를 통하여 자신의 능력이나 개성을 발휘할 여지가 있다.

조직풍토	17. 회사 내에서 자유로운 의견을 개진하는 풍토가 있다.
	18. 회사 전체에 어떤 연대감이나 일체감이 있다.
	19. 사원끼리 서로 경의를 가지고 접하고 있다.
	20. 어떤 상황에서도 도전할 수 있는 풍토가 있다.
인적매력	21. 경영진에 매력이 있다.
	22. 목표가 되는 상사·선배가 있다.
	23. 서로 자극할 수 있는 사원이 있다.
	24. 우수한 인재 채용에 적극적으로 임하고 있다.
시설·환경	25. 정보기기·운용시스템이 충실하다.
	26. 연구시설이나 개발환경이 쾌적하다.
	27. 사무실이 훌륭하고 쾌적하다.
	28. 기숙사나 사택·복리후생시설이 충실하다.
제도·대우	29. 연령·성별·학력에 구애됨이 없이 실력주의가 철저하다.
	30. 급여수준이나 수당 등의 수입면에 만족할 수 있다.
	31. 휴일·휴가나 취업시간 등의 실태에 만족할 수 있다.
	32. 연수 등의 교육제도가 충실하다.

반대로 기업이 나에게 요구하는 인재상은 〈표 0-10〉과 같은 것이다.

〈표 0-10〉 기업이 나를 보는 관점

항 목	내 용
기본에 충실	• 정도경영의 경영이념을 실현하기 위한 도덕/성실/규범/예의/패기 등 인성과 태도 측면의 자질은 기본적인 평가 잣대임. • 기술, 금융 등 급변하는 시장환경에 순응하면서 능동적으로 대처하려는 자세
올바른 가치관	• 건전한 생각과 사고를 가지고 조직인으로서 개인의 비전을 실현해 나가기 위해 노력하는 자세 • 스스로 판단하고 행동하며 그 결과에 대해 기꺼이 책임을 지는 자세
창의력	• 차별화된 개성과 아이디어를 바탕으로 항상 새로워지려는 자세로 앞장서서 변화를 주도하려는 자세 • 변화를 선도하며 미래를 개척할 수 있는 창의성과 진취성
최고를 목표로 끊임없는 도전	• 지속적인 자기계발을 통해 스스로 세계 최고 수준의 역량을 키워나가고자 노력하려는 프로 자세 • 세계화 시대에 적극 대응할 수 있는 국제감각과 글로벌 비즈니스 능력 등의 잠재력

사람에 따라서는 중요하다고 생각하는 포인트가 다르다. 어디까지나 하고 싶은 것을 중시하여 "사업내용"이나 "업무내용"을 중시하는 사람이 있는가 하면, "조직풍토"나 "인적매력"을 중시하는 사람도 있다. 또한 회사가 지향하는 방향성이나 사회 가운데에서의 위치를 중시하여 "회사기반"이나 "이념·전략"을 중시하는 사람도 있을 것이다.

일반적으로 학생들은 "하고 싶은 것"만을 선택하는 경향이 강하다. 아직 사회에서 업무에 종사해본 일이 없는 현 단계에서는 자신이 하고 싶은 일이 그만큼 명확하지 않은 사람도 많이 있을 것이다. 그렇다고 걱정할 필요는 없다. 만약 그렇다면 내가 있어야 할 모습에 기업을 맞추면 된다. "사업내용에는 구애됨이 없이 매력적인 선배들에 둘러싸여 계속해서 성장하고 싶은 나를 원한다면 그 기업에 어떤 사원이 있는지"라는 관점에서 선택하면 좋을 것이다.

좋은 직장이란 자신의 비교우위가 회사의 핵심역량 부문과 일치하고 회사가 업종을 바꾸거나 인력을 배치·전환할 경우를 대비하여 종업원들에게 경력개발을 장려하고, 전환·배치 훈련과 향상 훈련의 기회를 많이 부여하는 등 종업원의 경력개발을 위해 종업원의 교육·훈련을 중요시하는 회사일 것이다(김재원, 2003).

0.3.5. 자기만의 잣대를 만들어야

"사람들과 접하는 업무를 하고 싶다", "사람들에게 영향을 주는 업무를 하고 싶다", "큰 일을 하고 싶다", "사회에 공헌할 수 있는 회사에서 일하고 싶다", 이러한 말이 당신의 잣대였다면 좀더 정리할 필요가 있다. 예컨대 "사람들과 접촉하는 업무를 하고 싶다"는 말은 학생들로부터 가장 흔히 듣는 말이다. 그러나 이러한 잣대로 기업을 선택할 수 있는가?

업무라는 것은 당신과 사회(타자·他者)와의 가치교환이다. 어떤 업무라고 해도 사람들과 접촉하지 않는 업무는 없다. 어떤 업계에서도 사내·사외의 여러 부류의 사람들과 접촉함으로써 당신은 자신의 가치를 사회에 제공하고 있는 것이다. "사람들에게 영향을 주는 업무를 하고 싶다"라는 것도 마찬가지다. 타인에게 영향을 주지 않는 업무란 애초부터 없는 것이다, "큰 일을 하고 싶다"라는 것도 크다는 것이 선박이나 항공기를 제작하는 것인지? 증권회사에서 수백 수천억원을 주무르는 것을 말하는 것인지? 이처럼 큰 업무라고 해도 서로 다른 성질을 가지고 있는 것이다.

그러므로 다음 표를 참조하면서 오직 자기만의 잣대를 만들어 보자.

〈표 0-11〉 자기만의 잣대 만들기

사람과 접하는 업무를 하고 싶다.
사람들과 접할 일이 없는 업무는 없다. "어떤 사람에게, 어떻게, 접해 나가고 싶은지?"찾아보자.
다른 사람에게 영향을 미치는 일을 하고 싶다.
다른 사람에게 영향을 미치지 않는 업무란 없다. "어떤 사람에게, 어떻게, 영향을 미치고 싶은지?" 찾아보자.
큰 일을 하고 싶다.
"큰"의 정의는 사람마다 다르다. "무엇을, 어떻게 하면, 큰 일로 느끼는지"를 찾아보자.
사회에 공헌할 수 있는 회사에서 일하고 싶다.
기업이 이익을 발생시키는 그 자체도 사회에 공헌하는 것이다. "어디에, 어떤 공헌을 할 수 있는지?" 찾아보자.

〈표 0-12〉 스스로의 잣대 작성사례

(A군의 경우)

스스로 승부할 수 있는 일을 하고 싶다.	
구체적으로 말하면	
누구에게	• 경영자 등 넓고 깊은 식견을 가진 사람들에게
무엇을	• 자기 나름의 관점·부가가치를
어떻게	• 제공해 가는 업무

팀으로 해 나가는 업무를 하고 싶다.	
구체적으로 말하면	
누구에게	• 사내·사외의 사람들과
무엇을	• 프로젝트팀을 만들어서
어떻게	• 하나의 목표에 도전해 가는 업무

우수한 사람이 있는 회사에서 일하고 싶다.	
구체적으로 말하면	
누구에게	• 주위 사람들과
무엇을	• 엄격한 환경에서 절차탁마(切磋琢磨)[2]하면서
어떻게	• 자기 자신을 성장시킬 수 있는 회사

---

2) 학문이나 덕행을 배우고 닦음을 이르는 말.

(B군의 경우)

세계에 영향을 미치는 일을 하고 싶다.	
구체적으로 말하면	
누구에게	• 세계의 모든 사람들에게
무엇을	• 성장하기 위한 느낌이 드는 것
어떻게	• 제공 가능한 업무

사람들과 접촉하는 업무가 하고 싶다.	
구체적으로 말하면	
누구에게	• 자신과는 가치관이 다른 여러 부류의 사람들과
무엇을	• 만남, 충돌, 이해를 서로 하면서
어떻게	• 스스로 성장 가능한 업무

도전 가능한 회사에서 일하고 싶다.	
구체적으로 말하면	
누구에게	• 자기 자신을
무엇을	• 항상 새로운 영역에서
어떻게	• 계속해서 도전이 가능한 회사

0.4 행동

취직활동에서 중요한 것은 생각할 뿐만 아니라 실제로 행동에 옮기는 것, 이제까지의 작업으로 보아 온 "자기만의 잣대"를 가지고 밖으로 나가보자.

다른 사람들로부터는 의문이나 부정의 목소리가 들려올지도 모른다. 자신에게 문제가 있다고 생각한 때에는 "바꿀 수 있는 것", "바꿀 수 없는 것"을 의식하여 행동에 옮기자.

0.4.1. 바꿀 수 있는 것에 주력하자

"자기분석이 완전히 끝나지 않았기 때문에 면접에 나갈 수 없다", "생각이 정리되지 않아

움직일 수 없다" 등 대다수 학생들이 겪는 일례이다.

비즈니스도 마찬가지이다. 일을 진척시키고자 하는 경우 완벽하게 계획을 해도 실제로 하려고 하면 잘 되지 않는 것이 일반적이다. 일을 실행하다 보면 반드시 계획했던 시점에서는 예기치 못했던 "무언가"가 나타난다. 그것을 철저히 조사해서 최초의 계획에 적절한 수정과 보완을 가해서 대비할 때 비로소 그 계획을 성공시킬 수 있다.

면접에 통과하지 못하는 이유를 주위의 환경에서 찾는 사람들이 있다. 어차피 유명대학 출신만을 뽑을 텐데, "결국 여성채용 인원은 애당초부터 적었으니까", "역시 1년 휴학한 것이 불리해" 등의 말이 나오면 주의해야 한다. 생각해 보아라.

대학이름, 성별, 졸업연차 등을 바꿀 수 있는가? 물론 대학을 하나 더 나오면 된다. 그러나 지금 취직이 절박한 당신에게 그것은 현실과는 동떨어진 얘기다. 노력해도 별 수 없는 것에 대해서 너무 의식을 해보았자 그것은 헛수고에 지나지 않는다.

중요한 것은 바꿀 수 있는 것에 집중하는 것이다. 그러면 "바꿀 수 없는 것"과 "바꿀 수 있는 것"을 구체적으로 정리해 보자.

〈표 0-13〉 바꿀 수 있는 것에 주력하자

	면접관의 성격	자신의 성격
	자기의 표정	고교 · 대학의 성적
	어제의 취침시간	내일의 기상시간
	내일의 예정	금년의 남은 일수
	기업에서 배달된 불합격통지	선택에 통과할 수 없다는 불안
	금후 면접해야 할 기업	지하철 옆자리에 앉은 사람

"바꿀 수없는 것"은 다음의 3가지이다.

　　　• 타인　　　　• 감정 · 생리반응　　　• 과거

당신은 현재 "바꿀 수 없는 것에 사로잡혀 있지는 않은지?" 스스로 돌아보았으면 한다.
• 당신이 지금 취직활동에 고민하고 있는 것은?
• 그 원인은 무엇인가? ‒ 원인 가운데 바꿀 수 있는 것은?
　　　　　　　　　　　‒ 원인 가운데 바꿀 수 없는 것은?

만약 당신이 "타인", "감정 · 생리반응", "과거"라는 "바꿀 수 없는 것"을 가지고 헤매고 있다면 어떻게 행동해야 할까? 만약 바꾸기 어려운 타인이 원인이 되어서 골치를 썩이고 있다면 당신이 취해야 할 방법은 단 하나, 그것은 당신이 변하는 것이다. 즉 면접관이 무섭고 위압적인 얼굴을 하고 있으면 미소로 접근하는 것이다.

0.4.2. 과거의 실패를 새로운 기회로 전환하라

지원했던 기업으로부터 불합격 통지를 받게 되면 누구나 의기소침해질 것이다. 그러나 이 불합격이라는 사실을 실패로 간주할 것이 아니라 하나의 기회라고 생각하는 것이 중요하다. 면접에 통과하지 못한 것을 실패라고 간주하는 한, 점점 자신감은 상실돼 간다. 내가 떨어진 그 기업은 나하고는 인연이 안 되는 기업이구나 하고 치부해 버리는 것이다.

〈표 0-14〉 실패를 기회로 바꾸는 법

고민의 원인 바꿀 수 있는 것	지금까지 어필할 수 있는 경험을 하지 못했다. 취직활동 개시까지, 혹은 취직활동 중에도 경험을 쌓는다.
실제의 행동	재미있는 일을 할 동료를 찾아본다. → 취직활동 중 만난 사람들에게 연락을 취한다.
고민의 원인 바꿀 수 있는 것	첫인상이 무뚝뚝하다고 말한다. 무뚝뚝한 표정
실제의 행동	사람들과 이야기할 때는 되도록 미소로 대화할 수 있도록 신경쓴다. → 주위 사람들에게 그 즉시 지적해 달라고 부탁한다.
고민의 원인 바꿀 수 있는 것	다른 사람들 앞에서 얘기를 잘 못한다. 다른 사람들 앞에서 얘기를 잘 못하는 것을 극복한다.
실제의 행동	다른 사람들 앞에서 말하는 경험을 쌓는다. → 동아리 등의 회장에 입후보하여 매회(주 1회), 주위의 시선이 나에게 집중되는 상대에서 이야기한다.

0.5 결단

무언가를 성취하기 위해서는 자신의 가능성을 알고, 거기서 가장 필요한 것을 선택해 가는 것이 필요하다. 결정시 가장 중요한 것은 "자신의 의지"이다. 주위의 목소리에 흔들리지 않고, 자신의 위치를 주시하여 용솟음치는 생각을 확신하고 하나의 가능성을 선택하자. 자신이 결정하는, 자신이 서약하는 그것이 후회 없는 인생의 첫걸음이다.

0.5.1. 스스로 결단하라

결단하는 시기가 임박해 오면 주위 사람들이 이런저런 얘기를 하게 마련이다. "장래를 생각하는 쪽이 좋지 않을까?", "그 일은 너한테 맞지 않잖아?", "사회는 네가 생각한 것처럼 쉬운 게 아니야", "좀더 신중하게 생각해 봐" 등등. 자신이 선택한 것에 대해 주위 사람들의 반대 목소리를 듣게 되면 내 결정이 진짜 문제가 있는 것인가? 하고 스스로 내린 결정에 의문을 품기도 한다.

주위 사람들의 말에 휘둘릴 것인가, 자기 의지를 관철시킬까라는 고민에 빠지게 된다. 고민에 고민을 거듭해 온 취직활동에 "부모가 반대한다", "친한 친구가 거기는 그만두어라"라는 이유로 그만두면 될까? 이 인생의 중요한 국면에서 판단을 다른 사람에게 위임하는 사람은 금후의 인생에서도 스스로를 결단하는 일이 한층 어려워진다.

취직활동이라는 어른으로서의 첫걸음을 내딛는 마당에 자신의 의지를 관철하느냐 마느냐. 이것이 금후의 선택, 나아가서 금후의 인생에 있어서 자신이 스스로 걸어 갈 수 있는 인간으로 거듭날지 어떨지를 결정하는 것이라고 할 수 있다. 부디 도망치지 말고 스스로의 선택을 관철시켜 주기 바란다.

0.5.2. 미래는 순간의 집적이다

"지금은 이 업무에 흥미를 느끼지만 내가 장래에 추구할 일과는 다르다", "지금은 이 기업에 끌리나 장차 전직할 가능성을 열어두고 지명도 높은 기업에 옮겨갈 것을 염두에 두는 쪽이 더 낫지 않을까", 장래에 너무 집착한 나머지 지금의 결단을 실행에 옮기지 못하는 사람도 있다.

장래 하고 싶은 일을 보장받고 있는 사람일지라도 실제로 그 때가 되어보지 않으면 다른 일을 하고 있을지도 모른다. 장래의 일은 아무도 모르기 때문이다.

물론 장래의 목표를 세우는 것이 나쁘다는 말은 결코 아니다. 목표 그 자체는 매우 중요한 것이다. 단지 세상의 변화는 빠르기 때문에 장래예측은 매우 어렵다.

가능성을 넓히는 것만으로 아무것이나 성취될 수는 없다. 정말로 무엇인가를 성취하고 싶으면 무수한 가능성 가운데 "정말로 자신이 하고 싶은 일"을 선택하지 않으면 안 된다. "선택" 작업 없이는 아무런 성취 없이 인생을 마감하는 것과 같다고 할 수 있다.

취직활동은 자신의 꿈을 실현시키기 위한 통과점에 지나지 않는다. 꿈을 실현할 수 없다고 탄식하고 있는 사람들조차 꿈은 도망가지 않고 그 사람들 앞에 존재하고 있는 것이다. 그럼에도 불구하고 꿈을 실현할 수 없는 것은 그 사람 자신이 꿈에서 도망쳐 버린 것에 지나지 않는다. 꿈은 도망가지 않는다. 자신이 도망가지 않는 한.

그러면 이제부터 우리는 여행사에 관해 하나하나 알아보기로 하자.

Chapter 1

여행사의 이미지

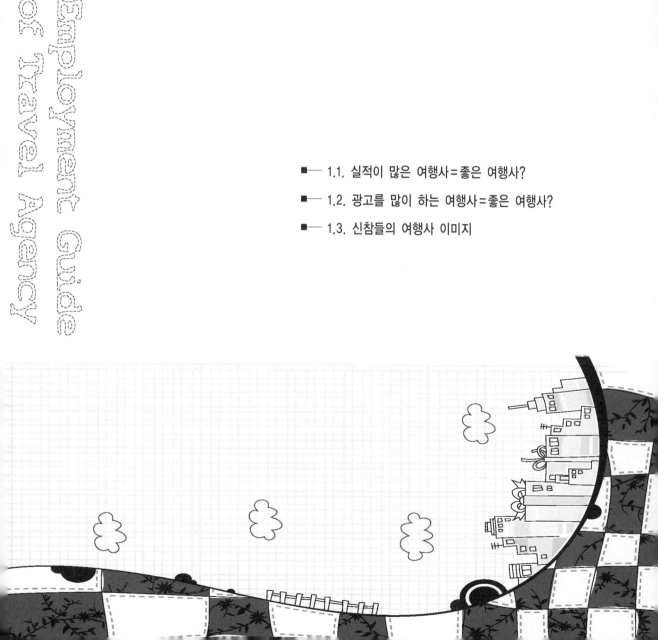

■── 1.1. 실적이 많은 여행사=좋은 여행사?

■── 1.2. 광고를 많이 하는 여행사=좋은 여행사?

■── 1.3. 신참들의 여행사 이미지

Employment Guide of Travel Agency

여행사의 이미지

취업을 준비하고 있는 여러분은 여행사 하면 중·고교 시절 국내외 수학여행 때 함께 갔던 여행인솔자 이미지인지? 친구와 해외여행을 가려고 생각하고 처음으로 방문한 여행사의 카운터에서 팸플릿을 펼쳐들고 열심히 설명하던 젊고 친절한 사원, 또는 최근에는 소비자 금융의 아줌마와 나란히 서서 땀을 씻으면서 티슈와 팸플릿을 돌리고 있는 원기 왕성한 젊은 이인지? 근무하고 있으면 언제나 쉽게 여행을 갈 수 있는 즐거운 업무라는 이미지는 아닐까?

어느 직업이라도 마찬가지이지만 그렇지만 좀처럼 머릿속에 그리고 있는 이미지와 비교하여 업무 그 자체의 실태를 파악하기는 어렵다.

일반적으로 여행사를 그리고 있는 이미지와, 실제로 일 해보았을 때의 이미지와의 차이가 꽤 있다고 말할 수 있지 않을까? 여행사는 취직희망업종으로서는 매우 높은 인기가 지속되고 있다. 오랫 동안 여행사에 근무하고 있으면 왜 이렇게 인기 업종이 된 것일까 하고 의문에 휩싸이게 된다.

한마디로 말해서 여행사의 월급은 적고, 업무는 고되고, 외워두지 않으면 안 되는 것은 너무도 많고, 노동시간도 길고, 경쟁도 심하고, 더욱이 전형적인 노동집약적 산업이다. 물론 최근의 학생들은 정말로 철저히 조사하여 기업방문을 하고 있기 때문에 그러한 것은 너무나도 잘 알고 있을 것으로 생각되나, 그래도 개중에는 취직할 생각은 있는가? 냉정하게 생각하고 왔나? 라고 물어야 할 학생도 상당수 있다.

"여행사=늘 여행할 수 있는 즐거운 업무"라는 "약간 노는 기분"이라는 것에 일단은 익숙해지고, "내 돈 들이지 않고 실컷 여행을 즐길 수 있는 곳"이라는 생각을 가진 대다수 사람들에게는 실제로 "직업으로서의 여행사"의 실태를 확실히 알아차리는 것이 중요하다.

1.1 실적이 많은 여행사＝좋은 여행사?

여행사 순위는 여러 가지 기준으로 평가를 할 수 있겠지만, 랭키닷컴의 인터넷 사이트 순위 기준으로 상위(Top) 30사를 알아보면 다음과 같다(2008. 01. 16. 기준).

1 – 하나투어	16 – 자유투어
2 – 투어익스프레스	17 – 탑항공
3 – 모두투어	18 – 세중투어몰
4 – 인터파크투어	19 – Login Tour
5 – 넥스투어	20 – SK 투어비스
6 – 온라인투어	21 – 땡처리닷컴
7 – 여행박사	22 – 한진관광
8 – 웹투어	23 – 참좋은여행
9 – 클럽리치투어	24 – 072에어
10 – 투어캐빈	25 – 레드캡투어
11 – 롯데관광/롯데관광개발	26 – 이오스여행사
12 – (주)노랑풍선여행사	27 – 114할인항공
13 – 여행사닷컴	28 – 블루여행사
14 – 내일여행	29 – 현대드림투어
15 – 보물섬투어	30 – 오케이투어

대부분 일반인들에게 널리 알려진 여행사가 포함되어 있음을 알 수 있다. 그러나 인터넷 접속 숫자가 많다고 좋은 여행사는 아니라는 점이다. 1997년 경제위기가 왔을 때 당시 랭킹 1위로 승승장구하던 구 온누리여행사를 비롯하여 전국적인 체인망을 무기로 상위랭킹을 구가하던 삼홍여행사, 씨에프랑스, 아주관광, 계명여행사, 국광여행사, 오아시스여행사 등 유명여행사들이 도산대열에 들어간 것은 여행사의 송객실적이 회사의 명운을 좌우하지 않고 있다는 사실을 여실히 보여주고 있다. 간혹 과거에 도산된 여행사들의 이름을 계승하여 현재도 사용하고 있는 경우도 있으므로 취업시에는 이를 잘 살펴보아야 한다.

한국일반여행업협회(KATA : Korea Association of Travel Agents)의 관광통계 자료에 의하면 〈표 1-1〉과 같이 2007년 업체별 내국인 관광객 송출실적을 알 수 있다. 여기서 보이는 통계자료상의 수치가 좋은 여행사를 의미하기보다는 실적이 우수하고 비교적 규모가 큰 여행사라고 말할 수 있다.

〈표 1-1〉 2007년 여행사별 내국인 관광객 송출실적

순위		업체명	인원(名)			금액(천원)		
인원	금액	Travel Agents	2007년	2006년	전년대비	2007년	2006년	전년대비
1	1	하나투어	1,277,078	894,078	42.8	1,068,328,874	794,801,778	34.4
2	2	모두투어네트워크	626,397	410,108	52.7	529,902,855	350,147,666	51.3
3	3	롯데관광개발	322,854	279,133	15.7	308,399,119	260,214,891	18.5
4	4	자유투어	261,192	222,604	17.3	185,710,327	150,986,597	23.0
5	8	온라인투어	193,856	134,399	44.2	105,942,125	79,825,705	32.7
6	10	여행박사	170,474	91,613	86.1	93,628,534	52,704,340	77.6
7	7	넥스투어	160,873	136,035	18.3	108,304,014	98,678,594	9.8
8	5	세중나모여행	151,868	65,163	133.1	125,860,343	56,995,728	120.8
9	9	노랑풍선	135,525	64,082	111.5	99,184,582	48,890,678	102.9
10	6	인터파크투어	126,035	93,132	35.3	108,818,915	76,553,054	42.1
11	13	오케이투어	119,473	109,509	9.1	80,413,825	74,408,459	8.1
12	12	참좋은여행	119,228	106,852	11.6	82,930,759	69,907,675	18.6
13	17	투어이천	100,070	108,708	-7.9	67,536,768	64,821,750	4.2
14	16	여행사닷컴	99,196	0		72,039,651	0	
15	11	현대드림투어	96,713	85,970	12.5	89,245,619	77,547,364	15.1
16	26	보물섬투어	81,751	81,791	-0.0	36,981,088	35,409,526	4.4
17	18	온누리여행사	72,153	66,341	8.8	59,356,831	56,317,542	5.4
18	14	레드캡투어	68,602	66,760	2.8	79,207,518	62,337,244	27.1
19	23	포커스투어	67,620	72,324	-6.5	42,971,023	49,487,433	-13.2
20	20	에버렉스	65,728	43,590	50.8	52,726,149	29,834,422	76.7
21	22	여행매니아	61,886	57,151	8.3	48,047,183	47,003,661	2.2
22	15	한진관광	61,542	45,992	33.8	75,004,289	64,840,397	15.7
23	28	비티앤아이	51,837	39,626	30.8	35,308,028	31,184,711	13.2
24	19	김앤류투어	51,219	50,287	1.9	54,081,444	42,477,623	27.3
25	24	맥여행사	48,096	41,475	16.0	38,481,549	34,597,814	11.2
26	21	오케이캐쉬백서비스	44,684	59,142	-24.4	49,938,237	57,568,223	-13.3
27	27	대한관광여행사	34,670	0		35,606,285	0	
28	29	엔에이치여행	29,457	19,898	48.0	31,375,136	22,725,713	38.1
29	25	내일여행	28,754	16,677	72.4	37,050,831	23,257,551	59.3
30	32	세일여행사	19,934	21,414	-6.9	9,204,646	9,354,425	-1.6
		순위소계	4,614,899	3,483,854	32.5	3,703,940,611	2,822,880,564	31.2
		전체합계	4,859,999	3,730,554	30.3	3,928,842,670	3,063,149,932	28.3

자료 : 한국일반여행업협회, 2007년 업체별 내국인 관광객 송출실적, 2008. 02. 22.
※ 순위 소계에서 여행사닷컴, 대한관광여행사의 실적은 제외됨.

1.2 광고를 많이 하는 여행사 = 좋은 여행사?

여행사 광고 전문 대행업체인 MPC21이 집계한 자료에 따르면 조선일보에 게재한 패키지 여행사 광고가 전년 동기대비 11.3% 증가한 6,927단으로 가장 많았다.

조선일보에 게재한 여행사 광고 중 자유투어가 전년동기대비 58.9% 증가한 704단으로 가장 많았다. 다음은 하나투어로 6.2% 증가한 496단이었고 롯데관광개발이 9.5% 감소한 478단, 투어2000이 157.1% 증가한 360단, 코오롱세계일주가 5.8% 증가한 327단으로 집계됐다.

특히 자유투어(58.9%), 투어2000(157.1%), 보물섬(25.2%), 노랑풍선(30.7%), 디디투어(51.9%), 혜초여행사(250%), 일성여행사(75%) 등은 20% 이상의 광고를 늘려 공격적인 영업에 나선 것으로 분석됐다.

반면 롯데관광개발(-9.5%), 세중투어몰(-5.7%), 레드캡투어(-6.3%), KRT(-2.8%), SK투어비스(-7.5%), 한진관광(-8.5%), 포커스투어(-27.5%), 씨에프랑스(-33.2%), 호도투어(-10.6%), 온라인투어(-0.8%), 인터파크여행(-28.9%), 투어몰(-27.5%), OK투어(-32%), 여행사닷컴(-93.8%) 등은 지난해 동기대비 감소세를 나타냈다.

중앙일보의 경우는 올 상반기 동안 전년동기대비 5.4% 증가한 4,313단을 게재했다. 롯데관광개발이 전년동기대비 4.6% 증가한 413단으로 1위, 하나투어가 27.2% 증가한 411단으로 2위, 모두투어네트워크가 올해 첫 광고를 게재해 343단으로 3위, 노랑풍선이 47.7% 증가한 322단, 세중투어몰이 32.2% 증가한 320단으로 각각 5위안에 포함됐다.

하나투어(27.2%), 노랑풍선(47.7%), 세중투어몰(32.2%), 참좋은여행(33.8%), 레드캡투어(82.8%), 온누리여행사(20.7%), 코오롱세계일주(146.7%), OK투어(20%) 등이 20% 이상 증가해 중앙일보를 적극 활용한 것으로 나타났다.

그러나 자유투어(-19.9%), 현대드림투어(-18.4%), 포커스투어(-20.4%), 온라인투어(-7.8%), SK투어비스(-25.4%), 디디투어(-29%), 한진관광(-11.6%), 여행매니아(-57.1%), 여행사닷컴(-56.5%), 씨에프랑스(-13.5%), 인터파크여행(-94.3%) 등은 전년동기대비 감소세를 나타냈다.

동아일보의 경우에는 전년동기대비 0.6% 감소한 4,872단을 게재해 주요 4개 신문사 중 유일하게 감소세를 나타냈다.

자유투어가 31.4% 증가한 669단으로 1위를 차지했고 롯데관광개발이 6.2% 증가한 413

단, 노랑풍선이 6.1% 증가한 364단, 세중투어몰이 0.3% 감소한 334단, 하나투어가 33.1% 증가한 314단으로 각각 5위 안에 포함됐다. 자유투어(31.4%), 하나투어(33.1%), 온라인투어(37.5%), 보물섬(133.6%), 온누리여행사(23.7%), 한진관광(26.8%), 여행매니아(88%), SK투어비스(40%) 등이 20% 이상 증가해 동아일보 활용도를 높인 것으로 분석됐다.

매일경제신문의 경우 전년동기대비 7.8% 증가한 5,414단의 광고를 게재해 물량 면에서는 조선일보의 6,927단에 이어 2위를 차지하며 여행사 패키지 광고시장에 막강한 영향력을 미치고 있는 것으로 나타났다.

여행매니아가 전년동기대비 98.8% 증가한 517단으로 1위를 차지해 매일경제신문에 의존도가 높은 것으로 확인됐다. 다음은 참좋은여행으로 7.5% 증가한 457단, 모두투어가 65.1% 증가한 350단, VIP여행사가 4.2% 증가한 323단, 세중투어몰이 68.2% 증가한 259단으로 집계됐다.

여행매니아(98.8%), 모두투어(65.1%), 세중투어몰(68.2%), 일성여행사(61.5%), 자유투어(23.3%), 인터파크여행(23.4%), E-골프라인(338.5%), 한진관광(58.9%), 씨에프랑스(228%), 나스항공(30.6%), 현대드림투어(400%) 등이 20% 이상 높은 증가율을 기록했다.

이 가운데서도 E-골프라인, 씨에프랑스, 현대드림투어 등은 3자릿수 이상의 높은 증가율로 매일경제신문에 대한 의존도를 높인 것으로 나타났다.

〈표 1-2〉 2007년 여행사별 신문광고(2007.01.01~12.31)　　　　　(금액단위 : 천원)

순위	상호명	조 선		중 앙		동 아		매 경		한 경		합 계	
		단수	광고비	단수	광고비	단수	광고비	단수	광고비	단수	광고비	단수	광고비
1	자유투어	1243	1,839,640	427	473,970	1142	845,080	318	176,490	66	19,536	3196	3,354,716
2	하나투어리스트	1006	1,488,880	776	861,360	558	412,920	166	92,130	662	195,952	3168	3,051,242
3	세중투어몰	649	960,520	637	707,070	654	483,960	463	256,965	242	71,632	2645	2,480,147
4	롯데관광	975	1,443,000	706	783,660	683	505,420	246	136,530	15	4,440	2625	2,873,050
5	노랑풍선	444	657,120	630	699,300	729	539,460	467	259,185	0	0	2270	2,155,065
6	참좋은여행	450	666,000	488	541,680	126	93,240	800	444,000	12	3,552	1876	1,748,472
7	호도투어	433	640,840	181	200,910	422	312,280	383	212,565	325	96,200	1744	1,462,795
8	여행매니아	458	677,840	110	122,100	97	71,780	894	496,170	0	0	1559	1,367,890
9	온라인투어	258	381,840	246	273,060	545	403,300	357	198,135	112	33,152	1518	1,289,487
10	KRT	598	885,040	337	374,070	428	316,720	103	57,165	0	0	1466	1,632,995

11	투어2000	680	1,006,400	0	0	373	276,020	349	193,695	0	0	1402	1,476,115
12	레드캡투어	531	785,880	313	347,430	125	92,500	408	226,440	0	0	1377	1,452,250
13	모두투어	14	20,720	539	598,290	0	0	812	450,660	0	0	1365	1,069,670
14	현대드림투어	676	1,000,480	395	438,450	232	171,680	25	13,875	27	7,992	1355	1,632,477
15	디디투어	367	543,160	280	310,800	100	74,000	393	218,115	214	63,344	1354	1,209,419
16	포커스투어	357	528,360	254	281,940	462	341,880	238	132,090	13	3,848	1324	1,288,118
17	코오롱세계일주	633	936,840	134	148,740	250	185,000	236	130,980	0	0	1253	1,401,560
18	보물섬투어	496	734,080	5	5,550	570	421,800	5	2,775	91	26,936	1167	1,191,141
19	대한여행사	234	346,320	63	69,930	248	183,520	597	331,335	21	6,216	1163	937,321
20	온누리여행사	269	398,120	272	301,920	436	322,640	185	102,675	0	0	1162	1,125,355
21	한진관광	389	575,720	239	265,290	212	156,880	180	99,900	124	36,704	1144	1,134,494
22	SK투어비스	401	593,480	261	289,710	107	79,180	90	49,950	25	7,400	884	1,019,720
23	OK투어	203	300,440	118	130,980	126	93,240	48	26,640	102	30,192	597	581,492
24	씨에프랑스	150	222,000	32	35,520	0	0	81	44,955	315	93,240	578	395,715
25	VIP여행사	0	0	0	0	0	0	561	311,355	0	0	561	311,355
26	인터파크투어	91	134,680	14	15,540	74	54,760	122	67,710	159	47,064	460	319,754
27	와우투어	111	164,280	7	7,770	17	12,580	101	56,055	90	26,640	326	267,325
28	여행가	142	210,160	50	55,500	0	0	80	44,400	0	0	272	310,060
29	재미로투어	55	81,400	77	85,470	70	51,800	25	13,875	0	0	227	232,545
30	여행사닷컴	39	57,720	50	55,500	35	25,900	20	11,100	64	18,944	208	169,164
합 계		12,352	18,280,960	7,641	8,481,510	8,821	6,527,540	8,753	4,857,915	2,679	792,984	40,246	38,940,909

자료 : 양성식, 세계여행신문, 2008. 01. 07.
※ 신문 1단은 보통 37×3.3cm (가로×세로)
※ 여행사 순위는 광고단수 순

매일경제신문의 경우 경제지 구독자를 대상으로 한 전문 여행업체들의 광고가 많은 것으로 확인되고 있다. 특히 광고 게재 상위업체에 대형 패키지회사보다 중견 패키지 여행사들도 포함돼 주목을 끌고 있다.

한편, 2007년 한 해 동안 패키지 여행사들의 주요 일간지 4개사에 대한 광고비 집행은 〈표 1-2〉와 같으며, 각 신문사의 요일별, 개별업체별, 광고 크기별, 컬러, 흑백 등에 따라 다르지만, 상당한 규모임을 알 수 있다.

세계여행신문의 양성식 마케팅과장은 패키지 여행사들의 신문광고 효과에 대한 누적된 의구심은 2007년 들어 첫 하락률을 보이며 광고단수 수치상으로 드러났다고 밝히고 있다.

최근 4년 동안 매년 평균 15% 증가추세를 보여 왔던 광고시장은 2007년 33개 여행사가 3대 일간지와 경제지(매경/한경)에 총 4만 537단을 게재하며, 2006년(4만 2939단)에 비해 6% 감소했다.

1989년 해외여행 자유화조치 이후 90년대부터 본격적으로 시작된 아웃바운드사의 일간지 광고는 여행사업의 활성화와 여행사들의 규모화와 함께 작년을 최고점으로 급격히 성장해 왔다. 가히 전쟁을 방불케 했던 지난해 광고시장은 전면광고전까지 펼치며 30여개 패키지 여행사들이 지출한 신문광고비는 약 400억원 가량이었다.

그렇지만, 2007년 들어 여행사들은 마케팅 채널의 다양화를 꾀하며 온라인, TV광고 등의 홍보채널 확대와 IT시스템 구축 등에 대한 투자로 이어지면서 신문광고에만 의존했던 과거에서 탈피하고 있는 모습을 나타냈다.

2006년을 정점으로 뜨겁게 달아올랐던 광고시장은 2007년 하락세를 시작으로, 이후에도 신문광고는 점차 감소할 것으로 보인다고 전망하였다.

위의 광고 집행내역과 여행사들의 매출액, 상시고용인원 등의 통계자료를 들여다보면 광고를 거의 하지 않고 있는데도 실적이 높은 여행사, 광고는 엄청 하는데도 실적이 그저 그런 여행사, 사원수가 많은 데도 실적이 별로인 여행사가 있는가 하면, 사원수는 적은 데도 불구하고 실적을 많이 올리고 있는 여행사도 있음을 알 수 있다.

1류 여행사란 「광고를 하지 않고도 실적이 높고, 사원수가 적음에도 매출액이 많아 1인당 노동생산성이 최고인 여행사」가 아닐까? 아마도 이런 여행사는 규모가 작아도 월급을 많이 주는 실속 있는 여행사일 것이다.

1.3 신참들의 여행사 이미지

◇ 여행사에 들어오기 전과 후의 생각은?

• 연수를 받으면서 여행업의 비전을 알게 됐고 막연한 피상적인 생각에서 벗어나 여행업에 대한 인식이 전환됐다. 영업팀에 소속돼 영업을 하면서 인간관계의 중요성을 깨달았다. 영업부서는 음지(?)에서 일하다보니 티가 나지 않는다. 간혹 술자리도 인간관계에 상당히 도움이 된다.

• 입사 전에 여행사에 가면 깃발 들고 가이드를 하는 줄만 알았다. 손님들을 데리고 해외여행을 인솔하는 정도의 업무밖에 몰랐었다(류동근, 2006).

• 막상 여행사에 들어와 보니 사소한 업무가 너무너무 많아 여행가는 것이 이렇게 복잡한 과정을 거치는 줄 처음 알았다.

• 여행사는 고객이 방문해서 항공권을 사가는 정도로 생각했는데, 막상 입사해보니 여권 만드는 과정에서부터 한 단체를 공항에 오게 하기까지 얼마나 많은 절차를 밟아야 하는지 깨달았다.

• 홀세일러(Wholesaler · 도매상)가 뭔지도 몰랐고 심지어 국내에서 제일 크다는 하나투어라는 상호도 입사지원서를 낼 때 처음 들어봤다. 여행사에 취직하면 단순히 여행객들을 데리고 가이드를 하거나 TC(여행인솔자)로 일하는 줄만 알았다. 단지 학생 때 배낭여행을 하면서 여행을 하고 싶은 욕심에 여행사에 관심을 갖게 됐다.

◇ 여행사에 비전은 있다고 보는가?

• 여행사는 평화가 존재하는 한 무궁무진하게 발전할 것이다. 다만, 남성들에 비해 여성들이 카운터나 허니문 등 전문적인 분야에서 더욱 비전이 있어 보인다. 남성들의 경우는 주로 세일즈 쪽이나 인솔자 등인데, 현재는 과거의 맨투맨 세일즈방식과 많이 달라졌기 때문에 여초(女超) 현상이 더욱 치열해질 것이다. 특히 남북 간 긴장완화가 지속되고 통일이 되는 경우 침체되어 있던 국내여행이 매우 활성화될 것이다.

◇ 여행사에 근무하면서 뿌듯했던 점은?

• 애써 모객(募客)한 고객들이 여행을 잘 마친 후 감사인사를 할 때다. 다음으로 한 분야의 전무지식을 토대로 전문상담요원으로 인성받았을 때가 뿌듯하다.

• 보람이라면 핸들링 한 고객이 다시 찾아왔을 때였다. 사실 휴가철이나 여름시즌에 쉬지도 못하고 고객들을 출발시키느라 뒷바라지를 하다보면 힘들 때가 많다.

◇ 여행사에 근무하면서 안 좋은 점은?

• 여행사들을 통틀어 말하자면 겉만 화려하고 내부고객들인 직원들의 복리후생은 낮은 수준

이다. 특히 오너들의 경우 결원이 생기면 또다시 채우면 된다는 생각들이 잘못된 것 같다. 여행업종은 전문직인데, 전문가들을 양성할 생각이 앞서야 하는데, 맘에 안 들면 무조건 해고부터 하는 것부터 고쳐나가야 한다. 전문인력을 키우려면 최소 1년 정도는 회사에서 투자해야 한다고 본다.

◇ 장래에 꿈이 있다면?

• 여행사맨은 고객만 확보되면 언제든지 창업할 수 있다는 장점이 있는 좋은 직장이다. 호텔 사장이 되기 위해서는 고용사장이 아닌 바에야 적게는 수백억원, 많게는 수천억원대의 자본이 필요해 사장의 꿈을 펼칠 기회가 거의 없지만, 여행사의 경우는 가까운 장래에 나도 사장이 될 수 있다는 꿈을 가지게 하는 직장이어서 젊은이에게 희망을 준다.

여행사에의 지원동기

Employment Guide of Travel Agency

2 여행사에의 지원동기

그렇다면 어떤 지원동기로 여행사의 문을 두드린 것일까?

2.1 여행을 좋아하니까

좋아하는 여행이 업무로 연결된다면? 이라는 지망동기가 많다는 것은 예나 지금이나 다르지 않다. "여행을 좋아하여"라는 것은 무엇보다 중요하다. 그러나 여기서 틀려서는 안 될 것은 "좋아한다"는 것은 특기도 적성도 아무 것도 아니다. 여행을 좋아합니까? 라고 물으면 과반수 이상의 사람들이 "좋아합니다"라고 대답할 것이다. "싫다"고 대답하는 사람은 아마도 10% 미만일 것이다.

여하튼 여행은 "놀이의 계속"과 같은 것이라는 느낌이 들지는 않나요? 여행을 좋아하는 것은 음악을 좋아하고, 영화도 뮤지컬도 좋아하는 것과 대동소이한 것인지도 모른다.

그래도 "음악을 좋아한다"라는 사람이라고 해서 음악을 직업으로 할 수 있는 사람은 거의 없다. 영화를 좋아하는 사람도 영화로 먹고 살 수 있는 사람은 거의 없을 것이다. 좋아 하는 것은 중요하지만 너무 전면에 내세우지 않는 게 바람직하다. 상사(商社)에 지원하는 사람이 무역을 좋아하기 때문에 라고 대답하는 것과 마찬가지이다.

2.2 어학을 좋아하니까

다음으로 많은 것이 "어학을 살리고 싶다"라는 동기가 많다. 너무 특수한 언어는 별개로 하더라도 영어, 일어, 불어, 독일어, 중국어 등 확실히 이용할 기회는 적지 않다고 할 수 있다. 그래도 실은 생각하고 있는 정도로 사용할 기회는 그다지 많지 않다.

반드시 어학을 구인(求人)요건으로 중시하고 있는 회사는 많지 않은 것이 사실이다. 그 이유는 외국어를 사용하는 부서는 여행사에서도 그다지 많지 않다는 것과 여행사에서의 어학은 수준 높은 실력을 요구하지 않는 것도 그 중 하나의 이유라면 이유이다.

전문용어는 한정되어 있으며, 기술서(記述書)를 읽어내야 하는 일도 거의 없다. 기초적인 어학력만 있다면 충분한지도 모른다. 물론 외국인을 상대하는 영업직 사원이라면 상대를 설득할 만한 어학력을 구비하지 않으면 안 될 것이다. 현재 그와 같은 직종에서 일하는 여행사의 사원은 현지 주재원이나 특파원 같은 직종으로 극히 제한되어 있다.

어학으로 높은 수준의 힘을 가지고 있어서 그것을 살리고 싶다고 생각하는 사람들은 여행사를 그만두는 것이 좋을 것이다.

2.3 여자이니까

여성 가운데에는 여행사는 남녀차별이 적으니까, "여성이 활약할 기회가 많을 것"이라고 생각하여 지원하는 사람이 의외로 적지 않다. 실제로 여성에게는 매우 적합한 직업이라고 말할 수 있다. 현재 사회일각에서 남·여간 급여 차이를 두고 있는 곳은 점점 줄고 있으나 승급, 승격에 있어서는 아직까지도 차이가 존재하고 있다는 것이 정설이다.

여행사는 그 업무의 내용에서 성차(性差)라는 것은 없다고 해도 좋다. 오히려 자질구레하고 섬세한 일이 많아 여성쪽의 업무에 맞는다고 할 수 있다. 그렇다고 해서 남성은 필요 없느냐 하면 그렇지 않다. 남성이 여행사에서 해야 할 일도 상당히 많다.

2.4 사회에 공헌하고 싶어서

또한 작금의 관광입국(觀光立國)선언에서 촉발된 것일까, 관광만이 평화산업이며, 이를 신장시키는 일에 보람을 느끼려고 응모했다는 사람도 적지 않다. 이는 매우 훌륭한 일이다. 역시 관광이라는 평화산업이 번성해 온 것이야말로 지금도 세계의 모든 곳에서 일어나고 있는 분쟁도 제거해 나가고 있는 것은 아닐까? 세계인들이 보다 빈번하면서도 당연한 것으로 교류만 할 수 있다면 이것이 평화로 가는 지름길이라고 생각한다.

2.5 남을 배려하기 좋아해서

"다른 사람 돌보기를 좋아하니까"라는 사람들도 있다. 이는 매우 중요한 것이다. 여행사는 항상 사람들을 대상으로 하고 있다. 여관이나 호텔 등에서는 숙박시설을 제공해준다. 항공기나 철도는 실제로 이동수단을 제공하고 있다. 그러나 여행사는 그 어느 것도 가지고 있지 못하다. 가능한 것은 사람들에게 제공하는 서비스만이 존재한다. 사람들을 보살피기 좋아하는 것, 이는 가장 좋은 동기일지 모른다.

한편, 항공사로 진출하려고 했으나 실력이 부족하여 여행사를 지원하게 되었다는 속내를 털어놓는 사람도 있다. 이는 바람직하지 못하다. 여행사가 인재부족으로 고민하고 있다면 몰라도 현재는 압도적으로 구인자 쪽이 대세를 점하고 있는 시대이다. 면접은 진짜 속내를 말하는 장이라기보다도 자신만이 가지고 있는 가장 좋은 점을 어필할 수 있는 장소라고 생각하는 것이 바람직한 것이다.

여하튼 여행사에의 취직 동기는 은행, 상사, 철강메이커, 보험사와는 다르다는 것을 인식해야 한다. 이것이 나쁘다는 것은 결코 아니다. 이미 근무하고 있는 선배들도 같은 처지였을지도 모르기 때문이다.

그러나 금후 여행사라는 엄중한 상황에 놓여 있는 서비스산업에 진출하려는 사람들에게는 꿈을 가지고 도전해보라고 권유하고 싶다. 여행사에는 한 사람 한 사람의 능력을 충분히 발휘할 수 있는 업무가 기다리고 있기 때문이다. 그러기 위해서는 다음과 같은 점을 명심해야 할 것이다.

첫째, 서비스 마인드를 갖추는 일이다. 사람을 상대로 하는 직업이다 보니 어떤 상황에서도 자신의 마인드 컨트롤을 하는 것은 기본이다.

둘째, 전문적인 지식이다. 적어도 내가 맡은 지역 및 분야에서는 내가 최고가 돼야 한다는 자세가 중요하다. 지금 같이 인터넷에 정보를 쉽게 접할 수 있는 환경에서는 웬만한 지식으로는 여행 유경험자들을 상대한다는 것은 엄청난 지식을 필요로 한다.

셋째, 항상 배운다는 마음으로 전력을 다하여야 살아남을 수 있다.

넷째, 여행사에 대한 열정과 애정이다. 이는 모든 직업의 가장 기본이 되는 사항이다. 왜냐하면 여행에 대한 애정은 기본이며, 열정 또한 있어야만 꾸준히 무언가를 이루어 낼 수 있다.

Chapter 3

여행사란 어떤 곳인가?

3 여행사란 어떤 곳인가?

지금부터 여행사의 업무에 대해서 자세히 살펴보자. 이를 위해서 우선 여행사를 정확하게 파악할 필요가 있다. 여행사를 왜 "여행업자"라고 부르는 것일까?

여행사와 여행업자와의 차이는 다음과 같다. 여행업을 하는 것은 개인이나 법인 모두 가능하다. 개인이 하는 여행업이라 하는 것은 좀처럼 눈에 띄지 않을지도 모르나, 간혹 그러한 자격(등록)을 가진 사람이 있다. 여행업을 법인으로 하는 경우 그것이 여행사가 되고, 개인이 하는 것은 여행업자이다(イカロス出版株式會社, 2006).

여기서는 여행업을 법인으로서 운영하는 여행사를 그 대상으로 하며, 여기에 취업하려는 사람들에게 취업기회를 제공하려는 것이다.

여행사의 업무는 여행업자의 「업무정의」를 살펴보지 않으면 알 수 없다. 「관광진흥법」에서는 여행업에 대해서 다음과 같은 정의를 내리고 있다.

「관광진흥법」 제3조에 의하면 "여행업이란 여행자 또는 운송시설 · 숙박시설 그 밖에 여행에 딸리는 시설의 경영자 등을 위하여 그 시설이용 알선이나 계약체결의 대리, 여행에 관한 안내 그 밖의 여행 편의를 제공하는 업"으로 규정하고 있다.

이 정의에서는 중대한 결점이 발견된다. 즉 위의 일을 하면서 그 대가(보수)에 대한 개념이 없기 때문이다. 다시 말해 돈을 받고, 위와 같은 일을 해야 하는 것이다.

즉 "여행업이란 여행자와 여행관련기관(principal) 사이에서 여행자에 대해 예약, 수배, 대리, 이용, 알선 등의 여행서비스를 제공하고 그 대가(보수)를 받는 사업"이라고 할 수 있다(정찬종, 2007).

그런데 여행사의 보수에는 대체 어떤 것이 있을까?

① 여행자로부터 수수하는 「취급수수료」

② 운송 · 숙박기관으로부터 수수하는 「판매수수료」

③ 타사의 패키지투어(Package Tour)를 판매한 경우의 당해 타사로부터 수수하는 「판매
　수수료」

　어느 것도 수수료(Commission)가 근간이 되어 있다. 여행사는 이 「수수료」로 오랜 기간
장사를 해오고 있다. 그러나 오늘날에는 수수료 이외의 수입도 점차 늘어나고 있다. 그 이유
로 수수료는 이익의 폭이 매우 적기 때문에(대개 10% 전후), 기업을 유지해 나가기에 벅차기
때문이기도 하다.

　수수료 이외의 항목으로는 기획료 등이 있다. 이는 여행사가 자주적으로 혹은 고객의 요
망에 따라 여행에 관련한 것을 기획함으로써 얻을 수 있는 수입이다.

　여행사가 호텔이나 교통기관으로부터 소위 「구매·사입」이라는 것을 통해 독자적인 구매
가를 가지고, 거기에 여행사의 독자적인 가격을 자유롭게 매겨나가는 방식이 점차 증가하고
있는 추세이다. 이러한 것도 기획료의 한 예에 해당한다고 할 수 있다.

　그러나 여행사에서는 취급하는 상품의 가격이 거의 공시(公示)되어 있는 까닭에 공시가격
을 초과하여 팔고 있는 경우는 극히 드물다. 역시 여행사의 수입은 「수수료＋α」뿐인 것이다.

　여기서는 여행사가 여행업무를 해서 보수를 얻는 것에 대해 설명하였다.

　취업면접을 하고나면 늘 「여행사는 무엇이든 너무 비싸다. 너무 많이 번다.」라는 사람이
있다. 이는 보수를 받고 서비스를 제공한다는 여행사의 본래 개념에 어두운 소치일 것이다.
이익을 올리려 한다는 것이 나쁘다고 생각한 탓일 것이다. 이러한 사람에게는 취직활동 전
에 세상사의 구조에 대해 미리 공부해 두는 것이 좋을 것이다.

　세상에서 여행사만큼 수익구조가 만천하에 드러난 사업도 드물거니와 이익폭도 10% 내
외인 것을 생각하면 어느 업종이 원가의 10% 정도를 이익금으로 하여 사업을 하고 있단
말인가? 특급 호텔에서 커피 한잔의 원가는 1,000원 미만에 지나지 않는다. 그러나 우리가
마시고 있는 커피 값은 거의 10배인 만원 정도를 주어야 한다. 덩치가 큰 주택가격은 또
어떨까. 땅값, 자재값, 공임(工賃) 등 세반 원가에 수수료 10% 안팎을 붙여서 주택가격이
매겨진다면 아마도 국민들로부터 대환영을 받을 게 뻔하다. 가장 양심적인 장사를 하고 있
는 여행사들로서는 이익도 많이 못 붙이면서 왜 고객들에게 바가지를 씌우고 있다는 인상을
주고 있는지를 여행업계 종사자들이 깊이 새겨보아야 할 부분인 것이다.

Chapter 4

여행사에는 어떤 일들이 있나

Employment Guide of Travel Agency

4 여행사에는 어떤 일들이 있나

Employment Guide of Travel Agency

여행업무란 어떤 일일까? 대체로 다음과 같은 일을 여행업무라고 정의할 수 있다.

① 여행목적지 및 일정, 여행자가 제공받을 수 있는 운송 또는 숙박서비스(이하 운송 등 서비스)의 내용 및 여행자가 지급해야 할 대가에 관한 사항 및 여행에 관한 계획을, 여행자의 모집을 위해 미리 또는 여행자의 의뢰에 의해 작성함과 더불어, 당해 계획에 정한 운송 등 서비스를 여행자에게 확실하게 제공하기 위해 필요하다고 예상되는 운송 등 서비스의 제공과 관련된 계약을, 자기의 계산에 의해서 운송 등 서비스를 제공하는 자와의 사이에서 체결하는 행위

② ①에 열거하는 행위에 부수하여 운송 및 숙박서비스 이외의 여행에 관한 서비스(이하 운송 등 관련 서비스)를 여행자에게 확실하게 제공하기 위해 필요하다고 예상되는 운송 등 관련 서비스의 제공과 관련된 계약을, 자기의 계산에 의해서 운송 등 관련 서비스를 제공하는 자와의 사이에서 체결하는 행위

③ 여행자를 위해 운송 등 서비스를 받음으로써 대리하여 계약을 체결하고 매개 또는 알선하는 행위

④ 운송 등 서비스를 제공하는 자를 위해 여행자에 대한 운송 등 서비스의 제공에 대해서 대리하여 계약을 체결하거나 또는 매개하는 행위

⑤ 타인이 경영하는 운송기관 또는 숙박시설을 이용하여, 여행자에 대해서 운송 등 서비스를 제공하는 행위

⑥ 앞의 ③에 게재한 행위에 부수하여, 여행자를 위해 운송 등 관련서비스의 제공을 받는 것에 대하여 대리하여 계약을 체결하고, 매개하며, 알선하는 행위

⑦ 제③호부터 ⑤호까지 열거한 행위에 부수하여 운송 등 관련 서비스를 제공하는 자를 위하

여 여행자에 대한 운송 등 관련서비스의 제공에 대하여 대리하여 계약을 체결하고, 매개하며, 알선하는 행위

⑧ 제①호에서 제⑤호까지 열거한 행위에 부수하여 여행자의 안내, 여권수급을 위한 행정청 등에 대한 수속의 대행, 기타 여행자의 편의가 되는 서비스를 제공하는 행위

⑨ 여행에 관한 상담에 응하는 행위

이전에는 "여행업무"를 「대리, 매개, 알선 및 계약행위, 상담에 응하는 행위」라고 해왔지만, 제①호에 나와 있는 바와 같이 여행사는 여행자를 위해 「계획」을 세우는 것이 전면에 등장하게 된 것이다.

이 「대리, 매개, 알선」은 매우 중요한 것이다. 각각의 의미는 다음과 같다.

• 대리 : 타인을 대신하여 특히 직무를 처리하는 것.

• 매개 : 양자의 중간에 서서 양자의 관계를 주선하는 것.

• 알선 : 양자가 계약을 체결하도록 도와주는 것.

그러면 하나를 보자. 「계획」이 필수로 대두되고 있다는 것은 단순히 고객으로부터 얘기된 호텔예약을 하거나, 표(Ticket)를 준비하는 등의 일 뿐만 아니라, 미리 투어(Tour)라는 형태의 여행을 기획하고 모집, 판매한다는 것이 여행사의 큰 요소가 된 것을 의미한다.

알기 쉬운 한 예를 들어보면 대학에서의 어느 동아리가 여름 합숙을 한다고 치자. 동아리 지도자는 합숙소를 여러 관계인으로부터 희망을 들으면서 날짜와 행선지를 정해간다. 그를 위해서 지도자는 여러 가지를 조사하지 않으면 안 될 것이다.

그런데 정해진 것에서 한다는 것이 "수배"라는 것이다. 지도자는 전화나 이메일, 편지를 발송하여 합숙소를 예약한다. 오늘날에는 편지를 보내는 경우는 거의 없어지고 있는 추세이다. 현실적으로 여행사도 마찬가지이다.

지도자는 편리해진 인터넷 등을 이용하여 예약하시는 않을까? 다음으로 자가용차로 이동하는 것이라면, 열차표를 역이나 여행사로 사러간다. 학생들의 합숙이므로 버스를 전세 낸다는 것은 적을지도 모르지만, 스포츠클럽이라든가 큰 악기를 가지고 다니는 음악 동아리에서는 대절(전세)버스를 이용할지도 모른다.

여기까지 여행의 기획, 참가자 모집이라는 행위를 하고 있다. 그것과 예약행위이다. 여기가 대리, 매개, 주선이라는 것이다.

이 단계에서 지도자가 합숙소나 버스회사로부터 「수수료」를 받으면 그것은 "여행업"이

되는 것이다. 현실적으로 그와 같은 일은 거의 없을 것으로 생각되나, 왕왕 부당한 금품수수 사례가 전혀 없는 것도 아니어서 사회적 문제가 대두되기도 한다.

또한 이때에 지도자가 멤버로부터 숙박료 실비, 혹은 열차 대실비 이외에 수고비를 받았다거나, 혹은 달라고 했다면 그것도 여행업이 된다. 요컨대 숙박의 예약이나 열차수배를 하여 동아리 회원으로부터 수수료(기획료)를 받는 것이 된다.

여기까지는 지도자 개인이 수입을 얻는 경우를 상정했지만, 어느 동아리가 다른 동아리를 돌봐주고, 마찬가지의 수수료를 받았다면 조직으로서 행한 여행업무가 된다. 아마도 이와 같은 경우에는 다른 동아리 회원으로부터 여러 가지 요망을 듣는(상담을 받는) 일을 하고 있기 때문에 그것을 포함하여 여행업무가 되며, 등록을 하고 영업활동을 하고 있는 여행업자와 같은 일을 하고 있는 셈이다.

이와 같이 여행사가 하고 있는 행위는 실제로 매우 가깝다. 여행사는 거기에 기업으로서의 조직력을 발휘하여 부가가치를 붙여, 보다 좋은 서비스를 제공하고 이익을 남겨 "사업"을 하는 것이다.

동아리의 지도자는 1년에 몇 차례 이와 같은 일을 할 것으로 생각되지만, 만약 이것을 빈번하게 반복적으로 한다고 하면 그것은 「업(業)」이 되는 것이다. 이렇게 되면 법률은 「여행업등록」이라는 의무를 지우고 있다. 이러한 등록을 하지 않고 여행업을 할 수는 없는 것이다. 그러니까 여러분이 취직을 희망하고 있는 여행업자는 등록을 하여 업무를 하고 있는 회사라고 할 수 있는 것이다.

이제 여행사라는 곳이 어떤 곳인지 알 수 있을 것이다. 따라서 여행업무라는 것도 가까운 것이 기본이 되어 있다. 누구라도 일상에서 하고 있는 것과 같은 일이다. 그것을 업무로 하여 직업적으로 하고 있는 것이 여행사인 것이다.

우리는 이제 여행사가 법률적으로 무엇을 하는 곳인지 알 수 있게 되었다. 그렇다고 해도 정말로 무엇을 하고 있는지 구체적인 업무내용까지는 아직 알 수 없다. 더군다나 여행업 등록은 회사조직이 아니고 개인이라도 할 수 있다. 여행업을 영위하는 자라는 표현으로 여행업자라고 하지만, 실제로 개인적으로 등록을 하고 있는 사람도 상당수 존재한다는 사실을 알았으면 하는 것이다.

그러면 여행업무를 구체적으로 알아보자.

우선 영업이다. 어느 기업에 있어서도 영업은 기본이다. 여기서는 대응상대(고객)에 따라서 그 호칭을 바꾸고 있다.

① **개인(점두 · 店頭) 영업** : 개인고객을 상대로 주로 점두(카운터)에서 판매를 함.

② **법인 영업** : 소위 세일즈맨이 기업을 상대로 하는 영업. 아웃세일즈라고 함.

③ **교육여행 영업** : 수학여행 등을 하는 영업. 전문성이 필요하기 때문에 일반적으로 구분하고 있다.

④ **관공서 영업** : 관공서에의 영업. 전문성이 필요하기 때문에 구분하는 경우가 많다.

⑤ **종교단체 영업** : 대형 종교법인. 1회에 수천 명을 취급하는 경우도 있으며, 전문성을 필요로 한다.

⑥ **EC 영업** : 이벤트 · 컨벤션을 주로 하는 영업.

⑦ **기타 영업** : 상기 이외의 영업.

영업 이외로는

⑧ **수배업무** : 호텔이라든가 열차라든가 고객의 일정에 따라 예약을 함. 해외에서는 영어가 필수적임.

⑨ **구매 · 사입(仕入) 업무** : 여행상품 공급자로부터 사입업무(계약, 요금결정 등을 함). 교섭력을 필요로 함.

⑩ **기획업무** : 여행소재를 조립하여 상품으로서의 기획을 실시함. 창조력 · 기획력이 필요함.

⑪ **판매촉진업무** : 판매를 지원하기 위한 업무와 팸플릿 작성, 웹기반 구축 등 업무를 담당함.

⑫ **제휴판매업무** : 자사의 상품을 판매하는 타 여행사에의 서비스를 하는 업무.

여기까지가 여행사의 고유업무이다.

기타업무에는,

⑬ **총무업무** : 어느 기업이나 중요하지만 신참으로 담당하는 경우는 흔치 않다.

⑭ **인사업무** : 총무가 겸직하는 경우가 많다. 이 부서가 녹립하고 있는 여행사는 드물다.

⑮ **홍보업무** : 전문적으로 홍보부문이 있는 곳은 적다.

⑯ **경영기획업무** : 기업의 경영을 하는 기획하는 부문.

여행사에서 독립한 부문을 가지고 있는 회사는 드물다. 즉 어느 회사에서도 있을 법한 영업을 지탱하는 업무가 포함된다. 제조업 등에서 볼 수 있는 연구개발, 기술지원 등의 분야는 없다. 자주 눈에 띄는 인솔업무라는 것은 영업의 일환으로서 있다. 인솔업무만을 독립시

켜서 생각할 수는 없는 것이다.

이상과 같은 구체적인 업무를 각 회사의 채용활동 가운데에는 여러 가지 표현을 하고 있다. 구체적으로 어떤 업무인지. 정확하게 파악하고 있지 않으면 "이건 아니었는데"라고 후회할 수도 있을 것이다.

이상과 같은 업무를 크게 나누어 구체적으로 설명하면 대체적으로 다음과 같이 ① 기획업무, ② 카운터세일즈업무, ③ 아웃세일즈업무, ④ 발권업무, ⑤ 인바운드업무, ⑥ 인솔업무 등 6가지로 나눌 수 있다.

4.1 기획업무

여행을 만드는 업무이다. 여행사에서 판매하는 모든 여행상품은 이 업무에서 만들어진다. 즉 여행내용을 생각하는 것이 기획업무이다. 지금까지는 거의 상품화 되지 않았던 지역이라도 기획여하에 따라서는 인기 있는 관광목적지로 만드는 것도 실로 여행상품의 근간에 관계되는 업무이기 때문이다. 그런 까닭에 전문적인 지식과 경험 더욱이 시장동향에 역량이 강하게 요구되는 업무이기도 하다.

4.1.1. 정보수집 및 분석이 모든 열쇠, 안테나가 민감한 사람이 최적

기획업무라고 해도 회사에 따라 업무 범위는 각양각색이다. 일반적으로 기획담당자는 여행자의 현재 동향으로부터 금후 예상되는 움직임을 분석하여 최적인 여행상품을 기획(Planning)하여 사회에 송출하는 것이 주된 업무이다.

우선은 하나의 해외여행이 완성되기까지의 과정을 파악하면서 해설해보자. 최초로 할 일은 여행을 기획하는 영역의 동향조사 · 분석이다. 이것을 마케팅, 시장조사라고 부른다. 타업종에서도 신제품을 발매할 때는 같은 작업이 이루어지기 때문에 이미 알고 있는 사람도 많을 것이다.

여행의 경우는 어느 정도의 한국인 여행자가 방문하고 있는지, 연령층 · 성별 · 거주지 등은 어떤지, 타사를 포함한 기존의 여행과는 어떤 점이 호평인지 등을 독자적으로 조사하는 것이 그 시작이다.

계속해서 그 분석 결과로부터 목표가 되는 고객층을 압축하여 그 목표의 일반적인 취향 등을 조사한다. 예를 들면, 30대 직장여성이라면 어떤 화장품이나 패션이 인기인지, 그 고객층에게 특히 인기 있는 연예인은 누구인가 등 다채로운 장르의 경향을 읽어내는 능력이 요구된다.

안테나를 넓혀 정보수집에 노력하고 있지 않으면 안 되는 어려운 작업이다. "당장 조사하려고 해도 몇 배의 노력이 필요하다"라고 많은 기획담당자가 말하듯이 적절한 판단을 할 수 있는 사람이 강한 힘을 발휘하는 분야이기도 하다.

4.1.2. 폭넓은 인맥 네트워크의 활용과 필요에 따라 현지시찰도

해외여행의 경우 여행지의 최신정보는 각국 정부관계기관으로부터 입수하고 있는 경우가 많다. 많은 나라가 한국 내에 주한 정부관광국을 구축해 놓고 있고, 최신 관광정보를 발신하고 있다. 더욱이 현지에서의 실제수배 등을 수행하는 지상수배업자에는 전문영역이 있으며 현지 사무소를 구축한 회사도 많기 때문에 여기서도 최신정보를 입수할 수 있다.

또한 대형 여행사의 경우는 현지 지점을 이용하여 정보를 수집하는 경우도 있다. 보다 많은 사람이나 조직을 활용함으로써 치밀하고 섬세한 정보를 입수할 수 있는 것이다. 이들 작업과 병행하여 행해지는 것이 현지의 관광명소나 호텔, 레스토랑 등에 관한 지식을 깊게 하는 것이다. 국내뿐만 아니라 현지에서 출판되고 있는 각종 잡지나 서적, 팸플릿류를 조사하고, 필요하다면 시찰을 반복한다. 이 점은 경험이 실제를 말하는 까닭에 젊은 사원들 중에는 자비로 현지를 시찰하는 경우도 있을 정도이다.

또한 시찰을 할 때에는 현지에서 가능한 한 많은 관계자와의 대인관계를 깊게 하는 것도 중요하다. 그를 위해서는 역시 영어 구사력은 필수라고 말할 수 있다.

4.1.3. 아이디어 하나에 매출이 좌우되고, 키워드는 "실현가능한 참신함"

이상과 같은 정보수집·분석이 종료되면 그 과정에서 얻어진 여러 아이디어를 실제의 관광에 끼워 넣는 작업이 된다. 작년까지 인기였던 내용이 내년에는 팔리지 않을지도 모른다. 즉 매년 새로운 아이디어가 요구되는 것이다. 자신이 생각한 아이디어가 매년 유행이 될지도 모른다. 많은 기획담당자는 새로운 기획을 만들어내야 한다는 수고와 더불어 이 점에 보람을 느끼고 있다.

이 아이디어를 내는 것에 대해서도 최근에는 정부 관광국이나 지상수배업자가 여러 지원

을 하고 있으며, 개중에는 여행사의 기획담당자를 위해서 세일즈매뉴얼로 부르는 소위 "비법"을 배포하고 있는 곳도 적지 않다. 물론 그것을 그대로 답습하는 것이 아니라 자기 나름의 재구성을 하는 것이 중요하다.

독자적인 아이디어를 삽입한 여행상품이 사내에서 채택되면 구체적인 구매작업과 요금설정 단계가 된다. 계획이 결정된 것은 좋지만 그 계획대로 호텔이나 항공권을 확보할 수 있는지, 그 경우의 요금은 얼마인지 등등, 각 관계기관과의 본격적인 줄다리기가 시작된다.

가격경쟁이 격심한 오늘날에는 가격할인 교섭을 끈질기게 계속하는 인내력도 요구되는 추세이다. 이 단계에서 실패하면 아이디어는 좋으나 너무 비싸서 고객이 모여지지 않게 된다.

또한 관광 가운데 섬세한 서비스를 결정하는 것도 기획담당자다. 예를 들면, 가족을 주목표로 하고 있다면 아이들이 놀 수 있는 유희시설을 집어 넣고, 레스토랑에 어린이를 위한 메뉴 개발을 의뢰하는 등, 꽤 섬세한 서비스가 요구되는 것이다.

4.1.4. 대형 여행사는 경험을 쌓은 후, 중소형이라면 신인에게도 찬스

실제로 기획전문 부서를 구축하고 있는 여행사는 그리 많지 않다. 중소형 여행사의 대부분은 영업에서 기획, 수배, 인솔까지를 일관(一貫)하여 담당하는 경우가 대부분으로 신인이라도 기획과 관련될 기회가 부여되는 경우가 있다.

기획을 전문적으로 하고 싶다면 대형 여행사를 선택하게 되지만, 우선은 영업 등에서 현장경험을 쌓고 그 후 성적이나 적성을 보아 기획부서로 배속되는 시스템이 일반적이다. 처음부터 기획업무에 취업하지 않아도 최근의 정보수집이나 분석능력, 아이디어를 창출해내는 힘을 길러두는 것이 중요하다.

담당자와의 인터뷰(1)

■ 여행이라는 상품을 창조해내는 과정이 즐겁다.
■ 회사의 겉 무대를 지탱하는 즐거움도 있다.

기획이라면 여행사 직종 가운데 크리에이티브(Creative)하고 화려한 이미지가 있을지 모른다. 그러나 실제로는 어려운 작업의 연속이다. 여행팸플릿 제작은 원고입고(原稿入稿)나 인쇄 직전의 교정 등은 업무에 몰두하지 않으면 안 된다. 나 자신도 이 부서에 배속되기 전에는 내가 가졌던 이미지와의 차이에 당혹하기도 했으나, 지금은 기획이라는 업무야말로 나 자신을 향하고 있다고 생각하고 있다.

그러한 내가 최대의 즐거움을 느끼는 것은 전철의 손잡이에서, 여행사의 점두(店頭)에서,

자신이 만든 상품이 뭇 사람들의 주목을 받고 있을 때, 자신이 만든 팸플릿을 손에 넣고 있는 고객들을 볼 때이다. 또한 자신이 기획한 투어에 실제로 예약이 들어오고 더욱이 담당지역의 매출이 오르면 크나큰 성취감을 느끼게 된다.

학생시절에는 여기저기 기웃거려 보기도 하고, 여러 가치관을 접해보는 것도 좋을 것이다. 면접에서는 그 체험이 자기PR로 연결되어 인사담당자가 여러분의 가능성을 살릴 수 있는 직장으로 유도해 줄 것이다.

담당자와의 인터뷰(2)

- 기획은 정보수집과 분석력, 스피드가 승부.
- 매우 좋아하는 태국에의 호감, 좀 더 알고 싶다.

대학시절 배낭여행으로 2주간 체재했던 태국. 한국에서는 여러 이미지가 존재할 것이나 에너지 넘치는 거리, 친해지기 쉬운 사람들, 맛있는 요리 등 매우 매력적인 나라이다.

현재 담당하고 있는 것은 푸껫 등의 해양리조트 등을 제외한 태국의 거리에 관한 상품이다. 자신이 느끼고 있는 태국의 다양한 매력을 여행상품을 통하여 고객에게 전달하는 기획업무는 매우 보람 있는 업무임에 틀림없다.

구체적인 업무는 우선 현지의 여행사나 우리 회사의 현지지점, 인터넷, 현지에 거주하고 하고 있는 친구 등 폭넓은 인맥으로부터 정보를 수집하는 것에서부터 시작된다. 또한 휴가를 이용하여 현지에 직접 가기도 한다. 한편으로 여러 상품 동향을 조사하고, 고객의 흐름을 분석하며, 이들을 종합적으로 고려하여 잘 팔리고 있는 기존상품을 전면에 배치할까, 새로운 기획상품을 배치할까를 판단하여 구체적인 기획업무에 들어간다. 그 후에는 팸플릿이나 전단 등의 작성, 현지호텔 등과의 요금교섭 등을 통해 상품가격을 정하는 작업도 기획업무의 하나이다.

이렇게 얘기하면 하나의 흐름으로 파악하기 쉬운데, 항상 복수의 상품을 취급하고, 병행하여 움직이고 있는 것이 실정이다. 매월 발행하고 있는 정기적인 상품뿐만 아니라 예컨대 항공사 캠페인 요금에 맞춘 기간한정 상품 등도 수없이 많다. "이 요금이라면 팔린다"고 판단되면 다음날 상품화할 수 있는 정도의 스피드도 요구된다.

자신이 기획한 상품으로 매일 많은 고객이 움직이고 있다는 것을 생각하면 책임이 무겁다는 것을 통감한다. 그러나 지금까지 어느 여행사도 취급하지 않던 곳을 상품화하여 그 상품이 떴을 때는 그 위에 너한 기쁨은 없을 것이다. 금후에는 현지사람들과 교류할 수 있는 새로운 체험 프로그램 등 고객들이 즐거워할 수 있는 상품을 많이 출시하고 싶다.

담당자와의 인터뷰(3)

- **기획업무는 고객입장에서 생각하는 것이 대전제.**
- **도전하고 싶은 새로운 아이디어가 풍부하다.**

학생시절 경험한 여행경험 등에 의해서 미지의 역사나 문화에 젖어 나 자신 많은 자극을 받을 수 있었다. 그런 투어를 기획하는 업무가 가능하다면…하고 생각하여 지망한 여행업계. 우리 회사는 홀세일러(도매상)이기 때문에 혹 기획업무에 배속되지 않을까라는 단순한 발상에서 제1희망으로 지원했다.

입사 후 나의 희망대로 기획업무를 담당하여 업무도 즐겁고 매일 충실히 일하고 있다. 입사 전에 상상하고 있던 기획업무는 어떤 투어가 히트할지를 생각하여 그 투어에 형태를 만들기 위해 새로운 아이디어를 낸다는 수준이었다. 그러나 곧 현실과의 차이를 통감했다. 기획이나 여행일정을 조립하는 이외에 구매, 가격설정은 물론 각종 입력 작업, 청구서 체크 등도 모두 업무범위이다. 그 업무의 방대함에 정말 놀랐지만 구매처와의 스스럼없는 거래에서 새로운 소재, 재미있는 투어를 기획할 실마리를 발견하는 것도 실제로는 많이 있다.

무미건조하다고 생각할 수 있는 나날이 거래업무의 축적이 있음으로써 매력적인 투어 기획이 생긴다고 지금은 믿고 있다. 이 업무에 종사하고 나서부터 자주 잡지를 읽게 되고 또한 미술관이나 사진전에도 나가게 되었다. 잡지에서는 사회의 조류나 유행을 파악할 수 있다. 미술관이나 사진전에 발을 옮기는 것은 팸플릿의 지면 만들기에 매우 도움이 된다. 일상생활 하나를 캐치해도 힌트는 숨어 있는 것이다.

소매상 부분을 가지지 않는 우리 회사는 팸플릿 가운데 어떻게 기획자의 의도를 담는 가가 매우 중요하다. 크게 차지하는 사진 한 장이 투어의 매출을 크게 좌우하는 경우도 있다. 고객이 팸플릿을 손에 넣고 펼쳐 보았을 때 공감이나 여행에 참가하고 싶다고 느낄 수 있도록 매력과 꿈이 있는 지면을 만들기 위하여 자신의 감성을 끊임없이 계발할 수 있도록 신경 쓰고 있다.

4.2 카운터세일즈업무

여행사 취업을 원하는 사람들에게 가장 인상적인 업무가 카운터세일즈일 것이다. 전국 각지에 있는 영업소·지점에서 고객들을 영접, 때로는 상담하면서 여행상품을 판매하는 접객(接客)업무이다. 그러나 고객들로부터는 보이지 않는 작업도 담당할 경우가 많고 폭넓은 지식을 몸에 익히지 않으면 안 되는 업무이기도 하다.

개인을 상대로 하는 영업으로 일반적인 것은 「점두(Counter)에서의 판매」영업이다. 이것은 기업을 상대로 한 방문영업이 아니기 때문에 항상 대기하는 형태의 영업이다. "내점한 고객을 어떻게 해서 상품을 구입하게 할까"라는 점에 있어서는 어디까지나 판매와 많이 닮아 있다.

하지만 여행사의 영업은 형태가 없는 것을 판매하는 까닭에 고객에게 말로 설득, 납득시키는 기술이 필요하다. 백화점이나 마트에서도, 혹은 전자제품 양판점에서도 점두에는 실제로 판매할 것이 놓여 있다. 고객은 실제로 물건을 보면서 자신의 취향에 맞는 상품을 고를 수 있는 것이다.

그러나 여행상품은 손으로 만져서 확인할 길이 없다. 있는 것은 고작 호텔의 팸플릿, 또는 기획상품의 팸플릿, 항공사의 스케줄표 정도의 것밖에는 없다. 업무는 하지만 형태가 없는 것을 팔기 때문에 독자적인 전문적인 기술이 필요한 것이다.

따라서 여행상품의 가격은 항공사의 종류, 숙박업소(호텔, 리조트 등), 방의 위치, 공항세, 옵션 포함 여부, 가이드팁 포함 여부 등등에 따라 가격이 천차만별로 달라진다. 예컨대 같은 A라는 리조트를 이용한다 해도 바다가 보이는 숙소냐, 맨 꼭대기 층이냐 1층이냐, 방 크기가 크냐 작냐, 국적기를 이용하냐 외항사를 이용하냐에 따라 가격은 천차만별인 것이다. 인터넷 여행상품 가격비교 사이트에서 가격이 제일 저렴하다고 덥석 잡았다가는 원하지 않는 비행기, 그리고 비좁고 바다는 안보이고, 쇼핑만 열심히 따라 다녀야 하는 상품이 걸릴 수도 있다.

형태가 없는 것이라고 하면 보험상품을 파는 것과 유사하다고 생각할지 모른다. 보험도 구체적으로 눈에 보이는 제품이라고 할 수 없다. 그렇지만 보험판매와 여행판매는 어디에 차이가 있느냐 하면, "상품수의 압도적인 차이"에 있다. 보험에도 여러 가지 상품이 구비되어 있다. 그러나 그 태반은 미묘한 차이밖에 없다. 또한 타사의 상품과 비교하여 보면 그 차이도 거의 없는 것이 현실이다.

그러나 여행의 경우에는 각종 다양한 상품이 존재한다. 여기서 말하는 상품이란 어딘가 온천지로 여행을 하고자 한 때에는 다른 온천지와는 달리, 실제로 숙박하려고 하는 호텔과 다른 호텔과의 차이, 혹은 계절의 차이, 여행일수에서의 차이, 요금의 차이 등 여러 가지 것이 비교검토 대상이 된다.

점두판매에서의 영업은 이러한 것들에 기민하게 대응하지 않을 수 없다. 즉 방대한 지식을 필요로 하게 되는 것이다. 여러분이 여행사의 점포에 갔다고 생각해 보라. 점포 밖이나 내부에 놓여 있는 많은 팸플릿. 거기에 쓰여 있는 내용에 대한 지식은 필수적이다. 일부 전문점을 제외하고 대다수 국내이건 해외이건 외국인 영업이건 각각의 관광지식, 상품지식을 필요로 한다.

이는 백화점 등에서도 어느 부문(예를 들면 신사복 매장)의 판매원의 지식과 비교하면 꽤 많은 항목을 외우지 않으면 안 된다는 것을 의미한다. 더구나 여행상품은 계절파동이 심해, 3개월마다 한 번 정도 팸플릿을 전면적으로 개정하거나, 혹은 계속해서 여행상품을 생산해 간다. 이들 지식을 자상하게 소화하여 고객과 대응해 나가는 것이 점두영업인 것이다.

또한 여행업은 규칙을 수없이 많이 적용하고 있는 업무이다. 철도공사, 항공사, 버스회사, 렌터카, 해운회사, 호텔, 여관, 콘도미니엄 등등 모든 곳이 제도를 만들고 있다. 이는 예약, 요금뿐만 아니라 취소, 변경이라는 업종 특유의 제도가 있으며, 이것이 업무를 복잡하게 하고 있다.

여행사에서는 파는 것만으로는 그다지 어려운 것은 아니지만, 취소와 변경에 대응하지 않으면 안 되기 때문에 실제로 많은 지식을 필요로 하며, 외울 것이 많은 것과 비교하여, 그 지식을 다 쓰는 것에 대한 비율이 매우 낮은 것이 현실이다. 외우지 않으면 안 되는, 그래도 그 지식을 사용할 경우가 거의 없었다는 경우가 많다. 솔직하게 말해서 비율이 맞지 않는 업무라고 말할 수 있을지도 모른다.

여행사에는 연초부터 연중동안 새로운 상품, 제도 등이 계속해서 나타나고, 없어지기 때문에 업무지식을 외우지 않으면 안 된다. 더구나 한 번 기억해 놓은 지식도 기한이 있다. 언제까지 같은 지식에서의 업무는 없는 것이다. 짧으면 수개월 정도만 그 지식을 써먹을 수밖에 없다. 점두에 들어오는 고객들은 실로 감당하기 어려운 일을 요청하는 경우도 있다.

4.2.1. 고객을 알기 위해서 여행상품의 구조를 파악하는 것이 최적

가장 고객에게 가까운 존재로서, 여행상품을 판매할 뿐만 아니라 필요한 정보를 제공하고, 상담을 받는 사람은 다름 아닌 카운터직원이다. 많은 영업소에서는 이 접객업무와 더불어 수배업무도 같이 하고 있을 뿐더러 최근에는 한 조의 고객에 대하여 한 사람의 직원이 일관되게 담당하는 회사도 늘고 있다. 여하튼 고객의 현재욕구를 피부로 느낄 수 있도록 수배업무도 담당하는 것이 여행상품의 구조나 흐름을 알 수 있기 때문에 업계의 현상을 파악하기 위해서 신입사원이 우선 배속되는 경우가 많다.

그러면 그 중요한 업무내용을 알아보자. 우선 내점한 고객의 희망을 청취하여 최적인 여행상품을 제안한다. 또한 고객의 희망이 아직 확정되어 있지 않은 경우에는 각종 상담을 하면서 고객의 욕구를 끌어내고 그에 맞는 후보지를 몇 개 골라내서 현지의 여러 정보와 상품

후보를 제시해준다. 전화나 인터넷에 의한 문의에도 마찬가지의 대응이 된다.

상품이 결정되면 구체적인 수배를 시작하게 된다. 전용 단말기로 항공기나 호텔의 공석 · 실제상황을 확인하고 소정의 서식에 따라 실제로 예약을 넣는 것도 업무범위에 포함된다. 예약이 취해지면 입금확인이나 출발 등에 필요한 서류 · 티켓의 발송 등도 하고 그 사이에 고객들로부터의 문의에도 대응한다. 영업소에 따라서는 귀국 후에 수배한 여행만족도를 청취하는 등 뒤처리도 수행한다.

이상이 일반적인 업무내용이나 단지 고객의 내점을 기다릴 뿐 아니라 계절에 맞춘 특별상품을 기획하여 직접우편(DM)을 발송하는 등 고객의 욕구를 적극적으로 발굴하는 경우도 나타난다. 큰 역전 등에서 행해지고 있는 전단배포도 카운터직원의 담당업무 중 하나이다.

4.2.2. 고객입장에서 보면 여행의 프로, 커뮤니케이션 능력은 필수

내점하는 고객에 있어서 카운터직원은 그 여행사의 얼굴이며 여행의 프로(전문가)이다. 즉 컨설턴트이다. 취급하는 여행상품의 내용을 숙지하는 것은 물론이거니와 세계 각지의 정보에 해박한 지식을 전제로 하고 있어야 한다. 즉 카운터세일즈에 배속되면 폭넓은 지식이 요구된다는 것이다.

그렇기 때문에 열의가 있는 직원은 기획부문이 개최하는 여행상품 설명회에 출석하거나, 호텔이나 정부관광국이 개최하는 세미나 · 연수회에 참가하는 것도 기획담당자와 마찬가지로 여행에 관한 여러 정보를 캐치할 수 있도록 항상 안테나를 민감하게 해 둘 필요가 있다.

한편으로 접객시에는 커뮤니케이션 능력이 요구되게 된다. 베테랑 직원이라도 전달 잘못, 듣기 잘못에 매우 주의하고 있다. 즉 고객의 의도를 오해 없이 청취하고 그에 맞는 상품이나 어드바이스를 제공할 수 있는 능력을 몸에 익히는 것이 중요하다.

4.2.3. 기타 희망직종이 있다 해도 카운터는 공부하기 좋은 현장

카운터는 신입사원의 배속처가 되는 경우가 많다는 것은 전술한 바와 같지만, 현재는 타업무를 담당하고 있는 직원으로부터도 카운터 업무는 매우 공부가 되었다는 이야기를 많이 듣게 된다.

어떤 기획담당자는 카운터를 담당하고 있던 당시 이런 상품은 없는가?라는 고객의 목소리를 수없이 들었다. 그 후 희망하고 있던 기획에 배속되고 나서 그 때의 고객요구를 살려

상품을 기획한 결과 꽤 호평이었다는 경험을 했다고 한다.

　카운터세일즈에 배속되면 여러 경험을 쌓을 뿐만 아니라 어디에서도 흡수될 수 있는 자세로 근무하지 않으면 안 된다. 장래 마케팅 등 다른 여행분야에 근무할 때에 꼭 그 경험이 도움이 될 테니까.

담당자와의 인터뷰(1)

- 한 사람 한 사람의 고객에 의해서 "여행은 일생동안 마음에 남는 귀중한 추억"
- 그 추억을 귀중하게, 신선한 마음으로 응대에 힘쓰고 있다.

　나는 애초부터 여행사의 카운터세일즈업무를 줄곧 희망하고 있었다. 사람과의 만남, 타인과의 대화를 매우 좋아했기 때문에, 여행이라는 상품을 카운터에서 손님과의 꿈이나 희망을 파악하면서 함께 실현해 가는 즐거움을 공감하고 싶다. 이것이 여행사를 선택한 나의 지망동기이다. 그 가운데서도 우리 여행사는 지역도 고객층도 매우 다양한 폭넓은 회사이며 담당지역도 광범위하지 않을까, 자신의 가능성도 넓힐 수 있지 않을까 하고 느껴 제1희망으로 선택하였다.

　학창시절에는 실습업체로 지정받아 실습도 하였다. "이 담당자처럼 친절한 대응을 하고 싶다", "이 담당자라면 안심하고 맡길 수 있다" 등 자신이 입사하면 가능할까 라고 갸웃거리면서 취직활동을 해 왔다. 이런 경험들은 면접시에 많은 도움이 되었다. 해외여행 경험도 적고 하물며 유학경험도 없고, 온천여행은 좋아해서 여기저기 가족과 여행했던 내가 입사 후 곧 해외담당이라는 것을 꿈에도 생각하지 못했다.

　현재는 기획상품이나 해외여행을 포함하여 해외여행 전반을 담당하고 있다. 세계 여러 관광지가 나에게 부여한 영역이라고 해도 과언은 아니다. 아직 "전부 맡겨주세요"라고 말하기는 곤란하지만, 거리에서 또 개인적으로 텔레비전이나 영화 등을 보면서도 또한 많은 고객들과 대화를 나누는 가운데서도 힌트가 되어 업무의 정보원(情報源)이 되기 때문에 어떠한 일에도 안테나를 펼 수 있도록 신경 쓰고 있다. 사내에서는 연수제도 등도 있기 때문에 해외에 나가 새로운 것을 흡수하도록 노력하고 있다. 또한 입사 전에는 예상할 수 없었던 일들도 많다. 그것은 고객으로부터 직접 감사의 말을 듣는 것이다. 예를 들면 "덕택으로 즐거운 여행을 하고 왔습니다"라고 쓰인 여행지에서의 그림엽서를 받거나 "휴가직전 급한 상담이었는데 좋은 여행지와 계획을 소개해 주어 매우 감사했습니다"라고 인천공항에서 귀국 후 곧바로 전화를 받았던 일도 있다. 어느 것도 마음에 남는 매우 감격스러운 일이다. 고객의 "감사인사"가 나의 원동력이다. 이 업무는 내가 생각한 이상으로 보람을 느끼며, 큰 매력이 넘치는 업무이다.

담당자와의 인터뷰(2)

- "다음에도 잘 부탁합니다"라고 내 이름이 불려 대감격.
- 방대한 지식이 필요한 보람 있는 카운터업무.

이전부터 여행 팸플릿을 수집하여 이런 장소가 있었구나, "이런 곳에 가보고 싶다"라고 이것저것 생각하면서 보는 것만으로도 좋아했던 나. 전문대학에 들어오기 이전에는 항공사를 희망하고 있었는데 어느 날 수업에서 세계각지 관광지를 상세하게 조사해 리포트를 내라는 과제가 있어서 그것을 준비하는 사이에 모르던 장소에 대해서 조사하는 즐거움을 알게 되었다. 그래서 여행사를 찾기 시작하게 되었다. 그리고 여러 업무 가운데 희망했던 것은 카운터 업무이다.

이 업무를 담당하고 나서 거의 반년이 되지만 대단한 것이 많이 널려 있다. 내가 맡은 지점은 비교적 연령층이 높은 고객이 많고 우선 정신을 차리지 않으면 안 되는 것이 말씨이다. 경어에 익숙해 있지 않았었기 때문에 당초에는 신경을 썼다. 더욱이 지금도 어려움을 느끼는 것은 방대한 지식이 요구된다는 것이다. 고객에 있어서 나는 여행의 프로이며 요망되는 것은 모두 대답해 주는 것이 본래의 모습일 것이다. 그러나 취급하는 상품은 국내, 해외를 불문하고 전 세계가 대상이 되며, 알아두어야 할 지식은 너무나도 무한대여서 자신에게 지식이 없는 경우에는 고객이 불안을 느끼지 않도록 신경 쓰면서 선배나 투어기획 담당자, 인터넷 등에서 부족한 부분을 채우도록 하고 있다.

이 업무로 가장 보람을 느끼는 것은 고객으로부터 감사 인사를 받았을 때이다. 바로 최근의 일인데 모든 예약수속이 끝나고 막 돌아가려는 고객으로부터 "여러 가지로 감사했다. 다음에도 부탁할 테니 이름이라도 좀 알려 달라"라고 말했다. 처음 받아보는 경험으로 감격했으나, 점차 그 고객을 만족시킬 수 있지 않으면 안 되고 책임도 무겁다는 것도 실감하게 되었다. 취직활동을 할 때 실제의 점포를 방문하여 업무내용을 견학한 인상과는 매우 다른 면도 있지만 그 이면에는 큰 즐거움이 있다는 것도 알게 되었다.

4.3 아웃세일즈업무

기업이나 각종 조직, 학교 등의 각 단체를 고객으로 하는 영업업무가 아웃세일즈이다. 단적으로 말해 카운터세일즈가 기다리는 세일즈라면 아웃세일즈는 공격세일즈이다. 고객이 있는 곳이면 의욕적으로 방문하여 고객욕구를 끌어내고 자질구레한 얘기에서도 영업의 기회를 발견해내는 업무이다. 신입사원의 대표적인 배속처의 하나가 되어 있다.

단체영업도 기본적으로는 개인영업과 큰 차이는 없다. 차이는 내점고객을 기다리는 개인 영업과, 상대조직·기업에의 출장상담을 하는 차이이다.

법인영업의 특징은,

① 상대의 조직·기업의 사람과 함께 여행을 만들어 나간다.

② 개인과 비교하여 특수한 요청이 많기 때문에 대응력을 필요로 한다. 요컨대 유연한 대응, 탄력적 대응 등이다. 융통성이 있는지의 여부, 이것이 포인트이다.

③ 경쟁상대가 항상 있으며, 격심한 경쟁이 늘 기다리고 있다. 개인의 경우에는 고객이 판매점을 계속해서 돌아다니면 별문제는 없으나 그 정도 동업타사와의 경쟁은 없다. 그러나 법인영업은 어느 정도 특수한 수배업무가 아니면 어느 회사와도 영업이 가능하다. 즉 하나의 투어에 10개사가 달라붙어 경쟁을 하는 경우가 적지 않다. 확고한 정신력을 필요로 한다.

④ 점두에서의 영업과는 달리 즉답성(卽答性)이 반드시 필요하지 않다. 조사하고 나서 회신한다는 여유가 있는 만큼, 지식의 보유 정도는 점두영업과는 차이가 있다. 지식보다도 기업 담당자를 사로잡을 만큼의 인간적 매력이 필요하다.

⑤ 기획에의 제안능력(프리젠테이션 실력), 창조력이 필요하다.

4.3.1. 상품은 주문여행, 배우기보다 숙달되는 것이 1인자로의 빠른 길

고객이 되는 단체는 여러 가지로, 일반적인 기업이나 재단법인 등의 조직, 각종 학교 등이 대상이 된다. 사원여행이나 인센티브로 불리는 포상여행, 출장수배, 연수여행, 수학여행 등의 학교행사 등 일반적인 관광에서는 커버할 수 없는 소위 주문여행을 획득하는 것이 주된 업무가 된다.

아웃세일즈는 항상 단골거래처에 얼굴을 내밀고 거기서 새롭게 발생한 안건을 비즈니스로서 성공시키며, 더욱이 신규고객을 획득하는 것이다. 즉 단골거래처와 가능한 한 친해지는 것은 물론이거니와 전혀 거래가 없는 단체에도 방문하여 새롭게 파는 것도 세일즈활동 중의 하나이다.

고객과 직접 접하기 때문에 카운터세일즈와 마찬가지로 신입사원이 우선 배속되는 경우가 많다. 그렇다고 해서 업무실태가 보이지 않는 까닭에 학생들에게는 미지의 세계라고 말할 수 있다. 현재 맹활약 중인 아웃세일즈맨도 처음에는 전혀 자신이 없었다고 하는 목소리가 수없이 들린다.

신규고객을 획득하는 데에는 특히 용기가 필요하다. "수십 개의 회사에 발걸음을 움직여도 일을 받는 것은 한 업체밖에 없는 실정이기 때문에 오히려 쫓겨나는 일을 즐기게 되었다", "나름대로 모티베이션을 높이는 기술을 몸에 익혔다" 등 스스로 터부를 몸에 익힌 듯하다. 1인자가 되기 위해서는 어느 정도의 경험이 필요한 세계라고 말할 수 있다.

4.3.2. 고객욕구의 상세한 파악과 정확한 응답능력

많은 세일즈맨으로부터 듣는 것은 사원여행 등 기존의 여행을 맡길 경우는 오히려 적고, 고객과의 여러 대화 가운데 비즈니스 기회를 발견하여 이를 기획·제안하여 실행시키는 예가 많았다고 한다.

여행사의 아웃세일즈 분야에서는 최근 솔루션 비즈니스(Solution Business)가 키워드가 되어 있다. 솔루션이란 업무상에서 발생하는 여러 과제를 발굴하여 그 해결시스템이나 방법을 제안하는 비즈니스이다. 지금까지 여행수배를 중심으로 해 온 여행사였으나, 전술한 바대로 세미나 회의장으로서 호텔의 넓은 회의장이나 거기까지의 이동수단 수배 등 종래의 업무를 살리면서도 폭넓은 비즈니스를 넓혀 나가는 경향이다. 즉 현재의 아웃세일즈에서는 단체여행 뿐만 아니라 여러 이벤트에 관련된 수배업무 등도 따내는 것이 중요하다. 그러한 아웃세일즈의 기본이 되는 것은 고객과의 커뮤니케이션 능력이다. 고객의 이야기를 정확하면서도 상세하게 청취하여 정확한 제안을 할 수 있는지 여부가 성공의 열쇠가 된다.

4.3.3. 기획제안에서 인솔·정산까지 일관(一貫)업무가 기본

업무의 획득이 중심이라고 생각하기 쉬운 아웃세일즈의 업무이지만 많은 여행사에서는 한 사람의 세일즈맨이 최후의 정산까지를 담당하는 시스템을 채용하고 있다. 제안하는 기획 내용이나 견적을 구비하여 제출하거나 채택되면 구체적인 호텔이나 티켓의 수배를 하며, 더욱이 당일은 현장에서의 인솔, 행사 후의 비용정산까지의 업무를 일관하여 하는 것이다.

물론 상당의 업무량을 부담하게 되지만, 자신이 획득하여 만들어 낸 여행으로 즐거울 수밖에 없다. 특히 이 일에 삶의 보람을 느끼는 사원도 많다. 필연적으로 주간에는 외출, 야간에 귀사하고, 밤에 사무(서류정리 등)가 처리되어야 하기 때문에 타 업종과 비교하여도 과도한 업무라고 할 수 있다.

4.3.4. 대리점 순회도 업무의 하나, 기획시점에서 판매를

소매상이라고 불리는 여행대리점에 대해서 자사가 기획한 여행상품을 선전하거나 판매하는 영업을 하는 것도 아웃세일즈의 하나이다. 중소형 소매상에서는 복수의 도매상과 계약을 체결하여 여행상품을 판매하고 있는 경우가 많다. 그러한 소매상에서는 자사 상품이 경쟁타

사의 상품과 함께 판매되고 있는 경우도 있기 때문에 여기서의 영업활동이 매우 중요하게 된다.

이 업무에서는 판매되는 자사상품의 내용을 정확하게 파악하는 것은 물론이거니와 기획한 사원의 판매 포인트를 어떻게 상대에게 정확하게 전달하느냐가 매우 중요하다.

담당자와의 인터뷰(1)

- **희망이 없던 여행사의 아웃세일즈.**
- **고객이 즐거워하는 얼굴을 보았을 때가 가장 행복한 순간.**

나의 취업 제1희망은 여행사였다. 그 가운데에서도 아웃세일즈가 제1희망직종이었다. 방 안에서 쭈그리고 앉아서 하는 일은 나에게는 맞지 않는다고 생각했기 때문에, 여행사 중에서도 특히 아웃세일즈에 힘을 쏟고 있는 우리 회사의 입사는 행운이었다고 할 수 있다.

그 시점에 생각하고 있었던 아웃세일즈 이미지는 "어렵겠지만 즐겁지 않을까?"였으나, 거의 3년이 다 돼가는 지금 생각하고 있는 것은 "생각보다는 대단한 일"이라는 것밖에 나가 있는 일 뿐만 아니라 책상에 앉아서 이루어지는 작업도 많다는 사실이다. 기획에서 진행, 정산까지 일관(一貫)해서 맡고 있으므로 당연한 일이다.

아무리 원했던 직종이었다고 해도 처음에는 "무작정 들이대어 영업을 하면 되지 않을까", "반년 동안 단체 하나도 못 만들면 어쩌지?"하고 불안에 떨었고, 더욱이 선배한테 물려 받은 고객에 대해서도 어떻게 해서 새로운 업무를 받는지를 몰라….

지금은 선배들의 충고도 있고 해서 한 번 방문하면 자그마한 심부름, 즉 또 방문할 수 있는 실마리를 만들 수 있도록 노력하고 있다.

신규거래처도 무작정 방문하는 것이 아니라 여행이나 회의욕구가 있는지, 그 회사의 조직이나 업무내용 등을 사전에 면밀히 조사하여 구체적인 제안을 할 수 있는 상태에서 방문할 수 있도록 하고 있다.

이 업무는 고객에게 어떻게 신뢰받을 수 있는지가 성공의 열쇠이다. 처음에는 회사끼리의 관계에서 시작하게 되지만, 나중에는 단골거래처 담당자로부터 개인적인 여행이 의뢰되어 오는 등 개인적인 신뢰를 쌓는 것도 매우 중요하다.

그러기 위해서는 고객의 만족을 최우선적으로 생각하지 않으면 안 된다. 여행이나 회의준비에 아무리 고생해도 행사실시 후에 고객들로부터 고마웠다는 인사를 받았을 때가 가장 행복감을 느끼는 순간이지 않을까.

담당자와의 인터뷰(2)

- **막무가내 세일즈에서 시작하여 지금도 계속되는 업무도 많다.**
- **이것저것 생각하지 않고, 긍정적 사고로 도전을…**

내가 담당하고 있는 20사 정도의 고객기업에서 발생하는 각종 여행이나 이벤트 등의 수배를 수주하고 기획에서 인솔, 정산까지 일관하여 해오고 있다. 현재는 그러한 폭넓은 일상 업무에 바빠서 그다지 하고 있지 않으나, 당시 회사방침으로서 신입사원이 담당했던 것이 소위 "막무가내 세일즈"였다. 사전 예고도 없이 불쑥 회사를 방문하는 것은 처음에는 매우 괴로웠다. 얘기를 꺼내기도 전에 문전박대 당하기 일쑤였고, 20여 차례나 방문한 가운데 견적의뢰는 단 한 건도 없었던 기억이 있다. 이러한 일을 반복하고 있으면 부정적 사고로 진행되기 쉽다. 그렇다고 해서 방문하지 않으면 일을 받을 수가 없다. 도중에서 잘라도 단념하지 않고 언젠가는 일을 주겠지 하는 마음으로 자주 찾아가는 방법을 택했다.

그런 가운데 방문한 고객에게 마침 여행욕구가 발생하기도 하고, 뻔질나게 찾아다닌 결과 계약에 이르는 경우가 생기게 되었다. 당시의 고객과 지금도 거래를 계속하여 7건이나 단체 계약을 성사시켰다.

스스로의 힘으로 신규거래처를 개척하여 양호한 관계가 계속되고 있는 것은 매우 기분 좋은 일이다. 세일즈를 담당하면서 보람을 느끼는 것은 이 점이다. 지금도 가능한 한 시간을 내 좀더 막무가내 세일즈를 하지 않으면 안 된다고 절감하고 있다.

이제부터의 목표는 매출액을 늘리는 것은 물론이지만 보다 새로운 기획을 제안해 가는 것이다. 고객의 요망에 따라 그에 맞는 기획을 하는 것도 중요한 동시에 새로운 아이디어로 기획을 입안하여 판매하는 것도 여행사의 일원으로서 주요한 업무 가운데 하나라고 생각한다. 그러한 업무에 종사하는 것은 입사하기 전부터의 꿈이기도 하다.

 담당자와의 인터뷰(3)

- **얼굴을 기억하게 하는 것이 세일즈의 제1보.**
- **요망을 보다 상세히 듣고, 대응은 세심하게.**

대학시절 경험한 미국 어학연수 중 여행을 통해 만난 사람들과의 교류가 아름답다는 것을 알고, 여행사에 뜻을 두게 되었다. 그래서 업계연구나 취직활동을 통하여 "하고 싶다"고 생각한 업무는 역시 사람들과 접할 기회가 많은 세일즈였다.

우리 회사는 그룹사이기 때문에 많은 기업·단체도 영업대상이어서 그만큼 고객의 요망사항은 다양하여 고객의 요망사항들을 확실하게 파악하는 능력을 갖추지 않으면 안 된다고 생각한다.

최근 거래처에 신경을 쓰고 있는 것은, 고객이 정말로 추구하고 있는 것은 무엇이냐를 알아내는 것이다. 예컨대 어느 여행에 대해서 5개 정도의 안을 제시해 줄 것을 요구받았을 때, 그 여행에 대해서 이미 고객에게 구체적으로 이미지 되어 있는 것이 무엇인가 있을 것이다. 그것을 듣지 않고 5개의 제안을 내는 것보다 요망을 확실히 듣고 그 내용에 적합한 제안을 두세 개 내는 편이 만족해하고 있다는 것을 발견했다. 그 후 모처럼 고객으로부터 귀중한

시간을 할애 받았기 때문에 한 번 방문하면 언제쯤 오라고 할 정도로 얘기를 듣게 되었다.

이렇게 진심으로 고객과 접해 있으면 확실하게 얼굴과 이름을 외울 수 있게 된다. 즉 세일즈의 제1보는 우선 기억하는 것이다. 요전 어느 고객에게 자녀분 결혼식 행사 수배를 의뢰받은 일이 있었다. 그 일은 나 자신이 고객에게 일로서가 아니라 개인적으로도 의뢰받은 것으로 얼마나 기쁜 일이었는지 모른다.

나의 직위는 영업담당이지만 기획도 여행의 인솔도 종료 후의 정산도 하고 있다. 일관하여 담당하고 있기 때문에 여행 중 또는 여행종료 후 고객의 반응을 확인할 수 있다.

학창시절 아르바이트를 한 탓인지 고객이 즐거워하고 있는 모습을 보면 다음에도 열심히 뛰어야지 하고 격려가 되어온다.

4.4 발권업무

항공기를 이용한 적이 있는 사람이라면 해외를 포함하여 어느 항공사라도 티켓이 같은 형태라는 것을 알게 될 것이다. 이는 국제규격으로 정해진 것이기 때문이다. 이 티켓을 만들며 출발 전까지 고객이 손에 넣을 수 있도록 하는 업무가 발권업무이다. 항공관계의 전문지식이 필요하고 실수가 허락되지 않는 업무이기도 하다.

4.4.1. 실로 세계가 무대인 업무, 전문자격 필요

전 세계의 항공사 티켓은 주로 네 가지 시스템으로 나뉘어 있다. 그 중에서도 한국에서 가장 일반적인 것은 IATA(국제항공운송협회)의 시스템으로, 동 협회에 가맹되어 있는 항공사의 티켓은 세계 중 어디에도 같은 형태이다. 외국 간을 이동할 때의 티켓이라고 해도 한국 국내에서 수취한 다음 같은 형태라는 것을 모르고 있는 사람도 많을 것이다.

이 발권업무가 가능한 것은 각 시스템 자체가 인정하는 장소에 한정되어 있고, 직원은 전문적인 연수를 쌓은 후에 얻어지는 것이다. 따라서 아무나 누구나 발권할 수 있는 것은 아니기 때문에 여행사의 대다수는 전문부문에서 전문직원이 업무를 담당하고 있다.

그러면 발권의 흐름을 보자. 카운터 등에서 티켓의 신청을 접수받고, 전용 단말기로 공석을 확인하고, 고객의 정보를 입력하여 예약을 완료한다. 여기서부터 발권전문 직원의 업무가 된다. 예약내용을 발권담당 부서가 확인하여 발권전용 기기로 티켓을 작성한다. 입력실수가 없는지 확인해 두고 고객의 손에 전달하던지 출발공항의 카운터에 배송한다. 최근에는 고객의 이메일 주소로 이티켓(e-Ticket · 전자티켓)을 발송하고 있다.

발권업무 담당자에게는 이 전용 기기 · 시스템을 운영할 능력이 요구되는 까닭에 세계 각지의 항공사나 운항루트 등의 상세한 지식을 필요로 한다. 한국에 취항하고 있는 항공사(온라인 항공사) 이외에도 한국에 취항하고 있지 않은 항공사(오프라인 항공사)가 많이 있으며 운항루트까지를 포함하면 요구되는 지식의 양은 놀랄 만한 정도로 방대하다.

발권업무 담당자는 대다수 여행사의 경우 카운터나 아웃세일즈에서 현장을 경험한 후에 계속되는 경우가 많고 폭넓은 경험과 지식이 요구되는 전문직이라고 할 수 있다.

담당자와의 인터뷰(1)

- 여행사직원에 대한 모든 업무의 기본.
- 폭넓은 지식이 몸에 밴 무대 뒤의 전문지식.

"인솔을 해보고 싶다"고 다짜고짜 뛰어든 여행업계이지만, 예약업무를 담당하고 나서 쉽지 않다는 것을 실감하였다. 이 업계에서는 카운터나 전화예약응대라도 요구되는 지식이 방대하다. 현재 발권이라는 업무는 폭넓은 지식을 몸에 익히기에 최적이다. 그러한 까닭에 스스로 희망하여 배속되게 되었다.

발권업무를 담당하고 나서 1년 정도 경과했지만 아직도 이 업무의 "심오함"을 통감하는 매일이다. 세계에는 많은 항공사가 있고, 여러 개의 운항노선을 가지고 있다. 한국 국내를 발 · 착하고 있는 노선은 하나의 선으로 연결되어 있으므로 발권작업이 용이하나, 직행편이 없으면 장소에 따라서는 루트가 여럿 있을 수 있고, 한국에서는 전혀 듣지도 못했던 항공사를 이용하는 경우도 많이 발생한다. 이 경우에는 그 항공사마다 운항 상황 등을 면밀히 조사해서 발권하지 않으면 안 된다. 카운터 직원에게 먼 행선지에 대한 루트를 상담하는 경우도 있다. 즉 전 세계의 루트를 즉석에서 제안할 수 있는 지식이 요구되는 것이다.

현재는 오로지 공부에 전념하여 지식을 몸에 익히는 매일이지만 그래도 이 지식은 금후 여행업계에서 반드시 나를 강하게 만들어 줄 것으로 믿고 있기 때문에 새로운 지식을 쌓으면 쌓을수록 즐거움을 느끼게 된다.

실제의 발권업무는 무엇보다도 정확성이 요구되는 치밀한 업무이다. 예약담당부서로부터 들어오는 고객의 이름, 여권번호, 일시 등을 틀림없이 입력하는 것은 당연하지만, 그 예약내용을 보았을 때, 경험에서 판단하여 실수를 찾아내는 것도 중요한 일이다. 내가 실수를 그대로 두게 되면 고객이 공항에서 탑승을 할 수 없는 사태가 발생한다. 즉 발권업무는 고객이 문제없이 출발하기 위한 최후의 보루이다. 책임의 막중함을 새삼 느끼고 있는 요즈음이다.

4.5 인바운드업무

여행업계 중에서 급성장을 보이고 있는 것이 인바운드 업무이다. 여기서 고객은 한국 사람이 아니라 세계 각국의 외국인이다. 한국을 방문하는 외국인에게 한국을 어떻게 매력적으로 느끼게 하는가가 최대의 목적이 된다.

4.5.1. 한국을 세계에 판매, 산관(産官)일체로 나아가는 신업종

우리나라의 초창기 여행사는 대개 인바운드 섹션(부서)을 설치하여 해외의 여행사와 제휴하는 등 활발한 움직임을 보여 왔다. 인바운드 업무는 그 성질에서 한국인을 해외에 안내하는 아웃바운드와는 사고방식도, 업무내용도 크게 다르다. 즉 취급하는 상품은 한국이며 경쟁상대는 세계 각국이 된다. 단적으로 말하면 인종도, 종교도, 가치관도 다른 세계 각국의 사람들에게 어떻게 해서 한국을 여행해보고 싶다고 생각하게 하는가, 그리고 체재 중에 어떻게 그들을 만족시켜 다시 또 한국을 방문하게 하는 일이다.

4.5.2. 한국을 깊이 아는 것이 필수, 세계 각국의 조류를 읽고 대응은 맞춤형 감각으로

해외여행을 나가는 한국인에게 현지의 여러 관광정보를 제공하듯 방한하는 외국인에게 한국의 관광정보를 제공하는 이 업무는 우선 한국에 대해서 폭넓은 지식이 요구된다. 예를 들면, 한국다움을 느낄 수 있도록 관광지나 음식, 전통 예능 등의 체험프로그램을 객관적으로 파악해두는 것이 필요하다.

현재의 외국인 여행자를 보면 서울, 경주, 부산, 제주라는 한국의 메인루트를 보는 여행이 일반적이나, 금후 여행지가 다양화되는 것은 필연적이다. 그것은 여행사 각사가 타사와의 차별화를 의식하여 새로운 관광지 등을 끼워 넣는 상품을 속속 발표하고 있는 것에서도 자명하게 드러나고 있다.

그렇다고 해서 세계 중의 여행자를 한 무리로 취급하는 것은 불가능하다. 세계 각국의 여행자를 분석·파악하여 각계의 요구에 맞는 기획력도 최소한의 자질이다. 이 점은 어느 인 바운드 업무 담당자로부터 들은 가장 어려운 점이다. 예컨대 유럽 사람들은 한국문화에 관심이 특히 강하며, 미국 서해안 사람들과 일본의 간사이(關西) 지방 사람들은 비교적 가격을 중시한다. 중국인은 쇼핑시간을 길게 희망한다. 같은 레스토랑에서의 식사에서도 보는 눈의 아름다움을 중시한 내용이라든지, 양을 중시하는지, 전통적인 한국식으로 하는지, 그 나라의 요소를 조금이라도 집어넣는 등 여행자에 따라서 섬세한 수배를 추가할 필요가 있다.

한편으로 인바운드 업무 가운데에도 비즈니스 도항(渡航)의 수용태세도 견실한 성장세를 보이고 있다. 한국에의 해외출장, 포상여행 등이 그것으로, 전술한 바대로 일반적인 여행자 이상으로 주문에의 대응이 요구되는 것이 특징이다.

4.5.3. 외국인과의 교류 경험은 강점, 다양한 가치관을 이해할 수 있는 자가 최적

그러면 어떤 인재가 인바운드 업무에 최적인가. 그것은 역시 해외의 유학경험이 있을수록 외국인과 어느 정도 정해진 기간, 교류한 경험이 있는 인재가 적합할 것이다. 이문화(異文化) 체험을 통하여 해외에서는 다양한 가치관이 병존하고 있다는 것을 체득하며, 또한 어떻게 대응해야 하는지를 이해할 수 있기 때문일 것이다.

더욱이 해외와의 거래도 빈번한 일상 업무에서는 영어도 필수조건이다. 업무에는 실제로 고객을 인솔하여 한국을 안내할 경우도 포함되기 때문에 복수의 외국어를 사용할 수 있는 어학력은 강점이 된다.

담당자와의 인터뷰(1)

- 인바운드는 세계가 무대인 글로벌 업무.
- 한국에 관한 것을 보다 넓게, 깊게 세계에 소개하고 싶다.

지금 내가 있는 것은 대학시절에 우리나라를 찾은 해외스포츠 팀에 동행한 아르바이트였다. 그 스포츠 이벤트를 성공시키기 위하여 팀이 불편 없이 움직일 수 있도록 일하는 가이드라는 입장이었으나, 팀원과 행동을 함께 하고 있는 사이에 점차적으로 마음이 통하게 되었다. 그래서 2주간 있었던 여행일정의 마지막에는 꽤 친하게 되었다.

대학에서 매스컴을 전공한 점도 있고, 아르바이트 경험도 머리에서 떠나질 않고 해서 여행 업계의 가운데에서도 인바운드를 취급하는 업무에 취업하고 싶다고 생각하여 우리 회사에 입사하였다.

현재는 환태평양이라는 넓은 지역으로부터 한국을 방문하는 고객들을 담당하고 있다. 해외에 있는 여행사에 대해서 한국을 여행하는 상품을 기획·제안하고, 예약이 들어오면 그 수배를 하고 있다. 반복여행자(Repeater) 분들이 특별한 체험을 희망하고 있는 경우에는 그

욕구에 맞는 특별 프로그램을 짜는 것도 나의 업무범위이다. 단골 고객이나 VIP에 대해서 도와주는 일 즉 인솔하는 일도 있다.

이 업무의 어려움은 세계 중의 여러 사람들과 접하고 있는 점일 것이다. 나라 또는 지역에 따라서 욕구는 다양하고 대응방법도 바뀌지 않으면 안 된다. 오스트레일리아 사람들은 자연을 좋아하고, 프랑스 사람들은 식사에 관심이 많은 경향이 있으나, 물론 그렇지 않은 고객들도 있다. 출장으로 해외 여행사를 방문한 때에 현지의 여행자 동향을 조사하는 것은 물론이거니와 한국관광에 관한 정부기관인 KTO(한국관광공사)나 현지여행사 사람들과 많은 대화를 하거나, 최신정보를 수집하는데 노력을 기울이고 있다. 그러한 때에 주고받는 것은 영어가 중심이기 때문에 영어회화도 필수이다.

현재 한국을 여행하는 외국인을 보면 국적에 따라서 서울, 부산, 경주, 제주 등 일반적인 코스를 선택하는 경우가 많지만, 다른 지역까지 발걸음을 옮길 수 있도록 노력하는 일도 중요하다. 왜냐하면 금후에는 재방문자가 늘어날 것이기 때문이다. 그러한 재방문자들에게 한국의 구석구석을 구경할 수 있도록 전달하는 것이 나의 목표이다.

담당자와의 인터뷰(2)

- **수많은 유학생을 수용한 경험에서 인바운드를 지망.**
- **외국으로부터 고객들의 직접적인 반응에서 느끼는 즐거움.**

폭넓은 여행사업무 가운데 내가 처음부터 희망하고 있었던 것이 이 인바운드업무이다. "세계 중의 많은 사람들과 접하고 싶다"라는 것이 나의 꿈이었기 때문에 희망이 이루어지게 된 것이다. 그러한 꿈을 갖게 된 것은 어릴 적 해외에서 생활한 경험이 있었다는 것, 귀국 후에도 해외로부터의 찾아 온 유학생을 우리 집에 묵게 하는 등 외국인과의 교류를 계속 해왔던 경험이 있었기 때문이다.

학창시절 유학생을 안내하여 한국의 관광지를 돌아다니는 등 전문가는 아니지만 나름대로 인바운드업무를 해왔던 것이다. 물론 실제업무가 되면 이야기는 사뭇 다르다. 입사 전의 업무에 대한 인상은 외국에서의 고객을 데리고 유명한 관광지를 안내하는 화려한 면을 기대하고 있었던 것이 솔직한 표현이다. 그러나 실제업무는 고객의 요망을 섬세하게 듣고 그들의 대응을 생각하여 여행일정을 조정하는 등 미세한 조정작업이 많은 것이 특징이다. 담당하고 있는 업무의 80%는 이러한 후방업무가 된다.

그러나 고객과 만나서 함께 하면 "수고해줘서 좋았다"라고 충실감을 얻는 일이다. 외국사람들은 한국사람들에 비해 반응이 직접적으로 전달되어 온다. 수배가 미진하면 그 현장에서 지적하고 곧 대처할 것을 요구당하는 일도 있으나, 한편으로 즐거움도 직접적으로 표현해준다. "이번에 당신의 수배는 최고였다"라고 말하면 눈물이 나올 지경이 되는 것이다.

지금부터 이 인바운드 업무에 종사하여 인바운드의 프로를 향해 나아가면서 세계 각국의 사람들과 만나서 한국의 여러 매력을 세계의 사람들에게 전달하고 싶다.

4.6 인솔업무

"여기저기 다녀서 좋겠다"라고 인솔자의 업무를 동경하여 여행업계를 찾는 사람도 많이 있을 것이다. 참가한 고객들을 데리고 여행코스를 함께 순회하는 것이 인솔이지만 여행이 스케줄대로 진행하도록 관리하는 것은 물론이거니와 현지에서 발생하는 여러 가지 잡다한 분쟁에도 즉석에서 대응하며 더욱이 고객을 편하게 하는 것도 요구되는 업무이기도 하다.

4.6.1. 해외라면 어학력도 필수능력, 무사하게 행사를 진행하는 것이 기본업무

해외나 국내, 여행기간 등을 불문하고 단체여행에 동행하여 현지 가이드와 협력하여 그 여행이 안전하고 원활하게 진행될 수 있도록 모든 관리를 하는 것이 인솔업무이다. 스케줄 대로 진행되도록 고객을 유도하고 가이드가 동승하지 않을 경우에는 관광지 해설을 하며, 예측 불가능한 사태에는 즉석에서 대응하기도 한다. 세계 각지에 갈 수 있는 즐거움은 있지 만 그 업무 내용은 상상 이상으로 고되다.

예를 들면, 호텔에 체크인할 때 단체참가자의 방에 불편이 없는지를 확인하는 것도 인솔 자의 역할이다. 비누가 없다, 끽연자에게 금연 룸이 배정됐다는 등의 경우는 호텔 측과 교섭 을 요구하게 된다.

한국에서의 수배가 종료된 시점에서 여행의 사전준비는 완벽하다고 생각하기 쉬우나, 실 제로 수배에 실수가 발생하는 등의 문제는 비일비재하다. 또한 해외의 레스토랑에서는 어학 을 할 수 없는 고객에게 주문을 정리하여 식당 측에게 전달하는 경우도 있다. 그러므로 해외 에서의 인솔에는 어학력은 필수적이다.

인솔경험이 있는 사람들에게서 "현장에서는 예상할 수 없는 사태가 계속하여 발생한다", "어느 견학시설에서는 방문시간을 너무 할애하여 다음 방문지를 보지 못하고 떠났다"고 하 는 얘기도 듣고 있다. 인솔업무는 결코 여행 기분으로 즐기는 업무가 아니라는 것을 주지하 기 바란다.

4.6.2. 회사에 따라서는 기획에서 일괄담당, 파견 직원이 인솔하는 경우도

인솔업무는 인솔자를 전문적으로 갖춘 파견회사 직원이 담당하는 경우와 여행사의 사원이 인솔하는 경우가 있다. 후자는 인솔업무를 전문으로 하는 것이 아니라 타 업무로부터 계속하여 감당하는 경우가 많다. 예를 들면, 아웃세일즈를 담당하는 직원이라면 세일즈에서 획득한 여행을 스스로 기획하여 현지에도 동행하는 일관업무를 채용하고 있는 여행사가 많기 때문이다.

또한 일반적인 여행의 경우에도 기획자 스스로가 단체의 세일즈 포인트를 고객에게 전달할 수 있도록 기획과 인솔을 세트로 하는 경우도 보인다. 전문직원이 되는 것을 원하지 않더라도 인솔을 경험할 기회는 의외로 많은 것이다. 단지 인솔업무를 하기 위해서는 국외여행인솔자격인정증(TC(Tour Conductor)/Tour Escort License)을 취득할 필요가 있다. 이것은 입사 전에 취득을 목표로 하는 학생도 많다.

4.6.3. 올바른 한국어를 할 수 있는지가 전제, 커뮤니케이션 능력도 중요

예측 불가능한 사태에 정확하게 대처할 수 있는 판단력이나 행동력, 더욱이 해외인솔의 경우에는 현지의 어학력 등 인솔자에게 요구되는 자질은 폭넓다. 많은 인솔경험자로부터 듣고 있는 것은 고객과 정확한 한국어로 회화를 할 수 있는 것은 물론, 어떻게 고객을 즐겁게 만드는가, 만족도 높은 여행을 만드는가가 가장 중요하다고 얘기하고 있다.

여행을 관리하는데 있어 리더십을 발휘하면서 참가자 전원에게 대하여 공평하게 대우하고 동질의 서비스를 제공하는 것은 의외로 어려운 업무이다. 비록 한 사람이라도 즐기지 못하고 있는 고객이 있다면 그 인솔업무는 실패했다고 해도 과언이 아니다. 어느 인솔자는 여행 후에 감사편지를 받고 비로소 자신을 얻었다. 감사편지를 받기 전에는 정말로 즐거운 여행을 만들었는지 인솔업무가 불안했다고 말한다. 그 정도로 신경을 써야 하는 업무인 것이다.

담당자와의 인터뷰(1)

■ 경험하고 비로소 알게 된 인솔업무의 대단함.
■ 고객의 미소, 만족이 격려가 된다.

중학생 시절부터 여행 팸플릿을 보는 것을 대단히 좋아했다. 사진이나 설명을 보면서 간 적이 없는 장소를 여기저기 상상하는 것이 매우 즐거웠고, 언젠가 이러한 팸플릿을 만드는 업무에 종사해봤으면 하고 생각했다. 그래서 취업지망은 여행사에 국한되었다. 여러 회사를 지원했으나, 기획에서 진행까지 일관업무가 특징인 우리 회사에 매력을 느껴 입사하였다. 지금도 역시 팸플릿 제작은 나의 즐거운 업무 가운데 하나이다.

우리 회사의 폭넓은 업무 가운데에서도 인솔은 대단함과 즐거움이 동거한다. 실로 보람 있는 업무 중의 하나이다. 입사 전부터 선배들의 이야기를 듣고, 그 일은 만만한 업무가 아니라는 것쯤은 이해하고 있었으나, 반면에 공짜로 해외에 나간다고 생각하고 있었던 것도 사실이다.

그러나 실제로 인솔을 나가보면 상상 이상으로 섬세한 작업이 많고, 계속 잡다한 분쟁에 대해 즉석에서 대처하지 않으면 안 되는 경우도 많다. 그러한 여행일정 중에서도 투어의 개선점을 체크하고 다음 기획에 반영시키는 것도 중요한 업무이다. 현지에서도 여행 기분을 즐기고 있을 여유는 없다. 그래도 고객들과 매일 접하고 있으면 하루하루 서로 거리가 줄어들게 되는 것을 실감한다.

원래 사람과 접하는 것을 좋아했기 때문에 고객에게 친절함을 느끼게 하고 밝은 미소를 머금으며 "당신과 함께 해서 즐거웠다" 등의 얘기를 들으면 그 이외에 기쁨은 없다.

지금부터는 그다지 한국인 여행자에게 알려지지 않은 매력적인 장소에 단체와 여행지의 현지인들과 사귈 수 있고 추억을 만드는 프로그램을 만들어, 보다 차원이 다른 상품을 기획하여 고객에게 제공하는 것이 나의 꿈이다. 그리고 물론 내가 인솔해서 고객들로부터 좋은 평판을 듣고 싶다.

담당자와의 인터뷰(2)

- 인솔은 경험만이 유일한 스킬 업(Skill Up)
- 기획에서 인솔까지 담당하고 비로소 알게 된 즐거움.

대학시절에 참가한 스페인 여행에서 만난 여성 인솔자의 존재가 지금의 나를 결정했다. 밝고 발랄한 사람으로 이야기도 잘하고 그 당시 나는 "인솔은 형태가 없는 서비스이며, 항상 자신을 닦지 않으면 안 된다"는 신념을 가지고 있다는 얘기를 들었다. 이런 여성이 되고 싶다. 그녀는 실제로 내가 그 동안 내가 생각해왔던 동경의 여성이었던 것이다.

취직활동 당시부터 인솔자를 목표로 해왔으나 다른 여행사에 비교하여 인솔업무가 많고 게다가 상품기획도 담당할 기회도 있었던 우리 회사를 알고 입사를 결정했다. 역시 여행사에 들어온다면 폭넓은 업무에 종사하고 싶다고 생각하기도 했거니와 기획은 이 업무의 절정이라고 생각하였다.

인솔은 매우 신경을 쓰는 업무이다. 신참 때에는 고객과의 대화나 관광안내에 중점을 너무 두어서 중요한 여행일정의 관리가 허술하게 되어 버리는 일도 있었다. 성공하거나 실패하거나 여러 가지 경험을 쌓으면 "오늘은 이벤트 투어이기 때문에 기분을 돋우자", "아침 일찍 출발로 인해 현지에서도 많이 걸었으니까 돌아갈 때는 조용히 안내하자" 등 투어마다 고객을 접대하는 방법도 임기응변으로 바꿀 수가 있다.

그러나 익숙해지면 질수록 그만큼 신경을 쓰는 것도 늘어나게 된다. 더욱이 스킬업(Skill Up)을 하기 위해서는 자신 한 사람의 경험뿐만 아니라 선배나 동료의 경험담을 잘 듣고 인솔업무를 머릿속에 시뮬레이션해보는 것, 더욱이 경험을 쌓는 것이야말로 유일한 방법이 아닐까.

인솔까지의 일관된 업무를 하고 있으면 자신이 기획한 투어에 모집되어 온 고객의 반응이 신경쓰이게 된다. 그래서 돌아올 때에 투어를 선택해 주신 이유를 듣는 것이지만 자신이 기대하고 있던 대답이 돌아오면 "요구에 부응했다", "다음에는 무엇으로 기쁘게 해드릴까?" 하고 다시 한 번 생각한다. 여행사 직원으로서 가장 보람을 느끼는 것은 그러한 때이다.

Chapter **5**

여행업계의 현황

Employment Guide of Travel Agency

5 여행업계의 현황

앞에서는 여행업무에 대해서 공부했다. 구체적인 업무를 파악하기 이전에 여기서는 우리나라에 어느 정도의 여행사가 있는지를 알아보자. 우선은 어느 정도 있는지를 알고 있지 못하면 대처방법도 잘 모르고, 산업으로서 성장해 오고 있는지도 잘 모르지 않을까 생각된다.

5.1 여행업체수의 변화현황

한국에는 여행사가 거의 11,000개 사가 있다. 여행사 즉 여행업을 경영하려는 자는 관할 등록관청에 등록하여야 하는데, 여행업 중 일반여행업은 특별시장 · 광역시장 · 특별자치도지사("시 · 도지사 · 특별자치도지사"라 한다)에게 등록하여야 한다(관광진흥법 제4조 제1항 및 동법시행령 제3조). 이러한 절차를 거쳐 등록된 여행사 수가 11,000개 사라는 것이지 무허가 업자까지 포함하면 그 수는 훨씬 많다.

과거 4년 동안 국내의 여행사는 전체적으로 해마다 453개사가 증가한 것이며, 업종별로는 국외여행업이 가장 활발한 증가세를 보이고 있다. 이는 아마도 국민들의 해외여행추세가 당분간 지속될 것으로 기대하고 있기 때문으로 분석된다.

관광진흥법상 여행업의 등록기준에 따르면 ① 일반여행업의 자본금은 3억 5천만원 이상일 것, ② 국외여행업의 자본금은 1억원 이상일 것, ③ 국내 여행업의 자본금은 5천만원 이상일 것을 요한다(동법 제4조 4항 및 동법시행령 제5조 관련 〈별표1〉).

〈표 5-1〉 여행사 수의 변화추이

업 종	연 도	단위(사)	증 감
국내여행업	2004	3,660	0.2
	2005	3,732	2.0
	2006	4,203	12.6
	2007	4,204	0.2
	2008	4,261	1.3
국외여행업	2004	4,433	4.6
	2005	4,787	8.0
	2006	5,581	16.6
	2007	5,693	2.0
	2008	5,979	4.7
일반여행업	2004	710	−0.3
	2005	771	8.6
	2006	780	1.2
	2007	821	5.3
	2008	832	1.3
여행업 전체	2004	8,803	2.3
	2005	9,289	5.5
	2006	10,564	13.7
	2007	10,718	1.5
	2008	11,072	3.3

자료 : 정찬종, 여행사경영론, 백산출판사, 2007. 및 한국관광협회중앙회 2008 관광사업체통계현황 참조.

5.2 여행사의 지역별 분포현황

한편, 〈표 5-2〉에서 나타나듯 여행업 전체 11,072개사 중 국외여행업이 가장 많은 5,979개사로 전체의 약 54%를 점하고 있고, 그 다음으로 국내여행업이 4,261개사로 38.5%, 일반여행업이 약 7.5%인 832개사가 있다.

패키지 투어를 취급하는 여행사들은 거의 절반(44%)이 서울에 집중되어 있음을 알 수 있다. 제주지역에 일반여행업이 타 지역에 비해 상대적으로 많은 이유는 인바운드전문 여행사

가 많기 때문이다.

한편, 중·소여행사인 국외여행업은 지역별로 인구규모에 따라 비교적 골고루 분포되어 있음을 알 수 있다.

〈표 5-2〉지역별 여행사 현황 (2008. 6. 1. 현재)

업종	서울	부산	대구	인천	광주	대전	울산	경기	강원	충북	충남	전북	전남	경북	경남	제주	합계
국외	3,101	473	182	165	179	185	67	538	92	115	139	134	138	193	226	52	5,979
국내	1,140	313	169	161	187	167	63	584	112	168	174	144	201	234	269	175	4,261
일반	643	39	6	6	9	5	5	32	9	10	0	11	3	4	6	44	832
소계	4,884	825	357	332	375	357	135	1,154	213	293	313	289	342	431	501	271	11,072

자료 : 한국관광협회중앙회, 관광사업체현황, 2008. 06. 01.

여행사는 그 종류에 따라 업무범위도 달라지는데, 「관광진흥법시행령」 제2조 제1항 1호는 여행업을 '일반여행업', '국외여행업', '국내여행업' 등 3종류로 분류하고 있다. 각각의 업무범위에 대해서는 나중에 알아보기로 하고 우선 여기서는 11,000여 개 사의 내역을 알아보자.

해외여행자유화가 된 1989년 이전에는 우리나라 여행업의 총 수는 2,000개 사도 안 되었다. 당시에는 여행알선업자 정도에 불과한 업무에 국한하고 있었는데, 그 때와 비교하면 여행업을 영위하는 회사는 급격하게 팽창했다고 해도 과언이 아니다. 이러한 신장세의 배경에는 소득수준 향상에 따른 관광여행의 활성화가 뒷받침해온 결과라고 생각된다.

이와 같은 사실은 통계적으로도 여실히 증명된다. 해외여행자유화가 된 1989년에 해외여행자는 121만 명이었던 것이 2006년에 1,161만여명이 출국함으로써 거의 10배 정도가 늘어난 것이다. 따라서 여행사 수도 늘어나 1989년 여행사 총 수는 800여 개 사에서 11,000여 개 사로 무려 14배나 증가되었다. 이 11,000여 개 사중 당신이 가고 싶은 여행사가 있느냐의 여부이다. 다음 장에서 구체적으로 어떤 회사가 있는지 알아보기로 하자.

5.3 여행업계의 최근 조류(Trend)

11,000여 개 사중 100여 개 업체만이 단독패키지 상품구성이 가능하고 그 중에서 30개 업체가 실제 여행업을 주관하고 있다(시장의 95%이상 차지). 그리고 그 중에서 하나투어, 모

두투어, 롯데관광이 시장을 장악하고 있고 이미 규모의 경제효과를 이루었다고 볼 수 있다. 이러한 상황에서 여행시장은 3가지 흐름을 가지는 것으로 보인다.

5.3.1. 대형 유통망 보유업체들의 여행사업 진출

얼마 전 롯데가 여행사업에 본격적으로 뛰어들었다. 예전의 롯데관광은 롯데그룹 계열이 아니라 브랜드만 사용하게 허락해 준 업체이다. 롯데JTB의 본격적인 여행업 진출에 중소여행업체들은 반대를 했고 소공동 롯데호텔 앞에서 반대시위를 했지만 롯데의 여행사업 진출은 막을 수 없었다.

그런데 이러한 대형 유통업체들의 여행업 진출은 단지 롯데만은 아닌 하나의 흐름이 되어가는 것 같다. 물론 유통의 절대강자 중 하나인 이마트와 홈에버는 여행업에 본격진출하기보다는 각각 하나투어와 모두투어가 입점하여 사업을 진행하는 형태로 되어 있다. 홈에버의경우 합병으로 인한 내부정리가 필요하니 아직 타 사업을 모색할 시점이 아니고 이마트는여행업이라는 신규 사업보다는 기존 사업에 더욱 충실하고 있는 것으로 보이지만, 할인마트가 포화되고 있는 시점이니 변화의 여지는 있어 보인다.

〈표 5-3〉 대형 유통업체의 여행사 진출현황

유통업체	여행사	사업형태
롯데닷컴	롯데JTB	• 롯데닷컴과 일본 JTB여행사의 합작법인 롯데JTB를 설립하여 2007년 7월부터 본격 사업 시작 • JTB : 약 100년의 역사를 가진 세계 4위, 일본 1위 여행업체로 150개국에 해외 네트워크 구축 • JTB의 여행노하우와 전 세계 네트워크 + 롯데의 광범위한 유통망
농 협	NH여행	• 농협이 롯데관광과 합작법인 NH여행을 설립 • 지분구조는 농협 : 롯데가 51 : 49 • 농협의 영업점과 하나로마트 + 롯데관광의 여행노하우
홈플러스	HMP투어	• 홈플러스에 HMP투어가 입점하여 여행사업을 진행. • 현재는 단순 입점이지만 홈플러스는 신유통서비스 사업전략에 기반하여 점차 여행사업을 강화해 나가고 있음

5.3.2. 온라인 여행사의 약진

현재 여행업은 온라인 여행사보다 오프라인 여행사가 규모면이나 실적 면에서 크게 앞서고 있다. 그러나 온라인 여행사가 단순히 여행업의 일부분이 아니라 주류로서 자리를 잡았다고 볼 수 있다. 여행산업에서 4강은 하나투어, 모두투어, 롯데관광, 자유여행으로 이루어져 있지만 그 바로 아래부터는 양상이 다르다.

온라인 여행사의 대표라 할 수 있는 넥스투어와 온라인투어가 2006년 송출기준으로 5, 6위를 차지하고 있고, 특히 온라인투어의 항공권 판매실적은 자유투어에 거의 근접한 실적을 나타내고 있다. 그 외에도 인터파크투어와 투어익스프레스도 좋은 실적을 보이고 있고 메이저 여행업체로 자리를 잡아가는 것으로 보인다.

온라인 기반 여행사들은 온라인에만 집중했던 마케팅전략을 탈피, 오프라인을 통한 브랜드 향상에 오히려 집중하는 모습을 보이고 있다.

투어익스프레스는 시스템이 완비되는 올 하반기부터 키워드광고에 의존하는 마케팅이 아닌 오프라인 광고와 효율적인 온라인 광고에 돌입한다는 계획이며, 여행사닷컴도 대대적인 공중파 방송을 통한 브랜드 마케팅을 통해 온라인에 국한된 마케팅에 탈피하며, 온·오프라인 전반에 걸친 제휴마케팅도 확대한다는 방침이다(세계여행신문, 2007).

5.3.3. 기존 오프라인 여행사들의 온라인 강화

하나투어와 모두투어, OK투어 등 14개 주요 여행사들을 대상으로 오프라인과 온라인 매출구성비를 조사해보니 업체마다 편차가 심했는데, 평균 25% 정도가 온라인 매출을 차지했다고 한다. 그 중에서 온라인 여행사인 넥스투어와 투어익스프레스를 제외하고 순수 오프라인 업체들만의 온라인 매출비중은 평균 15% 정도를 차지하는 것으로 보였다.

이러한 가운데 패키지 여행사들의 온라인 예약률은 매월 100%에 가까운 성장을 지속하면서 전체 예약에 온라인 예약이 차지하는 비중이 20~30%를 차지하는 결과를 낳고 있다. 1년 전만 해도 10%대에 머물렀던 것에 비해 급속도로 높아지고 있는 상황이다.

여기에다 20~30%란 수치도 각 여행사의 대리점과 각종 제휴사에서 들어오는 온라인 예약을 제외한 홈페이지 예약만을 놓고 계산을 하고 있어 만약 제휴사 수치를 합하게 된다면 온라인 예약의 비중은 50% 이상을 차지하게 된다는 분석이다. 특히 대리점 중심으로 예약이 들어오는 하나투어와 모두투어의 경우 대리점과 본사와의 예약을 시스템화해 온라인으로 예약을 받고 있어 전체 예약에 80% 이상이 온라인에 해당한다.

이와 관련해 하나투어 관계자는 "지금은 사내에서 온·오프라인을 구분하기보다는 효율성을 높이고, 브랜드 인지도를 높이는 방향으로 마케팅 및 시스템 발전을 진행하고 있다"고 말했다. 예약만 놓고 볼 때 여행사를 온·오프라인으로 구분짓는 것은 무의미한 일이 돼버렸다.

또한 시스템 역시 오히려 온라인 기반 여행사들과 대형 여행사 및 패키지 여행사와의 차이를 찾아보기 어려운 상황이다.

실제로 실시간 항공 예약시스템의 경우 과거 링크서비스에서 탈피 이미 중형 여행사들의 대부분이 아바쿠스(ABACUS)와 토파스(TOPAS)의 시스템을 자사에 맞게 변형해 사용하고 있다. 이는 항공예약에 있어 투어익스프레스와 넥스투어 등과 동일한 컨디션을 유지하고 있다는 분석이며, 최근 시스템에 있어 안정 및 선진화됐다는 평가를 받고 있는 아바쿠스의 실시간 항공예약시스템도 개발한 지 1년이 지난 지금 이미 20여개 업체가 보유할 정도로 '일반화'되고 있다. 또한 넥스투어에서 도입을 서둘러 진행했던 CTI 서비스 역시 지난해 중순 이후 급격하게 늘어났으며, 투어익스프레스에서 사용하고 있는 사내 메신저 프로그램도 사용하는 여행사들이 증가했다(세계여행신문, 2007).

5.3.4. 단순 유통업체에서 콘텐츠업체로의 전환

첫째, 대형 여행사는 단순 유통업체에서 콘텐츠 제작업체로 패러다임의 전환이 가능할 것으로 판단하기 때문이다. 항공사에 종속되어 단순 항공권 대매업(代賣業)을 영위하던 기존 여행사의 개념이 현재 콘텐츠 업체로 거듭나며, 최상위 업체는 규모의 경제를 기반으로 부가가치성이 높은 패키지상품 판매자로 탈바꿈하고 있다. 예를 들어, 고려여행사가 계열사인 명지건설의 부도로 2007년 10월말부로 사실상 영업을 중단하고, 하나투어로 합병되어 '고려TS(Travel Service)'라는 성지순례전문 여행사로 ㄱ 명맥을 이어가고 있다.

둘째, 최근 중견 여행사의 인수합병(M&A)은 중견 여행사로 거듭나기일 뿐 대형 여행사에 미치는 영향은 제한적이라는 판단이다. 예를 들어, 세중나모여행이 한화투어몰 지분 100%를 인수하고, 계열 패키지여행사 투어몰여행 지분도 100%를 확보하여 2007년 4월 1일 전격 합병하였으나, 대형 여행사(하나, 모두투어)를 위협할 만한 영향력은 아직까지 미흡한 실정이다.

셋째, 2005년 이후 지속된 산업 성장세의 둔화 논리는 아직 시기상조로 보인다. 출국자 수가 향후에도 두 자리 수 이상의 고성장을 보일 수 있다고 전망된다.

5.4 여행사의 규모별 현황

5.4.1. 사원수로 본 회사규모

이만큼 회사 수가 있다면 희망하고 있는 여행사에의 취직도 쉽지 않을까 하고 생각해서는 안 된다. 회사의 규모도 중요하기 때문이다. 우선 회사의 규모를 사원 수(종업원 수)로 검토해 보자.

현재 한국에는 1,000명 이상 사원이 있는 대기업으로 불리는 여행사는 단 1개사에 불과하다. 이웃나라 일본에는 19개사나 있는 것과 대조적으로 영세성을 나타내고 있다.

자세히 들여다보면 종업원 수가 100명 이상 되는 곳도 그렇게 많지 않다. 대다수는 그저 10명에서 50명 사이의 여행사이거나 10명 미만 여행사도 부지기수다.

이상하지 않은가? 여행사가 전국에 11,000개 이상 되는데 대다수가 52명 이하, 절반이 10명에서 20명 내외의 회사라는 것이. 사원수가 20명 미만의 회사에서는 신입사원의 정기 채용은 거의 없다고 해도 과언이 아니다. 여기는 일단 제외 대상이 아닐 수 없다. 일반적으로 이름이 통하는 이른바 많은 사람들이 취업을 원하는 회사는 실제로 50개사 내외일 것으로 추측된다. 그 가운데에서도 정말로 취업하고 싶은 회사는 20~30개사 내외일 것이다. 그러한 의미에서 여행업계의 취업이란 "좁은 문"이지 않을 수 없다.

사원 수라고는 해도 회사에 따라 그 기준이 모호하다. 일반적으로 사원이라고 하면 정규 사원을 말하며, 종업원이라고 하면 파트타임 사원, 계약직 사원, 아르바이트직 사원, 외주 사원, 촉탁 사원, 명예 사원 등 비정규직 사원 등이 포함된다고 하나, 반드시 이렇게 통일된 것도 아니다.

사원 가운데 계약직 사원을 넣어서 발표하는 곳, 여행부문 이외의 사원까지도 포함하여 발표하고 있는 곳도 있는 등 여러 가지 형태가 존재한다. 어떤 여행사에서는 회사를 크게 보이게 하려고 협력사 직원들까지 포함하여 부풀리는 경우도 있다. 우리나라는 아직까지 회사별 고용인원 규모를 정확히 알 수 있는 통계자료가 없기 때문이다.

5.4.2. 사원 수와 회사 수의 비율

그러면 전국 여행사 수는 11,000여 개 사로 집계되고 있는데 사원수는 전체적으로 얼마나 될까? 이는 정확한 통계를 알 수 없다. 다만, 한국일반여행업협회(KATA)에서 집계한 2006년도 여행사종사원고용현황 파악이라는 자료를 통해서 유추할 수 있을 뿐이다.

〈표 5-4〉여행사종사원 고용현황(2006)

구 분	임 원		사무직		영업직		기 타		소 계		총 계
	남	여	남	여	남	여	남	여	남	여	
본 사	730	75	1,900	2,164	2,657	3,196	34	53	5,321	5,488	10,809
지 사	29	5	92	119	201	317	2	7	324	448	772
계	759	80	1,992	2,283	2,858	3,513	36	60	5,645	5,936	11,581

(주) ① 전세버스 관련 종사원은 통계에서 제외함.
② 일반여행업체 614개사(2005. 10. 31. 현재)의 자료임.

위 자료를 분석하면 우리나라에서 규모가 가장 크다는 일반여행업체에서도 사당(社當) 고용인원은 11명 정도로 나타나고 있음으로써 중소기업에서도 가장 적은 고용형태 구조를 띠고 있음을 알 수 있다.

국내 여행사 중 매출액 1위업체인 하나투어가 자회사 직원 724명을 포함하여 전체 임직원 이 2,207명 정도이다.

〈표 5-5〉관광통역안내사 고용현황

구분	관광통역안내사																		합계	국내여행안내사		국외여행인솔자		총계
	영 어		일 어		중 어		독 어		불 어		서 어		러 어		기 타		소 계			남	여	남	여	
	남	여	남	여	남	여	남	여	남	여	남	여	남	여	남	여	남	여						
상근	28	26	42	448	94	77	-	-	-	-	-	1	-	-	-	-	164	552	716	7	16	386	428	1553
비상근	17	50	22	351	104	81	-	3	3	2	2	-	5	5	2	-	155	492	647	1	18	51	177	894
계	45	76	64	799	198	158	-	3	3	2	2	1	5	5	2	-	319	1044	1363	8	34	437	605	2447

안내직 종사원의 경우 어종별로는 일본어를 필두로 중국어, 영어 순으로 나타났으며, 성별로는 여성이 우위를 점하고 있는 것으로 나타나고 있다. 이는 안내직이 생길 당시부터 변함없는 현상으로써 안내시 여성의 섬세함과 부드러움 등이 많이 작용하는 것으로 보인다.

〈표 5-6〉 관광통역안내사 등록현황

언어 /연도	관광통역안내사							
	영어	일어	중어	불어	독어	서어	노어	소계
62-86	420	960	101	9	6	4		1,500
1987	69	109	9	1	3	4		195
1988	142	109	19	8	4	6		288
1989	411	189	56	33	11	6		706
1990	123	618	51	14	5	1		812
1991	420	469	110	13	2	4	1	1,019
1992	158	246	51	10	6	5	1	477
1993	124	632	86	6	9	9	4	870
1994	109	182	38	2	6	4	2	343
1995	132	434	62	5	2	2	6	643
1996	156	195	72	2	4		3	432
1997	218	271	47	7	4	3	3	553
1998	309	242	129	1	2	1	11	695
1999	175	661	372	14	9	9	15	1,255
2000	445	480	260	11	4	7	4	1,211
2001	270	628	463	6	7	5	11	1,390
2002	85	586	391	4	10	10	14	1,100
2003	329	432	130	6	5	-	3	905
2004	107	274	62	2	-	1	5	451
2005	127	263	49	2	-	2	3	446
2006	107	198	61	-	-	-	1	367
2007	113	136	51	2	1	1	2	306
합계	4,549	8,314	2,670	158	100	84	89	15,964

자료 : 한국관광공사, 관광종사원 국가자격증 등록현황, 2007. 12. 31. 현재.

또한, 〈표 5-6〉 관광통역안내사 등록현황에서도 일본어 관광통역안내사가 과반수 이상을 차지하고 있다. 이는 인바운드의 주력 여행시장이 일본으로부터 출발했기 때문이며, 전체적으로 고른 분포를 보이지 않고, 일본어, 영어, 중국어에 집중되어 있다. 상대적으로 영어, 중국어의 경우 꾸준한 증가세나 보합세를 보이고 있는 반면 일본어는 확연히 낮아지고 있음이 확인된다.

5.4.3. 자본금과 회사규모와의 관계

여행사의 규모를 판단할 때 여기서는 자본금에서의 회사 규모를 보고 있지 않다. 왜 그러한 것일까? 일반적으로 여행업은 자본금을 너무 크게 키우는 산업이 아니기 때문이다. 우리나라 최대의 여행기업인 하나투어의 자본금이라고 해도 고작 58억원 정도에 지나지 않는다.

이는 현대차 1조 4,849억원, 삼성전자 8,975억원, 포스코(POSCO) 4,823억원, 현대중공업 3,800억원 등 제조업체와는 비교가 되지 않을 뿐더러 호텔기업인 호텔롯데 서울(5,080억원)이나 중견 유통기업인 하이마트(136억원)에 비교해도 초라한 실정이다.

그러나 여행사를 말할 때 자본금의 비교는 그다지 큰 의미가 없다. 왜 그런가 하면 여행사는 설비를 거의 가지고 있지 않기 때문이다. 자기회사 빌딩을 가지고 영업을 하고 있는 회사는 거의 몇 개 정도에 지나지 않는다.

대다수는 임대빌딩, 그것도 한쪽 구석. 물론 공장도 없거니와 산업라인도 없다. 연구개발을 한다고 해도 타 산업과는 달리 비교가 되지 않을 정도로 극히 일부만으로 가능하다. 최근에야 컴퓨터가 필요해졌으나 그것도 개인용 컴퓨터에 의존하고 있고, 대용량 네트워크를 가지고 있는 여행사는 극히 일부에 지나지 않는다.

또한 항공예약을 위한 별도의 회사(GDS)로부터 임대해서 쓰고 있기 때문에 개발을 위한 투자는 애당초부터 없었다고 해도 과언이 아니다. 또한 구매(사업)에 드는 비용도 실제로 물자를 구입하는 것도 아니어서 사전 자금도 거의 들지 않는다.

그러므로 여행사에서 가장 많이 소요되는 경비는 인건비이다. 회사에 따라서는 60%를 넘는 곳도 많다. 따라서 자본금을 보고 회사규모를 참고로 하는 것은 그다지 큰 의미가 없다.

역시 직업을 구하는 입장에서 보면 회사의 규모를 알 수 있는 것은 사원수가 가장 보편적인 것이다.

다음으로는 여행업 등록 종류를 파악해보자. 일반여행업이라는 것은 대형여행사인가? 그것은 아무 관계가 없다. 일반여행업종으로 등록을 하고 있는 회사에서도 종업원 수가 10명 미만인 곳도 많이 있다. 다음 장에서 자세히 다루겠지만, 외국인을 국내에 유치하는 일에 종사하고자 한다면 어디까지나 일반여행업에 취업을 해야 한다. 일정 규모가 아니면 회사에 기획이라는 부서도 존재할 수가 없는 것이다. 취업을 위한 회사 선택시에는 이러한 것들이 훨씬 중요하다.

그리고 각 회사에서 하고 있는 업무에는 어떤 것들이 있는지를 사전에 알아두지 않으면 안 될 것이다.

5.4.4. 매출액으로 본 회사규모

2007년도 기준으로 한국일반여행업협회(KATA) 사무처와 코참비즈가 분석한 국내 톱 30 여행사는 다음 〈표 5-7〉, 〈표 5-8〉, 〈표 5-9〉, 〈표 5-10〉과 같다.

• 에치아이에스코리아, 한진관광, 체스투어즈, 세일관광, 롯데관광, 세방여행, 동서여행사, 한남여행인터내셔날, 전국관광, 케이티비투어, 한나라관광, 코네스트코리아, 새한여행사, 대한여행사, 동보여행사, 한비여행사, 에느티에스인터내셔날, 씨앤피여행사, 에버렉스, 아주인센티브, 한구관광여행사, 인화관광, 천풍여행사, 알렉스여행사, 세린여행사, 숭인여행사, 세중쓰어데스크코리아, 하나투어인터내셔날, 화방관광, 도우관광 (*인바운드 상위 30개 업체, 이상 무순, 인원기준)

• 하나투어, 모두투어, 롯데관광개발, 자유투어, 온라인투어, 넥스투어, 여행박사, 세중나모여행, 노랑풍선, 인터파크, 오케이투어, 참좋은여행사, 투어이천, 여행사닷컴, 현대드림투어, 보물섬투어, 온누리여행사, 레드캡투어, 포커스투어, 에버렉스, 여행매니아, 한진관광, 비티앤아이, 김앤류투어, 맥여행사, 오케이캐쉬백서비스, 대한관광여행사, 엔에이치여행, 내일여행, 세일여행사(*아웃바운드 상위 30개 업체, 이상 무순, 인원기준)

국내 및 국외여행사들의 통계는 각각 지방자치단체에 속해 있어서 정확한 통계가 나와 있지 않다.

참고로 패키지투어의 생산업체 중심으로 설립자본금, 매출액, 상시종업원수를 주로 하여 통계표를 제시하면 다음과 같다.

자료를 토대로 분석해 보면 설립자본금을 위주로 한 상위 10개 여행사는 오케이투어(96억원)을 필두로 세중나모여행, 한진관광, NH개발, 하나투어, 자유투어, 롯데관광, 모두투어, 세일관광, 고려여행사 순으로 나타나고 있으며, 매출액을 기준으로 보면 하나투어(1,993억원)를 필두로 NH개발, 모두투어, 세중나모여행, 롯데관광, 한진관광, 자유투어, 현대드림투어, 보물섬, 오케이투어 순이며, 상시종업원 수가 많은 업체로는 하나투어(1,304명)를 필두로 모두투어, 세중나모, 롯데관광, 오케이투어, 자유투어, 온라인여행사, 한진관광, 현대드림투어, NH개발 순으로 나타나고 있다.

〈표 5-7〉 2007년 업체별 외국인 관광객 유치 실적(2006~2007)

순위 인원	순위 금액	업체명 Travel Agents	인원(名) 2007년	인원(名) 2006년	인원(名) 전년대비	금액($) 2007년	금액($) 2006년	금액($) 전년대비
1	4	에치아이에스코리아	148,290	142,299	4.2	21,408,617	24,286,943	-11.9
2	1	한진관광	138,691	100,676	37.8	30,576,916	23,200,733	31.8
3	2	체스투어즈	108,902	112,616	-3.3	27,206,350	29,852,980	-8.9
4	7	세일관광	106,859	106,788	0.1	15,023,139	18,934,796	-20.7
5	3	롯데관광	94,072	92,673	1.5	25,058,680	26,408,717	-5.1
6	5	세방여행	83,800	86,563	-3.2	20,216,655	20,703,180	-2.4
7	15	동서여행사	80,459	83,478	-3.6	7,980,214	12,225,112	-34.7
8	8	한남여행인터내셔날	73,006	41,503	75.9	14,378,501	10,448,791	37.6
9	6	전국관광	68,424	67,174	1.9	17,663,578	18,757,486	-5.8
10	10	케이티비투어	52,046	0		13,842,614	0	
11	9	한나라관광	49,391	48,659	1.5	13,955,256	13,721,000	1.7
12	30	코네스트코리아	48,835	28,212	73.1	3,038,080	1,707,199	78.0
13	14	세한여행사	47,641	43,807	8.8	10,088,238	8,635,995	16.8
14	13	대한여행사	47,496	123,470	-61.5	10,659,278	32,983,440	-67.7
15	11	동보여행사	47,367	51,417	-7.9	11,004,438	12,337,449	-10.8
16	12	한비여행사	35,737	36,969	-3.3	10,769,375	11,106,863	-3.0
17	16	에느티에스인터내셔날	34,307	39,594	-13.4	6,625,872	8,812,729	-24.8
18	18	씨앤피여행사	24,581	22,536	9.1	6,227,159	5,982,251	4.1
19	17	에버렉스	23,984	19,434	23.4	6,479,301	5,352,515	21.1
20	36	아주인센티브	23,923	5,591	327.9	2,712,853	681,517	298.1
21	20	한국관광여행사	23,320	31,749	-26.5	4,630,678	7,324,337	-36.8
22	24	인화관광	22,364	18,888	18.4	3,918,021	3,708,934	5.6
23	21	천풍여행사	22,189	14,695	51.0	4,442,579	3,067,109	44.8
24	25	알렉스여행사	21,874	19,849	10.2	3,736,033	3,318,475	12.6
25	19	세린여행사	21,298	33,058	-35.6	5,770,281	8,737,718	-34.0
26	23	숭인여행사	20,086	22,982	-12.6	4,060,154	3,726,704	8.9
27	34	세종쓰어데스크코리아	17,034	35,962	-52.6	2,742,638	5,526,702	-50.4
28	22	하나투어인터내셔날	16,388	22,788	-28.1	4,291,350	5,042,961	-14.9
29	37	화방관광	16,196	12,336	31.3	2,539,900	938,900	170.5
30	51	도우관광	15,290	28,454	-46.3	1,762,812	3,329,986	-47.1
		순위소계	1,481,804	1,494,220	-0.8	298,966,946	330,861,522	-9.6
		전체합계	2,077,759	2,062,882	0.7	434,525,653	450,722,540	-3.6

자료 : 한국일반여행업협회, 2007년 업체별 외국인 관광객 유치 실적, 2008년 2월 22일.

〈표 5-8〉 2007년 업체별 내국인 관광객 송출 실적(2006~2007)

순위 인원	순위 금액	업체명 Travel Agents	인원(名) 2007년	인원(名) 2006년	인원(名) 전년대비	금액(천원) 2007년	금액(천원) 2006년	금액(천원) 전년대비
1	1	하나투어	1,277,078	894,078	42.8	1,068,328,874	794,801,778	34.4
2	2	모두투어네트워크	626,397	410,108	52.7	529,902,855	350,147,666	51.3
3	3	롯데관광개발	322,854	279,133	15.7	308,399,119	260,214,891	18.5
4	4	자유투어	261,192	222,604	17.3	185,710,327	150,986,597	23.0
5	8	온라인투어	193,856	134,399	44.2	105,942,125	79,825,705	32.7
6	10	여행박사	170,474	91,613	86.1	93,628,534	52,704,340	77.6
7	7	넥스투어	160,873	136,035	18.3	108,304,014	98,678,594	9.8
8	5	세중나모여행	151,868	65,163	133.1	125,860,343	56,995,728	120.8
9	9	노랑풍선	135,525	64,082	111.5	99,184,582	48,890,678	102.9
10	6	인터파크투어	126,035	93,132	35.3	108,818,915	76,553,054	42.1
11	13	오케이투어	119,473	109,509	9.1	80,413,825	74,408,459	8.1
12	12	참좋은여행	119,228	106,852	11.6	82,930,759	69,907,675	18.6
13	17	투어이천	100,070	108,708	-7.9	67,536,768	64,821,750	4.2
14	16	여행사닷컴	99,196	0		72,039,651	0	
15	11	현대드림투어	96,713	85,970	12.5	89,245,619	77,547,364	15.1
16	26	보물섬투어	81,751	81,791	-0.0	36,981,088	35,409,526	4.4
17	18	온누리여행사	72,153	66,341	8.8	59,356,831	56,317,542	5.4
18	14	레드캡투어	68,602	66,760	2.8	79,207,518	62,337,244	27.1
19	23	포커스투어	67,620	72,324	-6.5	42,971,023	49,487,433	-13.2
20	20	에버렉스	65,728	43,590	50.8	52,726,149	29,834,422	76.7
21	22	여행매니아	61,886	57,151	8.3	48,047,183	47,003,661	2.2
22	15	한진관광	61,542	45,992	33.8	75,004,289	64,840,397	15.7
23	28	비티앤아이	51,837	39,626	30.8	35,308,028	31,184,711	13.2
24	19	김앤류투어	51,219	50,287	1.9	54,081,444	42,477,623	27.3
25	24	맥여행사	48,096	41,475	16.0	38,481,549	34,597,814	11.2
26	21	오케이캐쉬백서비스	44,684	59,142	-24.4	49,938,237	57,568,223	-13.3
27	27	대한관광여행사	34,670	0		35,606,285	0	
28	29	엔에이치여행	29,457	19,898	48.0	31,375,136	22,725,713	38.1
29	25	내일여행	28,754	16,677	72.4	37,050,831	23,257,551	59.3
30	32	세일여행사	19,934	21,414	-6.9	9,204,646	9,354,425	-1.6
		순위소계	4,614,899	3,483,854	32.5	3,703,940,611	2,822,880,564	31.2
		전체합계	4,859,999	3,730,554	30.3	3,928,842,670	3,063,149,932	28.3

자료 : 한국일반여행업협회, 2007년 업체별 내국인 관광객 송출 실적, 2008년 2월 22일.
　　　※순위 소계에서 여행사닷컴, 대한관광여행사의 실적은 제외됨.

〈표 5-9〉 2007년 업체별 항공권 판매 실적(2006~2007)

순위 인원	금액	업체명 Travel Agents	인원(名) 2007	2006	전년대비	금액(천원) 2007	2006	전년대비
1	1	하나투어	1,684,870	1,307,989	28.8	956,308,565	766,935,694	24.7
2	2	모두투어네트워크	893,412	650,580	37.3	498,532,258	476,288,436	4.7
3	4	온라인투어	460,094	239,373	92.2	272,689,766	134,127,122	103.3
4	5	롯데관광개발	373,665	314,745	18.7	219,402,408	205,249,553	6.9
5	3	세중나모여행	338,386	233,765	44.8	324,443,112	271,282,303	19.6
6	7	자유투어	287,906	249,810	15.2	162,928,770	151,509,543	7.5
7	8	오케이투어	210,040	193,078	8.8	125,821,089	134,384,227	-6.4
8	15	비아이이항공	199,154	173,992	14.5	72,532,999	64,801,385	11.9
9	18	여행박사	188,042	105,659	78.0	64,615,647	36,046,504	79.3
10	10	투어이천	184,617	198,294	-6.9	117,890,846	125,346,203	-5.9
11	6	레드캡투어	181,396	153,871	17.9	187,613,442	149,382,260	25.6
12	14	넥스투어	142,349	120,678	18.0	81,610,256	81,589,013	0.0
13	12	비티앤아이	134,004	90,721	47.7	92,477,980	63,434,502	45.8
14	11	인터파크투어	132,689	67,068	97.8	93,535,063	49,156,696	90.3
15	9	현대드림투어	128,928	122,247	5.5	124,555,476	121,004,455	2.9
16	13	참좋은여행	128,143	96,115	33.3	85,015,201	35,991,564	136.2
17	17	노랑풍선	127,991	53,570	138.9	67,306,187	32,828,226	105.0
18	16	여행사닷컴	107,584	0		69,175,540	0	
19	19	에버렉스	100,681	26,431	280.9	62,954,451	15,387,117	309.1
20	21	오케이캐쉬백서비스	92,645	66,209	39.9	58,450,994	38,785,692	50.7
21	24	온누리여행사	87,714	80,300	9.2	48,529,083	31,644,638	53.4
22	22	한진관광	80,752	61,602	31.1	54,663,760	49,058,118	11.4
23	20	맥여행사	74,931	67,994	10.2	58,814,602	53,773,823	9.4
24	23	대한관광여행사	66,731	0		53,178,294	0	
25	26	여행매니아	61,886	52,351	18.2	40,823,164	39,434,202	3.5
26	27	행복한여행	53,383	45,716	16.8	26,529,922	21,943,317	20.9
27	25	김앤류투어	47,596	41,515	14.6	41,251,076	31,035,583	32.9
28	29	보물섬투어	45,038	37,266	20.9	24,444,199	27,036,280	-9.6
29	31	세일여행사	40,965	38,539	6.3	22,530,642	19,874,354	13.4
30	32	포커스투어	40,610	36,489	11.3	20,244,041	20,681,958	-2.1
		순위소계	6,521,887	4,925,967	32.4	4,006,514,999	3,248,012,768	23.4
		전체합계	7,065,839	5,449,820	29.7	4,409,677,081	3,626,257,586	21.6

자료 : 한국일반여행업협회, 2007년 업체별 항공권 판매 실적, 2008년 2월 22일.

〈표 5-10〉 여행사별 주요통계현황

여행사명	설립자본금(백만원)	매출액(백만원)	상시종업원수(명)
오케이투어	9,600	11,959	300
롯데관광개발	5,000	46,594	447
하나투어	5,808	166,300	1,304
한진관광	8,470	23,662	208
대한여행사	1,500	8,558	82
교원여행사	1,500	8,667	64
모두투어네트워크	4,200	66,384	607
현대드림투어	1,000	14,469	184
김앤드류투어	700	600	47
여행매니아	350	2,724	38
제주홍익여행사	350	333	9
에버빌	500	–	9
한국청년여행사	350	745	23
세일관광여행사	3,111	6,843	118
하늘땅여행사	1,800	–	43
웹투어	625		20
HIS인터내셔날	700	–	9
천지항공	500	520	10
롯데제이티비	500	–	50
NH개발	7,300	145,150	160
세방여행사	1,368	6,771	116
고려여행사	2,550	2,584	60
레드캡투어	2,289	3,383	41
세중나모여행	8,472	60,844	538
자유투어	5,701	14,848	233
파라다이스	400	723	21
한남여행인터내셔날	1,900	3,597	100
참좋은여행	1,350	7,646	137
동서여행사	370	4,749	90
보물섬	650	13,389	126

넥스투어	1980	7,206	124
한나라관광	350	3,100	25
클럽메드바캉스	990	5,549	30
클럽리치항공	700	9,569	109
노랑풍선	500	7,072	118
맥여행사	1,000	7,337	104
온라인여행사	1,100	5,374	105
여행박사	1,950	10,414	219
전국관광	350	3,477	98
동보여행사	500	3,100	90
세한여행사	350	1,018	15
호도투어	1,000	12,253	57
성도여행사	1,420	800	21
서울항공	450	–	30
위즈여행	350	13,000	22

http://www.korchambiz.net/ 2006년도 통계자료를 토대로 재구성.

5.5 여행사의 경영분석 현황

한국일반여행업협회(KATA) 사무처는 인·아웃바운드 각각 상위 30개 업체의 2006년도 경영실적을 분석하여 다음과 같이 발표했다. 인·아웃바운드 상위 30위 업체들의 2006년도 결산재무제표를 근거로 하여 분석한 5가지 비율분석에 대해서 살펴보면 다음과 같다.

① 성장성

매출액이나 총자산과 같은 재무제표 항목의 연도별 변동률을 이용하여 회사의 외형 및 수익면에서 상대적 지위가 얼마나 향상되고 있는가를 측정하는 것이다. 또한 성장성을 나타내는 비율을 해석할 때에는 물가변동의 효과를 감안하여 해석해야 한다. 인바운드 업체의 매출액증가율은 전년도 대비 11.2% 증가하였고, 아웃바운드는 26.7% 증가하였다. 총자산 증가율 또한 인바운드 업체는 5.9% 증가하였으나, 아웃바운드는 46.8% 증가하였다.

② 안정성

부채성 비율이라고도 하며, 기업의 타인자본 의존도와 타인자본이 기업에 미치는 영향을 측정하는 비율이며, 특히 장기부채의 상환능력을 측정하는 것이라 할 수 있다. 또한 자본규모에 비해 부채비율이 지나치게 높은 기업은 신규차입이 어려울 것이므로 기업의 추가자금 조달능력을 평가할 수 있다. 부채비율은 일반적으로 100% 이하를 표준비율로 보고 있으나, IMF 체제에서 정부는 200%를 가이드라인으로 정한 바 있다. 또한 자기자본비율이 높을수록 기업의 안정성이 높다고 할 수 있으며, 일반적으로 이 비율의 표준비율은 50% 이상으로 보고 있다. 인바운드 업체의 부채비율은 621.1%로 재무구조 개선이 필요하며, 아웃바운드 업체는 262.5%로 표준비율보다는 좀 높은 편이다. 자기자본비율 또한 인바운드 업체는 31%를 나타내고 있으며, 아웃바운드는 49.4%로 표준비율에 근접하고 있다.

③ 유동성

단기채무상환능력 및 지급능력을 측정하는 비율로서, 이 비율이 높을수록 기업의 단기지급능력은 양호하다고 할 수 있으며, 일반적으로 200% 이상이면 건전한 상태라고 본다. 인바운드 업체의 유동비율은 145.4%로 좀 낮은 편이며, 아웃바운드 업체는 168.5%로 표준비율에 근접되고 있다.

④ 활동성

기업이 소유하고 있는 자산들을 얼마나 효과적으로 이용하고 있는가를 측정하는 비율이다. 총자산이 1년 동안 몇 번 회전하였는가를 나타내는 것으로 기업에 투자한 총자산의 운용효율을 총괄적으로 표시하는 지표이다. 인바운드 업체의 총자산회전율은 0.8이며, 아웃바운드 업체는 1.1로 나타나고 있다.

⑤ 수익성

경영의 총괄적인 효율성의 결과를 매출에 대한 수익이나 투자에 대한 수익으로 나타내는 비율들. 흔히 ROI(투자수익률)로 불리는 총자본 순이익률이 포함되는데, 이는 순이익과 총자산의 관계를 말한다. 총자산 순이익률은 6% 이상이면 양호한 것으로 보며, 매출액순이익률 또한 5% 이상이면 양호, 2% 이하면 불량으로 본다. 인바운드 업체의 총자산이익률은 3.7%이며, 아웃바운드 업체는 5.7%로 나타나고 있다. 매출액순이익률 또한 인바운드 업체는 4.3%로 나타났으며, 아웃바운드 업체는 6.7%로 양호한 것으로 보인다.

  여행사경영분석에 관한 다른 기준을 살펴보면, 〈표 5-11〉과 같이 회계자료와 비회계자료, 분석항목, 등급으로 분류하고 각각 점수를 부여하여 총점으로 조사·분석할 수도 있다. 이와 같은 자료를 바탕으로 본인이 생각하고 있는 또는 취업하고 싶은 여행사의 분석자료로 활용이 가능할 것이다. 여행사 실적으로 점수를 계산해 보고 자기 나름의 분석을 해보면 좋은 여행사가 보일 것이다.

〈표 5-11〉 여행사 경영분석 등급 배점 기준표

분석항목			A등급	B등급	C등급	D등급	F등급
회계자료분석	수익성 (100)	관광자 1인당 평균 수익					
		직원 1인당 평균 수익					
	안정성 (100)	채권수금일 기준					
		채무지급일 기준					
		자본금에 대한 월운영비 비율					
		자본금에 대한 부채비율					
	성장성 (100)	연간수익금성장률					
	손익분기점 (100)	총지출비용에 대한 영업순이익 비율					
비회계자료분석	업무운영능력 (400)	여행자 만족도					
		수배의 계획실행률					
		TC 불평 발생률					
		희망항공좌석확보율					
	인사관리 (100)	월평균 급여(만원)					
		연간 이직률					
		인건비 관리부서 점유율					
	광고분석 (100)	영업수익대비 광고비 비율					
합 계			1,000	800	600	400	200

자료 : 윤대순·이재섭. 여행사경영분석에 관한 사례연구, 관광경영학연구 제6권 제2호, 관광경영학회, 2002.

5.6 우수상품개발 여행사 현황

여행사 취업 시 고려사항으로 우수여행상품개발 여행사를 고려하는 것도 한 방법이다. 왜냐하면 우수여행상품을 개발하는 업체들은 상품개발력을 갖추고 있으며, 나름대로의 노하우를 가지고 있는 여행사들이기 때문이다.

우수여행상품의 선정은 인바운드 상품의 경우 독창성(16%), 국가이미지 제고(15%), 시장성(18%), 만족도(22%), 가격적절성(13%), 소비자보호(16%)를 기준으로 상품을 선정하고 있고, 아웃바운드 상품은 독창성(14%), 시장성(12%), 만족도(22%), 가격적절성(13%), 소비자보호(16%), 건전성(14%), 교육성(8%), 환경보호(5%)를 중점적으로 다루고 있다. 그리고 국내 상품의 경우 독창성(15%), 가격적절성(15%), 시장성(10%), 건전성(14%), 만족도(19%), 교육성(10%), 환경보호(5%), 소비자보호(5%) 등이다(정찬종. 2006).

문화체육관광부는 2월 11일 내국인 국내여행상품 15개, 외국인 국내여행상품 15개, 내국인 해외여행상품 10개를 『2007/2008년도 우수여행인증상품』으로 확정·발표하였다. 우수여행상품인증제는 정부가 여행상품의 품질을 인증함으로써 국내외 관광객의 여행상품 선택에 편의를 제공하고, 여행상품의 품질향상과 경쟁력을 높이기 위해 2002년부터 실시하고 있는 제도이다. 올해는 총 375개상품의 인증신청을 받아 2차례 심사를 거쳐 확정하였다.

선정방법은 여행업계, 학계, 연구기관, 시민단체 등 여행관련 전문가로 평가위원회를 구성하여 상품의 안전성 및 소비자보호, 독창성, 시장성, 만족도 및 품격 등 4개 항목을 기준으로 1차·2차 평가점수를 합산하는 방식으로 진행하였으며, 특히 평가기준, 평가절차 등을 사전에 공개하여 업체로 하여금 응모준비에 편의를 제공하였고, 심사과정에서 생길 수 있는 공정성 시비도 최소화하였으므로 객관적으로 신뢰성을 확보하고 있다고 할 수 있다.

〈표 5-12〉 2007/2008년 외국인 국내여행 우수상품

순 위	업체명	상품명
1	롯데관광㈜	한국역사탐방
2	롯데관광㈜	서울만끽 4일간
3	㈜삼호투어앤트래블	모국관광 동해안 8박9일
4	㈜세린여행사	올인 한국 호화유
5	㈜세린여행사	서울, 설악/용평 5일
6	㈜세린여행사	워터파크와 스키의 만남
7	㈜세린여행사	서울, 용평/5일
8	아주여행	사쿠라, 사쿠라, 사쿠라, 고도경주&항구의 도시 부산〈3일간〉
9	왕조여행사	강원의 재발견-유럽풍 산장에서 자연과 하나되어
10	㈜우송여행사	"Han Brand" Tour(6박8일)
11	㈜유에스여행	Fantasy Tour of Korea
12	㈜유에스여행	UNESCO WORLD HERITAGE TOUR
13	㈜천천여행사	낭만서울
14	㈜코앤씨	태권&문화공연 체험캠프
15	㈜하나투어	〈국내테마〉〈고품격〉〈내나라여행〉 한국일주 6박7일

자료: http://www.mct.go.kr/searchServlet

〈표 5-13〉 2007/2008 내국인 국내여행 우수상품

순 위	업체명	상품명
1	DMZ관광주식회사	DMZ해마루촌의 생태체험 학교와 자연 탐방
2	㈜산바다여행	한국의 알프스! 대관령 양떼목장 체험과 추억이 한가득! 웰컴투 동막골여행
3	㈜산바다여행	색다른 체험! 안면암 부교체험과 톡톡 튀는 조개구이! 꽃지 해수욕장에서의 즐거운 추억
4	㈜산바다여행	말랑말랑한 치즈만들기와 양 건초체험, 영화 속 주인공 되기
5	㈜산바다여행	의와 예의 고장 아름다운 의성. 안동 하회마을과 나만의 와인만들기 체험~
6	㈜산바다여행	새콤달콤 딸기따기와 민물고기 수족관, 쥬미산 자연휴양림 여행!!
7	㈜제주하나누어	세계자연유산 제주도 웰빙투어-오름산책, 해수온천, 승마, 산해진미
8	㈜천지관광	三多三無(잠수함+마라도 탐방+우도탐방)
9	㈜천지관광	三多三無(제주 이색명소 체험관광)
10	㈜하나강산	[KTX꿈의코스]남도 꿈의 코스 외도~보리암~보성차밭(1박2일)
11	한국드림관광㈜	[맞춤여행]천상의 낙원/울릉도/독도 2박 3일
12	㈜한라산가자투어	제주완전정복 II(한라산, 비양도, 마라도, 유람선투어)
13	㈜한라산가자투어	新제주완전정복(한라산, 비양도, 마라도)
14	㈜한라산가자투어	영주 10경& 별미여행과 세계자연유산체험
15	㈜한라산가자투어	四色四島제주탐방(한라산, 비양도, 마라도, 우도 샹그릴라 요트투어)

〈표 5-14〉 2007/2008 내국인 해외여행 우수상품

■ 일본 (4개 상품)

번호	업체명	상품명
1	롯데관광개발㈜	다녀오신 고객이 추천하는 오감만족〈홋카이도 환상여행 4일〉
2	롯데관광개발㈜	[일본 속의 작은 유럽] 하우스텐보스 가족여행 3일
3	㈜모두투어네트워크	[일본 알프스] 나고야, 알펜루트, 구로베협곡+와쿠라 온천 4일
4	㈜하나투어	[패키지] 오사카/교토/나라 4일-1일 자유

■ 중국 (1개 상품)

번호	업체명	상품명
1	㈜모두투어네트워크	[고품격] 노팁/비자 장가계+천문산 장사직항 5일

■ 동남아시아 (1개 상품)

번호	업체명	상품명
1	가야여행사	〈허니문〉 태국왕족의 휴양지 후아힌 힐튼 리조트&스파 5일

■ 유럽 (3개 상품)

번호	업체명	상품명
1	롯데관광개발(주)	[품격] 동유럽 5개국(부다디너쇼+아우슈비츠/소금광산) 9일
2	㈜하나투어	[패키지] "문명의 하모니" 터키일주 9일
3	㈜하나투어	[패키지][마침표][노팁] "융프라우와 베니스 대운하" 서유럽 5개국 10일

■ 아시아 (1개 상품)

번호	업체명	상품명
1	혜초여행개발㈜	환상의 길 네팔/티베트/청장열차 10일

〈표 5-15〉 내국인 선호 우수상품 현황

수 상	업체명	상품명	지 역	연락처
대상	롯데관광개발	꿈꾸는 강, 흐르는 삶(강원 정선/영월의 가족 체험여행)	강원	02-733-0201
우수상	투어2000	시골에서의 하룻밤, 강원도 산촌여행 2일	강원	02-2021-2299
우수상	한솔항공	경기도 문화유산과 양주별산대 체험	경기	02-2279-5959
우수상	여행자클럽	서울관광(1박2일)	서울	02-2277-5155
입선	도서여행사	테마가 있는 여행. 백령도 1박 2일 패키지	인천	032-888-3377
입선	세일여행사	온천과 청풍 문화체험	충북	02-733-0011
입선	여행자클럽	옛길트레킹(웰빙 도보 여행)	강원·경기·충북	02-2277-5155
입선	세종나모여행	그라스빌 유리공예 체험과 시간이 멈추어버린 추억의 교실 교육박물관	경기	02-2126-7721

〈표 5-16〉 외국인 선호 우수상품 현황

수 상	업체명	상품명	지 역	연락처
대상	창스여행사	수도권 6대 도시탐방 (인천/이천/청원/단양/양주/서울)	서울·경기· 인천·충북	02-3143-1688
우수상	자유여행사	아름다운 한국 체험 기행 5일	서울·강원· 경기·인천· 충북	02-3455-0003
우수상	포커스투어즈 코리아	(신)대만족 한국여행 4일간 한국 4대유산과 온천여행	서울·경기	02-397-3347
우수상	한국관광여행사	한류를 느낄 수 있는 2박 3일 여행		02-737-5661
입선	DMZ관광	DMZ 평화, 환경체험 TOUR	강원·경기	02-706-4851
입선	세일여행사	휴전선 및 생태계 체험 관광	인천	02-733-0011
입선	한진관광	천국의 계단 촬영지 답사여행	서울	02-726-5501

5.7 분야별 상위(Top) 30개사 현황(2005~2007년)

국내의 여행사 중 최근 3개 연도(2005~2007) 기준으로 볼 때 인바운드분야, 아웃바운드분야, 항공권판매분야별 상위 30개사 현황은 다음 〈표 5-16〉~〈표 5-24〉와 같다.

인바운드(Inbound)는 대한, 포커스, 롯데, 동서, HIS가 리드하고 있는 추세이다. 이 가운데 포커스와 HIS 및 호도(최근 세계투어로 개명), 세린, 시엔피, 엔티에스, 숭인, 로타리, 금룡, 왕조, 작인, 대흥여행사 등은 기존 인바운드 시장의 실력자들을 물리치고 새롭게 부상하고 있는 여행사라고 할 수 있다. 특히 호도투어와 도우관광은 괄목할 만한 성장세를 나타내고 있어 장차 인바운드 여행시장의 다크호스로 부각할 소지가 충분하다.

아웃바운드(Outbound)의 경우도 하나투어를 비롯하여 모두, 롯데, 자유투어, 투어이천 등이 전체를 리드해 나가고 있는 추세인 가운데 넥스, 참좋은, 온누리 등 후발주자들의 추격전도 만만치 않다. 특히 트래블러, 포커스, 온누리, 세중여행사 등의 괄목할 만한 성장세에 눈여겨 볼 만하다.

항공권 판매분야는 하나투어는 예외로 하더라도 역시 대기업을 끼고 있는 롯데, 현대, 범한, 한진 등이 강세를 보이고 있는 가운데 트래블러를 비롯하여 BIE, 투어이천, 넥스여행사 등이 괄목할 만한 성장세를 보이고 있다.

〈표 5-17〉 인바운드 Top 30 여행사 (2004~2005)

관광 외화 획득 순위	업체명	외화 획득액($)			유치인원(명)			유치 인원 순위
		2005년	2004년	비고(%)	2005년	2004년	비고(%)	
		2005년 1월~12월 업체별 외국인 유치 실적						
1	대한여행사	32,280,846	28,544,521	13.1	127,153	124,199	2.4	2
2	포커스투어즈코리아	30,179,166	24,406,637	23.7	118,734	108,957	9.0	3
3	롯데관광	25,037,077	24,377,056	2.7	101,155	97,902	3.3	4
4	동서여행사	22,000,207	11,744,846	87.3	81,766	75,644	8.1	7
5	HIS코리아	21,841,401	20,206,121	8.1	142,039	141,076	0.7	1
6	세방여행	20,583,165	20,311,164	1.3	84,054	91,762	−8.4	6
7	한진관광	19,754,265	18,382,631	7.5	89,195	85,248	4.6	5
8	전국관광	16,360,804	15,389,516	6.3	59,307	62,166	−4.6	9
9	동보여행사	13,606,263	11,227,760	21.2	54,210	48,679	11.4	10
10	한남여행인터내셔널	13,354,315	11,589,881	15.2	48,814	49,407	−1.2	12
11	한나라관광	12,811,000	11,211,149	14.3	54,079	47,944	12.8	11
12	세일여행사	12,087,692	16,085,871	−24.9	59,949	88,011	−31.9	8
13	호도투어	10,069,085	1,325,100	659.9	32,315	6,592	390.2	18
14	한비여행사	9,854,618	7,611,079	29.5	35,967	28,174	27.7	16
15	세린여행사	8,305,976	6,202,470	33.9	34,815	33,604	3.6	17
16	세일관광	8,051,374	0	−	31,674	0	−	19
17	세한여행사	7,792,699	5,190,900	50.1	38,632	26,481	45.9	13
18	한국관광여행사	7,787,736	6,103,350	27.6	28,410	28,929	−1.8	22
19	씨엔피여행사	7,298,319	7,089,264	2.9	29,218	30,137	−3.0	21
20	엔티에스코리아	7,105,602	7,138,094	−0.5	37,455	44,431	−15.7	14
21	숭인여행사	6,876,503	4,645,294	48.0	37,175	28,670	29.7	15
22	로타리항공여행사	6,382,394	6,953,102	−8.2	25,898	27,649	−6.3	24
23	금룡여행사	5,445,542	3,258,264	67.1	27,276	18,970	43.8	23
24	고려여행사	5,214,212	5,697,211	−8.5	20,794	22,226	−6.4	27
25	왕조여행사	4,727,991	0	−	22,435	0	−	26
26	세중여행	4,283,344	7,582,414	−43.5	25,807	43,238	−40.3	25
27	작인여행사	3,975,954	3,738,167	6.4	17,575	18,438	−4.7	30
28	대홍여행사	3,881,363	2,859,264	35.7	19,972	16,884	18.3	28
29	계명세계여행	5,539,061	5,539,061	−30.0	18,811	27,439	−31.4	29
30	도우관광	1,196,970	1,196,970	205.6	29,995	11,922	151.6	20
	순위소계	354,485,898	295,607,157	19.9	1,534,679	1,434,743	7.0	
	전체합계	486,575,882	418,194,809	12.0	2,024,359	2,222,644	−8.9	

〈표 5-18〉 아웃바운드 Top 30 여행사(2004~2005)

송출 인원 순위	업체명	송출인원(명)			관광비(천원)			관광비 순위
		2005년	2004년	비고(%)	2005년	2004년	비고(%)	
1	하나투어	572,900	403,413	42.0	506,104,811	357,189,554	41.7	1
2	모두투어네트워크	257,163	191,966	34.0	228,592,787	174,873,485	30.7	2
3	롯데관광개발	223,671	179,707	24.5	168,698,928	140,623,507	20.0	3
4	디자유투어개발	182,427	159,281	14.5	126,205,197	107,064,174	17.9	4
5	투어2000	96,908	80,522	20.3	54,455,696	43,817,062	24.3	10
6	넥스투어	87,058	60,079	44.9	62,703,308	42,997,680	45.8	7
7	참좋은여행	86,267	73,682	17.1	55,541,101	48,342,080	14.9	9
8	투어몰여행	79,669	69,452	14.7	60,704,796	52,564,327	15.5	8
9	현대백화점H&S	76,292	57,874	31.8	65,063,222	52,483,812	24.0	6
10	온라인투어	75,012	40,622	84.7	47,215,837	27,327,175	72.8	13
11	포커스투어	58,537	27,739	111.0	40,938,677	19,652,920	108.3	15
12	범한여행	56,848	48,182	18.0	49,271,403	42,593,366	15.7	11
13	세중여행	51,312	24,564	108.9	47,525,331	30,092,240	57.9	12
14	한진관광	49,981	46,622	7.2	69,603,660	61,876,177	12.5	5
15	여행매니아	45,496	51,004	−10.8	36,674,212	34,978,289	4.8	17
16	SK투어비스	45,132	33,553	34.5	42,921,265	27,159,938	58.0	14
17	김앤류투어	43,734	32,657	33.9	38,032,630	28,313,294	34.3	16
18	온누리레저개발	39,064	12,267	218.4	28,387,469	10,822,662	162.3	19
19	인터파크여행	38,302	33,966	12.8	26,189,837	24,175,158	8.3	20
20	굿모닝트래블	25,840	34,710	−25.6	31,221,506	36,932,328	−15.5	18
21	투어익스프레스	25,558	16,724	52.8	20,896,330	13,607,548	53.6	22
22	보물섬투어	21,472	15,471	38.8	15,373,706	11,250,441	36.6	25
23	여행박사	21,273	0	−	12,319,645	0	−	27
24	고려여행사	20,484	14,154	44.7	20,380,072	16,420,705	24.1	23
25	대한여행사	20,174	18,730	7.7	24,487,352	22,711,087	7.8	21
26	농협교류센터	19,680	0	−	6,350,820	0	−	30
27	트래블러여행	19,600	2,130	820.2	11,645,893	1,320,570	781.9	29
28	호도투어	18,970	13,194	35.8	15,583,340	12,683,519	22.9	24
29	성도여행사	18,795	16,830	11.7	12,216,729	10,450,101	16.9	28
30	세방여행사	15,612	16,967	−8.0	12,962,164	12,756,975	1.6	26
	순위소계	2,479,892	1,823,587	36	2,000,929,724	1,498,079,922	34	
	전체합계	2,581,716	1,933,745	34	2,105,283,086	1,626,893,355	29.4	

〈표 5-19〉 항공권 판매액 Top 30 여행사(2004~2005)

판매금액획득순위	업체명	판매금액(천원)			판매인원(명)			판매인원순위
		2005년	2004년	비고(%)	2005년	2004년	비고(%)	
1	하나투어	470,068,984	359,206,931	30.9	792,693	639,589	23.9	1
2	세중여행	229,896,589	211,865,809	8.5	205,077	176,724	16.0	5
3	모두투어네트워크	223,278,716	1190,084,071	17.5	402,598	334,159	20.5	2
4	롯데관광개발	145,574,380	101,520,041	43.4	220,485	189,494	16.4	3
5	디자유투어개발	141,302,177	139,545,561	1.3	210,885	189,666	11.2	4
6	범한여행	136,306,733	126,617,000	7.7	141,074	135,042	4.5	8
7	투어2000	122,292,508	73,743,195	65.8	197,010	144,313	36.5	6
8	현대백화점H&S	98,206,054	96,952,737	1.3	98,518	101,407	-2.8	9
9	BIE항공	65,311,787	36,011,855	81.4	175,114	96,314	81.8	7
10	넥스투어	50,144,487	30,949,602	62.0	69,880	45,973	52.0	11
11	투어익스프레스	46,595,401	35,498,741	31.3	64,645	50,197	28.8	13
12	한진관광	43,501,620	36,291,684	19.9	58,898	55,530	6.1	14
13	투어몰여행	41,988,645	36,777,542	14.2	77,267	70,564	9.5	10
14	온라인투어	41,839,457	27,297,601	53.3	65,252	49,486	31.9	12
15	대한여행사	32,900,937	25,777,021	27.6	36,909	31,014	19.0	19
16	여행매니아	31,134,388	25,861,289	20.4	36,499	50,604	-27.9	21
17	참좋은여행	27,171,522	26,530,981	2.4	51,327	54,152	-5.2	15
18	SK투어비스	25,889,633	24,069,814	7.6	41,975	36,625	14.6	16
19	김앤류투어	25,403,324	16,461,715	54.3	38,524	30,236	27.4	17
20	동서여행사	24,843,138	22,787,871	9.0	36,633	33,213	10.3	20
21	고려여행사	22,349,493	14,723,289	51.8	25,723	21,864	17.7	23
22	세일여행사	20,960,876	16,859,118	24.3	38,256	30,301	26.3	18
23	세방여행	18,613,389	19,214,816	-3.1	24,891	27,953	-11.0	24
24	굿모닝트래블	18,471,551	20,888,087	-11.6	22,419	30,351	-26.1	26
25	포커스투어	17,533,239	8,980,363	95.2	30,546	17,557	74.0	22
26	인터파크여행	12,526,873	10,939,041	14.5	21,108	22,621	-6.7	29
27	트래블러여행	11,319,985	2,060,034	449.5	21,126	3,697	471.4	28
28	여행박사	9,963,181	0	-	24,549	0	-	25
29	보물섬투어	9,730,194	7,758,586	25.4	21,472	15,470	38.8	27
30	성도여행사	7,877,429	6,150,836	28.1	18,792	16,757	12.2	30
순 위 소 계		2,297,754,998	1,836,500,928	25.1	3,449,525	2,828,888	21.9	
전 체 합 계		2,495,506,417	2,035,387,872	22.6	3,703,522	3,703,522	19.4	

〈표 5-20〉 인바운드 Top 30 여행사 (2005~2006)

순 위		업체명	인원(명)			금액($)		
인원	금액	Travel Agents	2006년	2005년	전년대비	2006년	2005년	전년대비
1	3	에치아이에스코리아	142,299	142,039	0.2	26,289,623	21,841,401	20.4
2	1	대한여행사	123,470	127,153	-2.9	32,983,440	32,280,846	2.2
3	2	포커스투어즈코리아	112,616	118,734	-5.2	29,852,980	30,179,166	-1.1
4	5	한진관광	100,676	89,195	12.9	23,200,733	19,754,265	17.4
5	8	세일관광	99,096	31,674	212.9	15,617,148	8,051,374	94.0
6	4	롯데관광	92,673	101,155	-8.4	26,105,361	25,037,077	4.3
7	6	세방여행	86,563	89,554	-3.3	20,703,180	21,353,165	-3.0
8	11	동서여행사	83,478	81,766	2.1	12,225,112	22,000,207	-44.4
9	7	전국관광	67,174	59,307	13.3	18,757,486	16,360,804	14.6
10	10	동보여행사	51,417	54,210	-5.2	12,337,449	13,606,263	-9.3
11	9	한나라관광	48,659	54,079	-10.0	13,721,000	12,811,000	7.1
12	16	세한여행사	43,807	38,632	13.4	8,635,995	7,792,699	10.8
13	13	한남여행인터내셔날	41,503	48,814	-15.0	10,448,791	13,354,315	-21.8
14	14	에느티에스인터내셔날	39,594	0		8,812,729	0	
15	12	한비여행사	36,969	35,967	2.8	11,106,863	9,854,618	12.7
16	19	세중쓰어데스크코리아	35,962	250	14,284.8	5,526,702	505	1,094,296.4
17	15	세린여행사	33,058	35,768	-7.6	8,737,718	8,305,976	5.2
18	17	한국관광여행사	31,749	28,410	11.8	7,324,337	7,334,396	-0.1
19	27	도우관광	26,823	29,995	-10.6	3,329,986	3,657,469	-9.0
20	24	승인여행사	22,982	37,175	-38.2	3,726,704	6,876,503	-45.8
21	21	하나투어인터내셔날	22,788	840	2,612.9	5,042,961	152,115	3,215.2
22	18	씨엔피여행사	22,536	29,218	-22.9	5,982,251	7,298,319	-18.0
23	22	왕조여행사	21,463	22,435	-4.3	4,644,990	4,727,991	-1.8
24	30	알렉스여행사	19,849	13,432	47.8	3,318,475	2,544,308	30.4
25	23	대흥여행사	19,650	19,972	-1.6	4,429,995	3,881,363	14.1
26	20	호도투어	19,434	32,315	-39.9	5,352,515	10,069,085	-46.8
27	25	인화관광	18,888	16,020	17.9	3,708,934	3,511,540	5.6
28	35	아주세계여행사	18,050	12,996	38.9	3,013,048	2,112,210	42.6
29	32	금룡여행사	17,662	27,276	-35.2	3,181,987	5,445,542	-41.6
30	29	파나여행사	16,467	14,367	14.6	3,323,578	3,357,146	-1.0
		순위소계	1,517,355	1,392,748	8.9	341,439,071	323,551,668	5.5
		전체합계	2,010,492	2,076,735	-3.2	442,114,410	477,893,316	-7.5

※2006년 누계의 순위소계 및 전체합계에서 에느티에스 실적은 제외됨.

〈표 5-21〉 아웃바운드 Top 30 여행사 (2005~2006)

순 위		업체명	인원(명)			금액(천원)		
인원	금액	Travel Agents	2006년	2005년	전년대비	2006년	2005년	전년대비
						2006년 1월~12월 업체별 내국인 송객 실적		
1	1	하나투어	894,078	572,900	56.1	794,801,778	506,104,811	51.0
2	2	모두투어네트워크	409,778	257,163	59.3	352,395,703	228,592,787	54.2
3	3	롯데관광개발	279,133	223,491	24.8	260,214,891	168,698,928	54.2
4	4	자유투어	222,607	182,427	22.0	150,986,597	126205197	19.6
5	5	넥스투어	135,081	87,058	55.2	92,300,229	62,703,308	47.2
6	7	온라인투어	134,399	75,012	79.2	79,825,705	47,215,837	69.1
7	9	오케이투어	109,509	86,661	26.4	74,408,459	62,662,000	18.7
8	12	투어이천	108,708	98,908	12.2	64,821,418	54,455,696	19.0
9	10	참좋은여행	106,852	86,267	23.9	69,907,675	55,541,101	25.9
10	8	인터파크투어	93,132	38,302	143.2	76,553,054	26,189,837	192.3
11	18	여행박사	91,613	21,273	330.7	52,704,340	12,319,645	327.8
12	6	현대드림투어	85,970	70,050	22.7	82,283,483	65,076,004	26.4
13	26	보물섬투어	73,811	21,472	243.8	32,192,526	15,373,706	109.4
14	17	투어몰여행	72,922	79,669	-8.5	56,310,781	60,704,496	-7.2
15	19	포커스투어	72,324	58,537	23.6	49,487,433	40,938,677	20.9
16	13	레드캡투어	66,760	56,848	17.4	62,337,244	49,271,403	26.5
17	16	온누리여행사	66,341	39,064	69.8	56,317,542	28,387,469	98.4
18	15	세중나모여행	65,163	51,312	27.0	56,995,728	47,525,331	19.9
19	20	노랑풍선	64,082	0		48,890,678	0	
20	14	오케이캐쉬백서비스	59,142	45,132	31.0	57,568,223	42,921,265	34.1
21	21	여행매니아	57,151	45,496	25.6	47,003,661	36,674,212	28.2
22	22	김앤류투어	50,287	43,734	15.0	42,477,623	38,032,630	117.7
23	11	한진관광	45,992	49,981	-8.0	64,840,397	69,603,660	-6.8
24	24	호도투어	43,590	18,970	129.8	38,313,429	15,583,340	145.9
25	25	맥여행사	41,475	1,077	3751.0	34,597,814	1,196,619	2,791.3
26	27	투어익스프레스	39,626	25,558	55.0	31,184,711	20,896,330	49.2
27	23	대한여행사	31,177	20,174	54.5	40,414,560	24,487,352	65.0
28	34	세일여행사	21,414	15,602	37.3	9,354,425	8,706,307	7.4
29	28	고려여행사	20,152	20,484	-1.6	23,697,971	20,380,372	16.3
30	30	농협교류센터	19,898	19,680	1.1	22,725,713	6,350,820	257.8
		순위소계	3,582,164	2,410,482	48.6	2,925,913,791	1,942,799,140	50.6
		전체합계	3,721,290	2,694,018	38.1	3,087,089,238	2,200,460,566	40.3

※2006년 순위소계 및 전체합계에서 노랑풍선의 실적은 제외됨.

〈표 5-22〉 항공권 판매액 Top 30 여행사(2005~2006)

			2006년 1월~12월 업체별 항공권 판매 실적					
순 위		업체명	인원(명)			금액(천원)		
인원	금액	Travel Agents	2006년	2005년	전년대비	2006년	2005년	전년대비
1	1	하나투어	1,307,989	792,693	65.0	766,935,694	470,068,984	63.2
2	2	모두투어네트워크	655,428	402,598	62.8	476,288,436	223,278,716	113.3
3	4	롯데관광개발	314,745	220,485	42.8	205,249,553	154,574,380	41.0
4	5	자유투어	249,810	210,885	18.5	151,509,543	141,302,177	7.2
5	8	온라인투어	239,373	65,252	266.8	134,127,122	41,839,457	220.6
6	3	세중나모여행	233,765	205,077	14.0	271,282,303	229,896,589	18.0
7	9	투어이천	196,372	197,010	-0.3	124,309,741	122,292,508	1.6
8	7	오케이투어	193,078	179,377	7.6	134,384,227	124,758,308	7.7
9	12	비아이이항공	173,992	175,114	-0.6	64,801,385	65,311,787	-0.8
10	6	레드캡투어	153,871	141,074	9.1	149,382,260	136,306,733	9.6
11	10	현대드림투어	122,247	111,718	9.4	121,004,455	105,993,880	14.2
12	11	넥스투어	120,678	71,615	68.5	82,995,049	51,107,628	62.4
13	21	여행박사	105,659	24,549	330.4	36,046,504	9,963,181	261.8
14	22	참좋은여행	96,115	51,327	87.3	35,991,546	27,171,522	32.5
15	13	투어익스프레스	90,721	64,645	40.3	63,434,502	46,595,401	36.1
16	24	온누리여행사	80,300	0		31,644,638	0	
17	19	투어몰여행	68,238	77,267	-11.7	39,021,435	41,988,645	-7.1
18	14	맥여행사	67,994	18,522	267.1	53,773,823	22,175,880	142.5
19	15	인터파크투어	67,068	21,108	217.7	49,156,696	12,526,873	292.4
20	20	오케이캐쉬백서비스	66,209	41,975	57.7	38,785,692	25,889,633	49.8
21	16	한진관광	61,602	58,898	4.6	49,058,118	43,501,620	12.8
22	17	대한여행사	55,847	36,909	51.3	48,461,690	32,900,937	47.3
23	23	노랑풍선	53,570	0		32,828,226	0	
24	18	여행매니아	52,351	36,499	43.4	39,434,202	31,134,388	26.7
25	28	행복한여행	45,716	0		21,943,317	0	
26	25	김앤류투어	41,515	38,524	7.8	31,035,583	25,403,324	22.2
27	32	세일여행사	38,539	38,256	0.7	19,874,354	20,960,876	-5.2
28	29	포커스투어	36,489	30,546	19.5	20,681,958	17,533,239	18.0
29	27	동서여행사	34,752	36,633	-5.1	23,384,352	24,843,138	-5.9
30	26	보물섬투어	34,286	21,472	59.7	24,636,260	9,730,194	153.2
		순위소계	5,058,319	3,370,028	50.1	3,341,462,682	2,237,525,125	49.3
		전체합계	5,447,601	3,857,328	41.2	3,621,994,511	2,627,937,200	37.8

※2006년 순위소계 및 전체합계에서 온누리여행사, 노랑풍선, 행복한여행의 실적은 제외됨.

〈표 5-23〉 인바운드 Top 30 여행사(2006~2007)

2007년 1월~12월 업체별 외국인 관광객 유치 실적

순위		업체명	인원(명)			금액($)		
인원	금액	Travel Agents	2007년	2006년	전년대비	2007년	2006년	전년대비
1	4	에치아이에스코리아	148,290	142,299	4.2	21,408,617	24,286,943	−11.9
2	1	한진관광	138,691	100,676	37.8	30,576,916	23,200,733	31.8
3	2	체스투어즈	108,902	112,616	−3.3	27,206,350	29,852,980	−8.9
4	7	세일관광	106,859	106,788	0.1	15,023,139	18,934,796	−20.7
5	3	롯데관광	94,072	92,673	1.5	25,058,680	26,408,717	−5.1
6	5	세방여행	83,800	86,563	−3.2	20,216,655	20,703,180	−2.4
7	15	동서여행사	80,459	83,478	−3.6	7,980,214	12,225,112	−34.7
8	8	한남여행인터내셔날	73,006	41,503	75.9	14,378,501	10,448,791	37.6
9	6	전국관광	68,424	67,174	1.9	17,663,578	18,757,486	−5.8
10	10	케이티비투어	52,046	0		13,842,614	0	
11	9	한나라관광	49,391	48,659	1.5	13,955,256	13,721,000	1.7
12	30	코네스트코리아	48,835	28,212	73.1	3,038,080	1,707,199	78.0
13	14	세한여행사	47,641	43,807	8.8	10,088,238	8,635,995	16.8
14	13	대한여행사	47,496	123,470	−61.5	10,659,278	32,983,440	−67.7
15	11	동보여행사	47,367	51,417	−7.9	11,004,438	12,337,449	−10.8
16	12	한비여행사	35,737	36,969	−3.3	10,769,375	11,106,863	−3.0
17	16	에느티에스인터내셔날	34,307	39,594	−13.4	6,625,872	8,812,729	−24.8
18	18	씨앤피여행사	24,581	22,536	9.1	6,227,159	5,982,251	4.1
19	17	에버렉스	23,984	19,434	23.4	6,479,301	5,352,515	21.1
20	36	아주인센티브	23,923	5,591	327.9	2,712,853	681,517	298.1
21	20	한국관광여행사	23,320	31,749	−26.5	4,630,678	7,324,337	−36.8
22	24	인화관광	22,364	18,888	18.4	3,918,021	3,708,934	5.6
23	21	천풍여행사	22,189	14,695	51.0	4,442,579	3,067,109	44.8
24	25	알렉스여행사	21,874	19,849	10.2	3,736,033	3,318,475	12.6
25	19	세린여행사	21,298	33,058	−35.6	5,770,281	8,737,718	−34.0
26	23	숭인여행사	20,086	22,982	−12.6	4,060,154	3,726,704	8.9
27	34	세중쓰어데스크코리아	17,034	35,962	−52.6	2,742,638	5,526,702	−50.4
28	22	하나투어인터내셔날	16,388	22,788	−28.1	4,291,350	5,042,961	−14.9
29	37	화방관광	16,196	12,336	31.3	2,539,900	938,900	170.5
30	51	도우관광	15,290	28,454	−46.3	1,762,812	3,329,986	−47.1
		순위소계	1,481,804	1,494,220	−0.8	298,966,946	330,861,522	−9.6
		전체합계	2,077,759	2,062,882	0.7	434,525,653	450,722,540	−3.6

※2007년 12월누계 순위소계에서 케이티비투어의 실적은 제외됨.

〈표 5-24〉 아웃바운드 Top 30 여행사(2006~2007)

순 위		업체명	인원(명)			금액(천원)		
인원	금액	Travel Agents	2007년	2006년	전년대비	2007년	2006년	전년대비
1	1	하나투어	1,277,078	894,078	42.8	1,068,328,874	794,801,778	34.4
2	2	모두투어네트워크	626,397	410,108	52.7	529,902,855	350,147,666	51.3
3	3	롯데관광개발	322,854	279,133	15.7	308,399,119	260,214,891	18.5
4	4	자유투어	261,192	222,604	17.3	185,710,327	150,986,597	23.0
5	8	온라인투어	193,856	134,399	44.2	105,942,125	79,825,705	32.7
6	10	여행박사	170,474	91,613	86.1	93,628,534	52,704,340	77.6
7	7	넥스투어	160,873	136,035	18.3	108,304,014	98,678,594	9.8
8	5	세중나모여행	151,868	65,163	133.1	125,860,343	56,995,728	120.8
9	9	노랑풍선	135,525	64,082	111.5	99,184,582	48,890,678	102.9
10	6	인터파크투어	126,035	93,132	35.3	108,818,915	76,553,054	42.1
11	13	오케이투어	119,473	109,509	9.1	80,413,825	74,408,459	8.1
12	12	참좋은여행	119,228	106,852	11.6	82,930,759	69,907,675	18.6
13	17	투어이천	100,070	108,708	-7.9	67,536,768	64,821,750	4.2
14	16	여행사닷컴	99,196	0		72,039,651	0	
15	11	현대드림투어	96,713	85,970	12.5	89,245,619	77,547,364	15.1
16	26	보물섬투어	81,751	81,791	0.0	36,981,088	35,409,526	4.4
17	18	온누리여행사	72,153	66,341	8.8	59,356,831	56,317,542	5.4
18	14	레드캡투어	68,602	66,760	2.8	79,207,518	62,337,244	27.1
19	23	포커스투어	67,620	72,324	-6.5	42,971,023	49,487,433	-13.2
20	20	에버렉스	65,728	43,590	50.8	52,726,149	29,834,422	76.7
21	22	여행매니아	61,886	57,151	8.3	48,047,183	47,003,661	2.2
22	15	한진관광	61,542	45,992	33.8	75,004,289	64,840,397	15.7
23	28	비티앤아이	51,837	39,626	30.8	35,308,028	31,184,711	13.2
24	19	김앤류투어	51,219	50,287	1.9	54,081,444	42,477,623	27.3
25	24	멕어행사	48,096	41,475	16.0	38,481,549	34,597,814	11.2
26	21	오케이캐쉬백서비스	44,684	59,142	-24.4	49,938,237	57,568,223	-13.3
27	27	대한관광여행사	34,670	0		35,606,285	0	
28	29	엔에이치여행	29,457	19,898	48.0	31,375,136	22,725,713	38.1
29	25	내일여행	28,754	16,677	72.4	37,050,831	23,257,551	59.3
30	32	세일여행사	19,934	21,414	-6.9	9,204,646	9,354,425	-1.6
		순위소계	4,614,899	3,483,854	32.5	3,703,940,611	2,822,880,564	31.2
		전체합계	4,859,999	3,730,554	30.3	3,928,842,670	3,063,149,932	28.3

※2007년 12월누계 순위소계에서 여행사닷컴, 대한관광여행사의 실적은 제외됨.

〈표 5-25〉 항공권 판매액 Top 30 여행사(2006~2007)

순 위		업체명	인원(명)			금액(천원)		
인원	금액	Travel Agents	2007년	2006년	전년대비	2007년	2006년	전년대비
1	1	하나투어	1,684,870	1,307,989	28.8	956,308,565	766,935,694	24.7
2	2	모두투어네트워크	893,412	650,580	37.3	498,532,258	476,288,436	4.7
3	4	온라인투어	460,094	239,373	92.2	272,689,766	134,127,122	103.3
4	5	롯데관광개발	373,665	314,745	18.7	219,402,408	205,249,553	6.9
5	3	세중나모여행	338,386	233,765	44.8	324,443,112	271,282,303	19.6
6	7	자유투어	287,906	249,810	15.2	162,928,770	151,509,543	7.5
7	8	오케이투어	210,040	193,078	8.8	125,821,089	134,384,227	-6.4
8	15	비아이이항공	199,154	173,992	14.5	72,532,999	64,801,385	11.9
9	18	여행박사	188,042	105,659	78.0	64,615,647	36,046,504	79.3
10	10	투어이천	184,617	198,294	-6.9	117,890,846	125,346,203	-5.9
11	6	레드캡투어	181,396	153,871	17.9	187,613,442	149,382,260	25.6
12	14	넥스투어	142,349	120,678	18.0	81,610,256	81,589,013	0.0
13	12	비티앤아이	134,004	90,721	47.7	92,477,980	63,434,502	45.8
14	11	인터파크투어	132,689	67,068	97.8	93,535,063	49,156,696	90.3
15	9	현대드림투어	128,928	122,247	5.5	124,555,476	121,004,455	2.9
16	13	참좋은여행	128,143	96,115	33.3	85,015,201	35,991,564	136.2
17	17	노랑풍선	127,991	53,570	138.9	67,306,187	32,828,226	105.0
18	16	여행사닷컴	107,584	0		69,175,540	0	
19	19	에버렉스	100,681	26,431	280.9	62,954,451	15,387,117	309.1
20	21	오케이캐쉬백서비스	92,645	66,209	39.9	58,450,994	38,785,692	50.7
21	24	온누리여행사	87,714	80,300	9.2	48,529,083	31,644,638	53.4
22	22	한진관광	80,752	61,602	31.1	54,663,760	49,058,118	11.4
23	20	맥여행사	74,931	67,994	10.2	58,814,602	53,773,823	9.4
24	23	대한관광여행사	66,731	0		53,178,294	0	
25	26	여행매니아	61,886	52,351	18.2	40,823,164	39,434,202	3.5
26	27	행복한여행	53,383	45,716	16.8	26,529,922	21,943,317	20.9
27	25	김앤류투어	47,596	41,515	14.6	41,251,076	31,035,583	32.9
28	29	보물섬투어	45,038	37,266	20.9	24,444,199	27,036,280	-9.6
29	31	세일여행사	40,965	38,539	6.3	22,530,642	19,874,354	13.4
30	32	포커스투어	40,610	36,489	11.3	20,244,041	20,671,958	-2.1
		순위소계	6,521,887	4,925,967	32.4	4,006,514,999	3,248,012,768	23.4
		전체합계	7,065,839	5,449,820	29.7	4,409,677,081	3,626,257,586	21.6

※2007년 12월누계 순위소계에서 여행사닷컴, 대한관광여행사의 실적은 제외됨.

5.8 여행사별 중요매체 광고비 집행현황

여행사 광고전문 대행업체인 MPC21에 의하면 패키지 여행사들의 국내 중요 일간지(조선, 중앙, 동아, 매일경제신문, 한국경제신문)에 게재한 2008년 1월 기준으로 분석한 결과는 전년 동기대비 23.9%가 감소한 것으로 조사되고 있다(여행정보신문. 2008).

세계여행신문의 양성식 마케팅과장은 패키지 여행사들의 신문광고 효과에 대한 누적된 의구심은 2007년 들어 첫 하락률을 보이며 광고단수 수치상으로 드러났다. 최근 4년 동안 매년 평균 15% 증가 추세를 보여 왔던 광고시장은 2007년 33개 여행사가 3대 일간지와 경제지(매경/한경)에 총 4만 537단을 게재하며, 2006년(4만 2939단)에 비해 6% 감소했다.

1989년 해외여행 자유화조치 이후 90년대부터 본격적으로 시작된 아웃바운드사의 일간지 광고는 여행사업의 활성화와 여행사들의 규모화와 함께 작년을 최고점으로 급격히 성장해왔다. 가히 전쟁을 방불케 했던 지난해 광고시장은 전면광고전까지 펼치며 30여개 패키지 여행사들이 지출한 신문광고비는 약 400억원 가량이었다.

그렇지만, 2007년 들어 여행사들은 마케팅 채널의 다양화를 꾀하며 온라인, TV광고 등의 홍보채널 확대와 IT시스템 구축 등에 대한 투자로 이어지면서 신문광고에만 의존했던 과거에서 탈피하고 있는 모습을 나타냈다.

2006년을 정점으로 뜨겁게 달아올랐던 광고시장은 2007년 하락세를 시작으로, 이후에도 신문광고는 점차 감소할 것으로 보인다고 전망하였다(세계여행신문. 2008).

여행의 최성수기라고 할 수 있는 1월에도 감소하고 있다는 사실은 주의를 끌 만하다. 특히 최대업체인 하나투어의 광고비 감소가 눈에 띄는 가운데 이와는 대조적으로 여행사닷컴, 호도투어, 온누리, 여행매니아, 참좋은여행, 현대 등은 광고비를 늘리고 있어 좋은 대조를 보이고 있다.

한편, '업종별 홈페이지 평가 전문사이트'인 100Hot는 '여행사홈페이지베스트10'(Cyber여행사)으로 3W투어, 웹투어, 자유여행사, 하나투어, 보라네트트래블, 온누리관광, 여행클럽, 투어몰, 배재항공여행사 등을 선정 발표했다.

이번 여행사 홈페이지 조사 및 분석에 나선 대학생들은 상기 랭킹에 오른 업체 중에서 보라네트트래블, 온누리관광, 여행클럽, 배재항공여행사, 사이버여행사 등에 상대적으로 낮은 점수를 주었다. 반면 이 랭킹에는 포함돼 있지 않지만 예카투어와 골드투어에 매우 높은 점수를 주었다.

여행사 홈페이지 평가에서 학생들은 평가에 모범 사이트로 세계 최고의 여행전문 사이트로 자타가 인정하는 트래블로시티를 지목했다. 그 이유는 트래블로시티가 콘텐츠의 다양성, 항공좌석, 지도 선택사항, 9가지 최고여행 경로의 최저가 여행상품 및 스페셜 거래(Deal) 코너 제공, 여행자의 욕구에 부응하는 맞춤여행의 기획, 신용카드 정보보안 등의 문제를 완벽하게 해결하고 있기 때문이다.

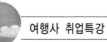

〈표 5-26〉 여행사별 중요일간지(조선 · 중앙 · 동아 · 매경 · 한경) 신문광고 종합 　(금액단위 : 천원)

순위	상호명	조선		중앙		동아		매경		한경		합계	
		단수	광고비	단수	광고비	단수	광고비	단수	광고비	단수	광고비	단수	광고비
1	자유투어	1243	1,839,640	427	473,970	1142	845,080	318	176,490	66	19,536	3196	3,354,716
2	하나투어 리스트	1006	1,488,880	776	861,360	558	412,920	166	92,130	662	195,952	3168	3,051,242
3	세중투어몰	649	960,520	637	707,070	654	483,960	463	256,965	242	71,632	2645	2,480,147
4	롯데관광	975	1,443,000	706	783,660	683	505,420	246	136,530	15	4,440	2625	2,873,050
5	노랑풍선	444	657,120	630	699,300	729	539,460	467	259,185	0	0	2270	2,155,065
6	참좋은여행	450	666,000	488	541,680	126	93,240	800	444,000	12	3,552	1876	1,748,472
7	호도투어	433	640,840	181	200,910	422	312,280	383	212,565	325	96,200	1744	1,462,795
8	여행매니아	458	677,840	110	122,100	97	71,780	894	496,170	0	0	1559	1,367,890
9	온라인투어	258	381,840	246	273,060	545	403,300	357	198,135	112	33,152	1518	1,289,487
10	KRT	598	885,040	337	374,070	428	316,720	103	57,165	0	0	1466	1,632,995
11	투어2000	680	1,006,400	0	0	373	276,020	349	193,695	0	0	1402	1,476,115
12	레드캡투어	531	785,880	313	347,430	125	92,500	408	226,440	0	0	1377	1,452,250
13	모두투어	14	20,720	539	598,290	0	0	812	450,660	0	0	1365	1,069,670
14	현대드림 투어	676	1,000,480	395	438,450	232	171,680	25	13,875	27	7,992	1355	1,632,477
15	디디투어	367	543,160	280	310,800	100	74,000	393	218,115	214	63,344	1354	1,209,419
16	포커스투어	357	528,360	254	281,940	462	341,880	238	132,090	13	3,848	1324	1,288,118
17	코오롱세계일주	633	936,840	134	148,740	250	185,000	236	130,980	0	0	1253	1,401,560
18	보물섬투어	496	734,080	5	5,550	570	421,800	5	2,775	91	26,936	1167	1,191,141
19	대한여행사	234	346,320	63	69,930	248	183,520	597	331,335	21	6,216	1163	937,321
20	온누리 여행사	269	398,120	272	301,920	436	322,640	185	102,675	0	0	1162	1,125,355
21	한진관광	389	575,720	239	265,290	212	156,880	180	99,900	124	36,704	1144	1,134,494
22	SK투어비스 (오케이 캐시백 서비스)	401	593,480	261	289,710	107	79,180	90	49,950	25	7,400	884	1,019,720
23	OK투어	203	300,440	118	130,980	126	93,240	48	26,640	102	30,192	597	581,492
24	씨에프랑스	150	222,000	32	35,520	0	0	81	44,955	315	93,240	578	395,715
25	VIP여행사	0	0	0	0	0	0	561	311,355	0	0	561	311,355
26	인터파크투어	91	134,680	14	15,540	74	54,760	122	67,710	159	47,064	460	319,754
27	와우투어	111	164,280	7	7,770	17	12,580	101	56,055	90	26,640	326	267,325
28	여행가	142	210,160	50	55,500	0	0	80	44,400	0	0	272	310,060
29	재미로투어	55	81,400	77	85,470	70	51,800	25	13,875	0	0	227	232,545
30	여행사닷컴	39	57,720	50	55,500	35	25,900	20	11,100	64	18,944	208	169,164
	합계	12,352	18,280,960	7641	8,481,510	8821	6,527,540	8753	4,857,915	2679	792,984	40,246	38,940,909

자료 : 양성식, 세계여행신문, 2008년 1월 7일자.
　　※신문 1단은 보통 37×3.3cm (가로×세로)
　　※여행사 순위는 광고단수 순
　　※2007년 1월 1일~2007년 12월 31일

5.9 외국인 관광객유치 우수여행사 지정업체 현황

문화체육관광부에서는 외국인 관광객 유치우수여행사에 대해서 광고·홍보비 등을 지원하고 관광진흥개발기금의 우선지원제도를 시행하고 있다. 즉 홍보물 제작비의 50%를 지원(500만원 범위내)하고, 1천만원 범위 내에서 여행사가 지급한 광고비의 80%를 지원하고 있다. 또한 지정된 여행사에 대해 1사당 1억원의 관광진흥개발기금 우선지원정책도 병행하고 있다.

이번에 선정된 우수여행사는 업체별 1억원의 관광진흥개발기금 융자혜택이 주어지며, 향후 1년간 각종 여행상품 홍보시 우수여행업체 로고 사용 및 해외시장 유치홍보단 구성시 우선 선정 등 각종 혜택이 부여된다.

특히 2007년에는 원화가치의 급격한 상승, 물가상승 등으로 어려움을 겪고 있는 인바운드 여행업 활성화 차원에서 선정된 우수여행사에 실적별로 7백만원에서 1천5백만원까지 총 4억원의 포상금을 지원하고, 외국인 관광객 유치활동에 필요한 광고·홍보비 등 총 2억원을 추가로 지원한다.

이와 같은 우수여행사 선정·지원은 외국인관광객 유치에 기여한 인바운드 여행사의 사기진작과 한국관광 이미지 제고에 필요한 광고·홍보비 지원으로 외국인 관광객 유치에 도움이 될 것으로 판단된다.

〈표 5-27〉 2007/2008 외국인 유치실적 우수여행사(26개 업체)

업체명	대표자	외화획득금액
(주)대한여행사	설영기	200억원 이상 (4개사)
롯데관광(주)	조광희	
(주)포커스투어즈코리아	김영규	
(주)에이치아이에스코리아	이병근	
세일관광(주)	한인기	100억원~200억원 (8개사)
(주)전국관광	김종철	
(주)세방여행	오창희	
한나라관광(주)	홍원의	
(주)에느티에스인터내셔날	박종덕	
(주)동보여행사	이석형	
(주)동서여행사	배동철	
한남여행인터내셔날(주)	임헌국	
(주)한비여행사	한우식	30억원~100억원 (14개사)
(주)세린여행사	마세린	
(주)숭인여행사	왕이운	
(주)세한여행사	구경열	
세중투어데스크코리아(주)	오인묵 정병호	
(주)한국관광여행사	정우식	
(주)씨엔피여행사	국정승	
하나투어인터내셔날	김현조	
(주)왕조여행사	정영석	
(주)인화관광	손승부	
(주)호도투어	전춘섭	
(주)파나여행사	이종철	
(주)도우관광	임응용	
(주)작인여행사	왕작인	

〈표 5-28〉 시장별 유치 우수여행사(8개 업체)

업체명	대표자	비 고
(주)일진국제여행사	박종수	중국 (4개사)
(주)내일관광여행사	엽청여	
(주)호화여행사	뇌리성	
(주)대홍여행사	매복생	
(주)뉴태창여행사	난길생	동남아 (2개사)
(주)천풍여행사	방덕리	
(주)현대드림투어	이도형	구미주 (2개사)
(주)삼호투어앤트래블	신성균	

〈표 5-29〉 유치 성장율 우수여행사(5개 업체)

업체명	대표자	비 고
(주)알렉스여행사	필명성	5개사
(주)우송여행사	왕종빈	
(주)아주인센티브	이현애	
보석관광(주)	서정관	
(주)천천여행사	왕조용	

5.10 관광진흥 유공여행사 현황

매년 9월 27일 세계관광의 날 기념 관광진흥촉진대회에서는 그 해에 가장 우수한 실적을 달성한 여행사 및 임직원에 대해 각종 훈·포상을 시상하고 있다. 여행사 취업과 관련하여 이들 여행사를 안다는 것은 취업에 매우 도움이 될 중요한 열쇠이다.

5.10.1. 목적

① 세계관광의 날을 기념하는 우리나라의 『관광의 날』행사시 관광산업 진흥과 외화획득에 공헌한 업체와 종사원의 노고를 치하함으로써 관광산업 육성에 기여.

② 관광산업진흥과 외래관광객 유치 확대에 기여한 숨은 유공자를 적극 발굴하여 포상함으로
써 관광진흥 유공자에 대한 자긍심과 영예성 고취

5.10.2. 포상 추천자

가. 추천대상

- 관광사업자(임원 포함) 및 종사원
- 관광관련단체의 임 · 직원
- 시 · 도 관광담당공무원
- 기타 관광발전에 공헌한 기관, 단체의 임 · 직원

나. 포상자격

- 외래관광객 유치 및 외화획득 기여 및 외국인 투자유치에 공이 큰 자
- 관광사업 발전 및 관광서비스 개선에 크게 기여한 자
- 국가 또는 지방정부의 관광진흥정책 추진에 공헌한 자
- 국제회의산업 육성에 현저한 공로가 있는 자
- 지역관광 발전에 헌신적인 공로가 있는 자
- 능동적이고 적극적인 자세로 관광행정 발전에 기여한 자
- 학회, 협회 등 관련기구의 활동과 발전에 기여한 자

다. 제외자

- 형사처벌 등을 받은 자
- 산재율이 높은 기업체 및 그 임원
- 공정거래관련법 위반 법인 및 그 임원
- 관광사업체 운영 및 근무경력이 5년 미만인 관광사업자와 그 종사원
- 관광관련단체 근무경력이 5년 미만인 임·직원
- 관광행정분야 근무경력이 2년 미만인 공무원
- 최근 5년 이내 정부포상(장관표창은 3년 이내)을 받은 자(법령이 정한 특수공적을 거양한
  경우에만 예외 인정)
- 징계처분을 받고 2년이 경과되지 않은 공무원 및 산하기관·단체의 임 · 직원

- 관광진흥법 등 관계 법령에 의하여 경고 이상의 행정처분을 받고 2년이 경과되지 않은 관광사업자(법인의 경우 임원포함) 및 종사원
- 정부포상업무지침 등 포상기관 규정에 위배되는 자
- 기타 도덕성에 흠이 있거나 다른 사람의 지탄을 받는 자 등이다.

한편, 관광진흥탑 수상제도는 2004년에 제정된 제도로서 산업자원부 주관의 수출의 탑과 유사한 것으로서 외화획득 우수관광업체를 발굴·격려함으로써 업계의 사기진작과 함께 관광수지 개선을 도모하고자 제정된 것이다.

다. 탑의 종류 및 수여대상

- 관광진흥탑 : 2003년 중 1천만불, 5천만불, 1억불, 3억불, 5억불, 10억불의 외화를 획득한 관광사업체
- 관광진흥장려탑 : 상시 근로자수가 100인 이하로서 연간 외화획득액이 500만불 이상인 관광사업체

※ 해당 외화획득 기준액을 최초로 달성할 시에만 수여

〈표 5-30〉 관광진흥 유공 여행사 현황

연 도	여행사명	수상자	수상내역
1970	세방여행사	오세중	대통령표창
1971	세방여행사	오세중	산업포장
1972	세방여행사	오세중	석탑산업훈장
1973	한아여행사	박하용	산업포장
	연방관광여행사	단체	대통령표창
1974	서울교통	진기식	석탑산업훈장
	파나여행사	김우연	산업포장
	연방관광여행사	오인택	산업포장
1975	동양항공여행사	정인수	석탑산업훈장
	한진광광	최성희	대통령표창
	동방여운	단체	대통령표창
1976	동방관광	한명석	석탑산업훈장
	한진관광	단체	대통령표창
	대한여행사	단체	대통령표창
1977	없음		
1980	세방여행사	한상현	석탑산업훈장
	파나여행사	김영광	산업포장

연도	회사	이름	표창
1981	대한여행사	장호식	산업포장
	한남여행사	변성철	대통령표창
	은마교통	이성수	대통령표창
1982	한진관광	김일환	은탑산업훈장
	대한여행사	김원호	산업포장
	롯데관광	이석연	대통령표창
	한주여행사	김청자	대통령표창
1983	매일관광	김영덕	산업포장
	한주여행사	이용훈	산업포장
	동서여행사	배영환	산업포장
1984	롯데관광	김기병	동탑산업훈장
	금성관광	김성수	대통령표창
	서울동방관광	신정숙	대통령표창
	대한여행사	전규섭	대통령표창
1985	대한여행사	설영기	석탑산업훈장
	파나여행사	안승완	대통령표창
1986	동아여행사	이화중	대통령표창
1987	한국관광여행사	정인수	동탑산업훈장
	서울항공여행사	정운식	산업포장
	은마관광	이성주	산업포장
	동서여행사	양영환	대통령표창
1988	없음		
1989	파나여행사	조상환	산업포장
1990	롯데관광	김용기	산업포장
1991	없음		
1992	동서여행사	홍원의	철탑산업훈장
1993	파나여행사	김영광	동탑산업훈장
1994	한진관광	김성배	동탑산업훈장
	세진관광여행사	박인춘	대통령표창
1995	없음		
1996	서울항공여행사	정운식	은탑산업훈장
	동서여행사	이의영	석탑산업훈장
	다도해관광여행사	김석우	대통령표창
1997	롯데관광	조정훈	석탑산업훈장
1998	코오롱고속관광	심완보	석탑산업훈장
	팔도관광	송시열	대통령표창

1999	서울동방관광	조용장	은탑산업훈장
	호남관광여행사	홍일성	산업포장
	세방여행사	이상헌	대통령표창
2000	전국관광	김종철	석탑산업훈장
	한국관광여행사	정우식	산업포장
	동서여행사	배동철	대통령표창
	대호관광여행사	심상문	대통령표창
2001	동보여행사	이석형	은탑산업훈장
2002	현대관광	맹만섭	은탑산업훈장
	세방여행사	이상필	철탑산업훈장
	호도투어	전춘섭	대통령표창
2003	범주관광	이호범	철탑산업훈장
	한국관광여행사	전윤택	대통령표창
2004	롯데관광	김기병	금탑산업훈장
	동보여행사	김종화	동탑산업훈장
	글로벌투어	이동형	대통령표창
2005	동양교통	송영록	금탑산업훈장
	모두투어네트워크	우종웅	은탑산업훈장
	대한관광여행사	이시영	석탑산업훈장
	포커스투어코리아	김영규	산업포장
	하이원여행	홍동송	대통령표창
2006	한국관광여행사	정우식	은탑산업훈장
	한나라관광	조성극	석탑산업훈장
	HIS코리아여행사	이병근	관광진흥탑
	한비여행사	한우식	관광진흥탑
	쎄엔피여행사	국정승	관광진흥탑
	우방관광	이희도	대통령표창
	중국청년여행사	장지엔닝	대통령표창
2007	한남여행인터내셔날	임헌국	대통령표창
	파나여행사	이종철	대통령표창
	세일관광	단체	관광진흥탑

5.11 중국인 단체관광객 유치 전담여행사 현황

2008년 6월 현재 중국인 단체 관광객 유치전담여행사 명단은 아래의 표와 같다. 중국어를 잘하는 사람들은 아래의 여행사를 선별하여 지원하면 좋을 것이다.

〈표 5-31〉 중국인 단체관광객 유치 전담여행사 현황

번호	업체명	대표자	전화	주소	비고
1	금룡여행사	유귀복	02-720-2861	서울시 종로구 당주동 5 로얄빌딩 10층	2000.06.27
2	롯데관광	조광희	02-2260-7751	서울시 중구 수표동 27-1 동화빌딩 508호	2000.06.27
3	킴스여행사	김춘추	02-572-9998	서울시 강남구 도곡동 411-14 유일빌딩	2000.06.27
4	한진관광	권오상	02-726-5500	서울시 중구 소공동51번지 해운센타빌딩 신관1층	2000.06.27
5	계명세계여행	김미숙	02-732-8888	서울시 영등포구 당산동5가 33-1 한강포스빌 420호	2000.06.27
6	창스여행사	장유재	02-3143-1688	서울시 중구 을지로 1가 188-3 백남빌딩 6층	2000.06.27
7	숭인여행사	왕숭인	02-338-1691	서울시 마포구 서교동 353-4 첨단빌딩 9층	2000.06.27
8	성위관광	유기룡	02-3141-0368	서울시 마포구 연남동 227-20 상암빌딩 301호	2000.06.27
9	내일관광여행사	엽청여	02-773-3888	서울시 서대문구 창천동 490 홍익사랑빌딩 4층	2000.06.27
10	화인관광	국향재 손서장	02-322-9191	서울시 마포구 동교동 166-10 연희빌딩 401호	2000.06.27
11	아주세계여행사	김종식	02-333-8091	서울시 마포구 동교동 203-4 함께일하는사회 302호	2000.06.27
12	세일여행사	박주용	02-733-0011	서울시 종로구 경운동 91-1 서원빌딩 9층	2000.06.27
13	한국중국여행사	한정희	02-752-3399	서울시 중구 다동 92 다동빌딩403호	2000.06.27
14	홍보여행사	진홍보	02-322-4624	서울시 마포구 연남동 224-26,302호	2000.06.27
15	태창여행사	왕덕안	02-323-5888	서울시 마포구 연남동 249-11 삼봉빌딩2층	2000.06.27
16	진성관광여행사	강준구	051-465-3333	부산시 중구 중앙동4가 82-6 성우빌딩 201호	2000.06.27
17	한국청년여행사	임문수	051-466-1381 02-776-5087	부산시 중구 중앙동4가 37-16 동아제일빌딩 101 서울시 중구 태평로2가 360-1 광학빌딩 1405호 〈서울사무소〉	2000.06.27
18	대명해외관광	허성수	064-753-9500	제주도 제주시 이도2동 1058-12 원화빌딩5층	2000.06.26
19	현대드림투어	이도형	02-3014-2402	서울시 마포구 도화동 541 일신빌딩 17층	2000.06.26
20	아리랑투어서비스	구원충	02-323-2064	서울시 마포구 연남동 228-23 3층	2000.06.26
21	비아이이항공	황규성	02-319-8244	서울시 중구 서소문동 58-7 동화빌딩	2000.06.26
22	작인여행사	왕작인	02-777-1788	서울시 중구 무교동 19 스포츠센타빌딩 8층	2000.05.26
23	코앤씨	김용진	02-532-1114	서울시 서초구 서초동 1694-14 동성빌딩 2층	2000.09.25
24	모두투어네트워크	우종웅	02-755-6790	서울시 중구 을지로1가 188-3 백남빌딩5층	2000.10.24

25	세림항공여행사	장윤학	043-257-3531	충북 청주시 서문동 159-16	2000.11.21
26	자유투어	방광식	02-777-7114	서울시 중구 다동 88 동아빌딩 6층	2000.11.25
27	일진국제여행사	박종수	02-333-1859	서울시 서대문구 연희동 88-22 3층	2002.09.04
28	대흥여행사	매복생	02-718-1688	서울시 종로구 관훈동 198-16 남도빌딩 405호	2002.09.04
29	세린여행사	마세린	02-337-0888	서울시 서대문구 연희동 193-7 영화빌딩 403호	2003.09.01
30	세원항공여행사	이생세	055-246-7161	경남 마산시 합포구 산호2동 321	2003.09.01
31	한국관광여행사	정우식	02-737-5661	서울시 종로구 견지동 68-5 서흥빌딩 11층	2003.09.01
32	양광씨아이비에스	김주환	02-393-1277	서울시 영등포구 당산동 4가 32-60 서창빌딩 3층	2003.09.01
33	한중상무중심	추신강	02-730-1688	서울시 종로구 통인동 154-8 1층	2003.09.01
34	CTS중국여행사	리진평	02-737-9807	서울 중구 남산동2가 45-22	2003.09.01
35	가든관광개발	김영엽	02-824-8977	서울 동작구 흑석동 1-3 원불교서울회관316호	2003.09.01
36	세계상무중심	주미란	02-325-7588	서울시 영등포구 당산4가 32-60 서창빌딩 3층	2003.09.01
37	경안여행사	난매란 임창근	02-337-8101	서울 마포구 서교동 375-15 동선빌딩 402호	2003.09.01
38	칠성항공여행사	장선화 고유경	02-323-5843	서울시 마포구 연남동 249-11	2003.09.01
39	내주여행사	이옥주	02-737-8810	서울시 종로구 적선동 156 광화문플래티넘 1117호	2003.09.01
40	인화관광	손승부	02-324-0008	서울시 마포구 서교동 393-5 화승리버스텔1303호	2003.09.01
41	국제여행사	김완덕	064-742-5273	제주시 연동 300-4	2003.09.01
42	동미여행사	왕세빈	02-712-6831	서울 마포구 대흥동 32-17 301호	2003.09.01
43	화방관광	한무량	02-307-8642	서울시 서대문구 남가좌동 105-1 창덕에버빌 210호	2003.09.01
44	격린여행사	김지훈	02-757-9338	서울시 마포구 공덕동 119-1 태영빌딩 4층	2003.09.01
45	지구촌여행문화원	송경미	061-281-4410	전남 무안군 삼향면 남악리 1000 전남도청 민원동 3층	2003.09.01
46	광화국제여행사	장순자	02-2631-0222	서울시 영등포구 양평동1가 9-17 금산플레이버 601호	2003.09.01
47	호화여행사	뇌리성	02-324-6009	서울시 마포구 동교동 147-7번지 덕흥빌딩 402호	2003.09.01
48	해피투어	사현숙	02-395-8088	서울시 서대문구 홍은동 274-114 2층	2004.08.06
49	코리아두루여행사	강진락	02-732-8895	서울시 종로구 도렴동 115 삼육빌딩 606호	2004.08.06
50	미미여행사	박현주	02-362-6497	서울시 마포구 성산동 53-7 삼원빌딩 3층	2004.09.09
51	하나투어 인터내셔널	이장연	02-2127-1840	서울시 종로구 인사동 194-27	2004.09.09
52	홍천국제여행사	박진현	02-548-0071	서울 강남구 신사동 502-6 신사빌딩 302호	2004.09.09
53	제주동서관광	강대훈	064-752-9952	제주 제주시 이도1동 1686-5	2004.09.09
54	제주스토리여행사	김남수 고태웅	064-748-8383	제주도 제주시 연동 253-4 2층	2004.09.09
55	유진씨앤씨	문경만	064-724-3800	제주도 제주시 삼도1동 701-8번지 1층	2004.09.09

56	아시아나에어텔	이향자	02-866-6200	서울시 금천구 가산동60-24 월드메르디앙 1차벤처센타 205호	2004.09.09
57	알렉스여행사	필명성	02-3142-8712	서울시 마포구 연남동 229-10 태흥빌딩 201호	2004.09.09
58	천풍여행사	방덕리	02-395-9996	서울시 서대문구 홍은3동 274-88 2층	2004.09.09
59	만상여행사	노병섬	02-332-8868	서울시 서대문구 연희동 134-28 201호	2004.09.09
60	오티티씨국제여행사	장치원	02-738-6888	서울시 종로구 내수동 75번지 용비어천가 1333호	2004.09.09
61	우송여행사	왕종빈	02-385-8088	서울시 은평구 대조동 223-15 희빈빌딩 6층	2004.09.09
62	에이앤드씨여행사	왕혜군	02-338-6788	서울시 마포구 동교동 154-9 용호빌딩 202호	2004.09.09
63	태산관광	이성규	02-739-6288	서울시 강남구 대치동 889-5 상제리제센타 A동 814호	2004.09.09
64	서울교류중심	장규승	02-333-1658	서울시마포구서교동351-25 402호	2004.09.09
65	한중네트웍	정일한	02-784-4501	서울시 영등포구 여의도동 14-24 삼보호정빌딩 1002호	2004.09.09
66	대민베스트투어	홍진태	02-717-5228	서울시 마포구 마포동 136-1 한신오피스텔 304호	2004.09.09
67	아주상무중심	강신호	02-323-8896	서울시 마포구 서교동 376-8, 301호	2004.09.09
68	금채여행사	하광자	02-720-3600	서울시 종로구 내자동 197번지 2층	2004.09.09
69	굿모닝세계일주	이영기	02-737-1400	서울시 종로구 내수동 75 용비어천가 907호	2004.09.09
70	체스투어즈	김영규	02-730-2820	서울시 중구 장충동 1가 31-7 봉우빌딩 4층	2004.09.09
71	순봉여행사	염생재	02-3143-3800	서울시 마포구 동교동165-8 엘지펠리스빌딩 1827호	2004.09.09
72	금강산닷컴	홍성구	02-739-1090	서울시 종로구 안국동 148 해영빌딩 906호	2006.11.14
73	굿투어대한관광	장봉기	02-706-1444	서울 마포구 공덕동 404 풍림오피스텔 528호	2006.11.14
74	경북여행사	권택중	054-741-2311	경북 경주시 외동읍 냉천리 383번지	2006.11.14
75	명은여행사	한명은	02-3143-6630	서울시마포구연남동566-38 2층	2006.11.14
76	대화국제여행사	김홍매	02-3142-1623	서울시 마포구 성산동 209-1 진영 제2빌딩 206호	2006.11.14
77	제주홍익여행사	김용각	064-746-0088	제주도 제주시 오등동 1191-1	2006.11.14
78	명여행사	손전요 장덕의	02-322-5337	서울시 서대문구 연희동 193-8 영화빌딩 304호	2006.11.14
79	글로벌뷰여행사	배륜정	02-322-4852	서울시 마포구 동교동 155-27 효성홍익인간오피스텔 401호	2006.11.14
80	유에스여행	황두연	02-720-1515	서울시 중구 신문로1가 163 광화문오피시아 1110호	2006.11.14
81	티티씨	하숙인	02-333-3455	서울시 마포구 동교동 113-87	2007.07.23
82	신성세계	유봉후	02-3142-8716	서울시 마포구 연남동 229-10 태흥빌딩 202호	2007.07.23
83	학신여행사	강학신	064-744-0351	제주도 제주시 노형동 913-4(2층)	2007.07.23
84	홍성국제관광여행사	양홍성	02-335-6517	서울시 마포구 망원동 475-56 한마루2층	2007.07.23
85	태순여행사	노병돈	02-337-0384	서울시 마포구 망원동 427-3 201호	2007.07.23

86	대한국제여유	이동매	02-335-1818	서울시 마포구 상수동 141-1 비알엘리텔 716호	2007.07.23
87	뉴태창여행사	난길생	02-736-8843	서울시 마포구 연남동 571-16 영림빌딩 302호	2007.07.23
88	다원씨앤티	윤기연	02-2266-0909	서울시 종로구 필운동 227 새마을금고 6층	2007.07.23
89	아주인센티브	이현애	02-786-0028	서울시 영등포구 여의도동 36-2 맨하탄빌딩 1221	2007.07.23
90	백경여행사	장계성	02-413-2204	서울시 마포구 성산동 253-3 서울빌딩 402호	2008.03.04
91	화원여행사	이전주	02-734-6660	서울시 서대문구 홍은3동 274-88 2층	2008.03.04
92	엠클럽트래블	이균한	02-833-3009	서울시 영등포구 대림동 709-4 402호	2008.03.04
93	금우국제여행사	강희철	02-6084-5188	서울시 종로구 적선동 156 광화문 플래티넘빌딩 905호	2008.03.04
94	정호여행사	정석권	02-3676-5004	서울시 종로구 인의동 28-36 재림빌딩 302호	2008.03.04
95	세강여행사	민세홍	02-2261-1155	서울시 중구 을지로6가 53-4 을지로빌딩 3층	2008.03.04
96	붕정여행사	진상정	02-333-2220	서울시 마포구 연남동 240-63 2층	2008.03.04
97	준스하나	임형균	1588-2660	서울시 마포구 동교동 147-75 조광빌딩 503호	2008.03.04
98	세도여행사	김창구	064-742-8799	제주시 연동 300-6번지 초석프라임빌 2층 201호	2008.03.04
99	두손	최진석	055-286-3003	경남 창원시 외동 851-1 창원산업단지공단 1층	2008.03.04

※ 2008. 06. 27. 현재, 총 99개 여행사

Chapter 6

여행사의 종류는
몇 가지나 되나

Employment Guide
of Travel Agency

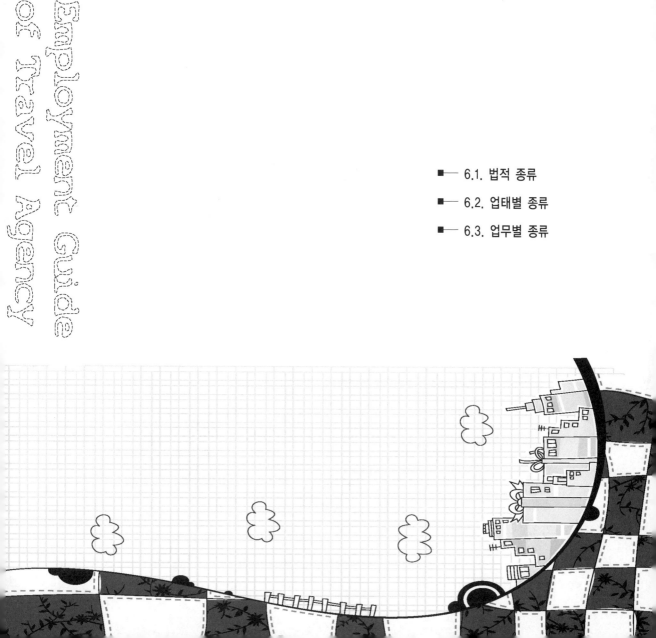

6 여행사의 종류는 몇 가지나 되나

여행사의 종류가 일반인지 국외인지 국내인지?, 어떤 여행상품을 중점적으로 판매하는지?, 어떤 업무를 기준으로 나뉘는지?, 도대체 무엇이 다른 것인지? 이를 잘 모르면 회사에 들어가고 나서 "이럴 수가 없는데"라고 후회하게 된다.

6.1 법적 종류

『관광진흥법시행령』 제2조 제1항 1호에는 여행업의 종류가 명시되어 있는 바, 여행업의 종류에는 다음과 같이 3종류가 있다.

① **일반여행업** : 국내외를 여행하는 내국인 및 외국인을 대상으로 하는 여행업[여권 및 사증을 받는 절차를 대행하는 행위를 포함한다].
② **국외여행업** : 국외를 여행하는 내국인을 대상으로 하는 여행업[여권 및 사증(査證)을 받는 절차를 대행하는 행위를 포함한다].
③ **국내여행업** : 국내를 여행하는 내국인을 대상으로 하는 여행업.

이는 어디까지나 법률적인 구분에 지나지 않는다. 실제로 업계에서는 일반적으로 다음과 같이 구분하는 경향이 있다. 그러나 현재의 여행업종 구분을 내·외국인을 대상으로 국내외 여행상품을 종합적으로 취급하는 종합여행업, 국외와 국내를 통합한 전문여행업, 여행수배업, 온라인여행업 등으로 개편하는 방안도 검토되고 있다. 이밖에 관광전자상거래업이나 관광정보컨설팅업, 관광정보시스템구축업 등을 포함하는 관광정보업종의 신설이나 관광사업체를 대상으로 영업활동을 하면서도 관광사업에 포함되지 못하고 있는 관련 업종을 관광사업으로 포함하는 방안도 논의되고 있다.

6.2 업태(業態)별 종류

6.2.1. 종합여행사

전국적으로 네트워크를 가지고 모든 분야의 상품을 구비한 대규모 여행사.
(예 롯데관광개발, 동서여행사, 한진관광, 현대드림투어, 범한여행 등)

6.2.2 해외 홀세일러(Wholesaler)

해외여행을 전업으로 하는 홀세일 회사. (예 하나투어, 모두투어, 오케이투어 등)

6.2.3. 해외여행 디스트리뷰터(Distributor)

해외여행의 소재(素材)도매업자 주로 항공좌석. (예 탑항공, 항공몰, 업투어 등)

6.2.4. 국내여행 홀세일러

국내여행을 전업으로 하는 홀세일러 회사. (예 하나강산)

6.2.5. 전업 리테일러(Retailer)

자사의 주최상품을 가지지 않고 주로 수배여행과 타사의 기획여행을 판매하는 회사.
(예 지방의 소규모 여행사)

6.2.6. 친회사(親會社)의 출장업무를 중심으로 영업하고 있는 여행사

(예 그룹계열소속 여행사)

최근에는 이러한 구분조차 별 의미가 없어지고 있는 추세이다. 그것은 인터넷을 중심으로 한 네트워크 여행사가 늘어난 탓이기도 하고, 종합여행사로 알려지고 있는 회사가 줄고 있는 탓이기도 하다.

홀세일이라는 회사도 도매만 하는 것이 아니라 자사에서 직접적인 판매를 하고 있거나 미디어 판매를 주류로 한 판매수법의 정착 등도 한 원인이 되고 있다.

> 미디어판매란 주로 신문을 이용하여 광고를 하여 모집하는 형태를 말한다. 고액이면서도 계속적인 효과가 결여된 신문광고는 언젠가는 없어질 시기가 올 것이라고 말하고 있지만 젊은 층의 신문경원(敬遠)과는 별도로 중·장년 층 등 연령이 높은 층은 아직도 신문 등의 광고에 민감한 편이다.

『관광진흥법』제2조 3호에는 기획여행에 관해 정의를 내리고 있다. "기획여행"이란 여행업을 경영하는 자가 국외여행을 하려는 여행자를 위하여 여행의 목적지·일정, 여행자가 제공받을 운송 또는 숙박 등의 서비스 내용과 그 요금 등에 관한 사항을 미리 정하고 이에 참가하는 여행자를 모집하여 실시하는 여행을 말한다.

한국일반여행업협회(KATA)에 등록되어 있는 기획여행업체(패키지투어를 판매할 수 있는 여행사) 58개사 명단은 다음과 같다(2008. 6. 5. 현재).

〈표 6-1〉 기획여행업체 현황

회사명	등록(보험만료)일자	대표자	전화번호
천지항공여행사	2011-05-28	유재우	02-703-7100
여행박사	2010-08-18	신창연	070-7017-2100
투어이천	2010-05-31	양무승	02-2021-2204
온라인투어	2009-12-31	박혜원	02-3705-8364
맥여행사	2009-10-31	구기인	02-1577-1177
노랑풍선	2009-09-25	고재경, 최명일	02-774-7744
현대드림투어	2009-08-31	이도형	02-3014-2402
지이투어	2009-06-28	이성호	031-221-4000
명상여행사	2009-05-31	우종무	02-558-1785
에이치아이에스인터내쇼널투어즈코리아	2009-05-23	야마시타 타이지	02-755-4951
클럽리치항공	2009-05-15	고상일	02-777-6628
웹투어	2009-05-08	홍성원	1588-8526
교문여행사	2009-05-02	이충호	02-783-5300
하늘땅여행	2009-04-30	신현용	02-724-8200

온누리여행사	2009-04-28	온성준	02-568-4424
유진씨앤씨	2009-04-21	문경만	064-724-3800
세일여행사	2009-04-21	박주용	02-733-0011
제주홍익여행사	2009-04-14	김용각	064-746-0088
김앤류투어	2009-03-31	김원영	02-771-3838
여행매니아	2009-03-31	이재덕	02-720-3737
샤프트레블	2009-03-30	백순용	722-6070
클럽메드바캉스	2009-03-06	상재클린희	02-3452-0123
여행찾는사람들	2009-02-19	김승필	064-713-2283
모두투어네트워크	2009-02-17	우종웅	02-755-6776
넥스투어	2009-02-14	웡콕킷	02-2222-6692
교원여행	2009-02-05	장평순	02-725-4956
교원	2009-02-05	이정자	02-397-9198
하나투어	2009-01-31	박상환, 권희석	02-2127-1000
롯데관광개발	2009-01-31	유동수, 김기병	02-399-2300
한진관광	2009-01-31	권오상	02-726-5500
오케이투어	2009-01-28	심재혁	02-3705-2200
보물섬투어	2009-01-06	조성우, 정해성	02-2003-2015
상미회	2009-01-06	이상엽	02-734-1245
선라이즈여행사	2008-12-31	정휘영	02-3210-7700
인터파크투어	2008-12-31	박진영	02-3484-3993
동서여행사	2008-11-30	배동철	02-711-6850
오케이캐쉬백서비스	2008-11-30	박태규	02-6360-4360
참좋은여행	2008-11-21	윤대승	02-2188-4000
시도항공여행사	2008-11-19	김선희	02-533-3688
제수드림여행사	2008-11-19	김석근	064-721-7500
한남여행인터내셔날	2008-10-31	조영균	02-771-9038
세중나모여행	2008-10-31	천신일	02-753-1911
파라다이스관광여행사	2008-10-31	민경우	757-2151
자유투어	2008-10-31	방광식	02-3455-8888
레드캡투어	2008-10-31	심재혁	02-2001-4754
포커스투어	2008-09-16	이재광	02-730-4144

천도관광	2008-09-15	최승무	02-325-7007
평화항공여행사	2008-09-07	박상권	02-3015-1017
예투어	2008-08-29	주재현	053-427-0815
비티앤아이	2008-08-23	송경애, 김병태	02-3788-6338
세방여행	2008-08-13	오창희	02-330-4000
뉴부산여행사	2008-07-31	이종현	051-816-8811
엔에이치여행	2008-07-31	백 현	02-3276-3915
중앙고속	2008-07-01	김상호	02-738-8844
혜성관광	2008-06-30	김준연	02-319-2700
롯데제이티비	2008-06-30	김진익, 사토 류타로	02-3782-3000
대아여행사	2008-06-16	황인규	02-514-6226
여행사닷컴	2008-06-14	엄기원	02-6363-7857

이러한 기획여행사들은 패키지투어를 판매하고 있기 때문에 영업사원이 많이 필요하고, 온라인 영업도 병행하고 있는 곳이 많아서 채용기회가 많은 편이므로 이들 회사를 중심으로 취업을 준비하면 소득이 있을 것이다.

6.3 업무별 종류

그러면 구체적으로 여행사의 업무를 알아보자. 취급하는 분야에 따라서 우선 다음과 같이 크게 3가지로 구분할 수 있다.

① 인트라바운드(Intrabound) 여행사
② 아웃바운드(Outbound) 여행사
③ 인바운드(Inbound) 여행사

국내여행(Intrabound)은 한국에 살고 있는 사람을 대상으로 한국내의 여행을 그 대상으로 한다.

해외여행(Outbound)은 한국에 살고 있는 사람을 대상으로 한국 이외의 나라에 여행하는 것을 그 대상으로 한다.

외국인여행(Inbound)은 해외에 살고 있는 사람을 대상으로 한국에의 여행을 그 대상으로 한다. 외국인을 그 대상으로 하기 때문에 외국어를 필요로 한다. 단, 거래상대는 외국의 여행사/기업이기 때문에 외국어로서는 영어 하나만으로 충분하다. 물론 다른 언어를 알고 있으면 유리하지만, 관광산업에서는 영어가 기본으로 되어 있기 때문에 영어가 가능하면 아웃바운드에 있어서도 기본적으로 부자유한 점은 그다지 없다. 중국 등에서는 북경어를 할 수 있으면 바람직하지만, 중국인도 비즈니스에서는 꽤 빈도 높은 영어를 구사하고 있는 실정이다.

단지 외국인여행업무에 있어서도 국내의 수배업무는 한국인이 되므로 한국어로 업무가 이루어진다. 또한 외국에 대한 지식보다도 국내여행업무와 마찬가지로 국내여행에 관한 지식이 필수적이다.

여행사에서는
어떤 사람을 원하나

7 여행사에서는 어떤 사람을 원하나

Employment Guide of Travel Agency

그러면 어떠한 사람이 여행사맨으로 적합할까? 적성에 대해서 알아보자.

7.1 사람을 좋아하는 사람

여행사에는 여러 가지 일이 존재하지만 무엇보다도 사람과 접하는 경우가 많은 곳이다. 여행을 하고 싶다는 것으로 상담을 하러 오는 사람들을 비롯하여 영업상 고객이 있는 곳까지 직접 가서 상담을 한다, 인솔로 고객과 함께 여행한다, 그리고 여러 가지 자질구레한 것들을 돌봐주는 일을 하는 것이 업무인 곳이다.

적성의 기본 중 기본은 무엇보다도 "남의 부탁을 들어주는 것"을 좋아하는 것이다. 외국어가 장기, 여러 가지 지리지식, 역사지식이 있는 능력보다도 우선 사람을 좋아하면서도 남을 보살피는 것을 좋아하는 사람이 가장 적성에 맞는 사람이라고 할 수 있다.

7.2 이야기를 좋아하는 사람

그러나 여행사는 사람을 상대로 영업을 한다. 그러한 것은 어디서나 마찬가지라고 생각할지 모르겠으나, 크게 다르다. 타 산업에서는 예컨대 컴퓨터를 사는 경우(대형 CPU를 상상해라), 영업이 있고, 상담을 권유할 상대는 물론 "사람"이다.

단지 판매자 측의 영업에 다소 지식이 결여되어 있거나, 말은 서투르지만 판매할 제품이 뛰어나다면 상담 상대방은 제품을 주시하게 된다. 그리고 내용의 좋고 나쁨으로 판단하여 준다.

그러나 여행의 경우에는 자신의 처지에서 진정한 의미를 만든 것은 아니다. 교통기관이나, 숙박기관이나, 모든 것은 여행사 그 자체가 제공하는 것이 아니라, 별도의 기업이 제공하는 것이다. 그것은 그 여행사 없이도 어디서나 팔고 있는 것들 중 하나이다. 혹은 고객이 스스로 수배할 수 있는 것들이 대부분이라고 해도 과언이 아니다. 이것이 여행영업의 큰 차이인 것이다.

여행영업은 결국 자신이 가지고 있는 서비스로 차별을 할 수 없는 것이다. 명쾌한 설명, 기민한 대응, 적정한 판단 등 그것이 요금이 없는 판매물인 것이다. 당연히 사람을 상대로 하는 일을 하면 잘 되지 않는 경우의 고충을 띠지 않을 수 없다. 터무니없는 대형 스트레스를 받는 경우도 있다.

여하튼 인간은 감정의 동물이다. 마음에 들지 않으면 계속해서 고충을 털어 놓는다. 또한 사람의 호·불호는 천차만별이기 때문에 이 사람에는 좋은 것이라고 해도 다른 사람의 감정을 상하게 하는 일도 발생할 수 있는 것이다.

이치에 맞지 않는 것을 계속해서 주장하는 일도 허다할 것이다. 그러한 일에 참을 수 있는 사람, 끈질기며 강한 성격이지 않으면 안 된다. 참는 일에 도가 트는 것이 가장 중요하다.

그렇다고 해서 여행사의 업무는 말이 없어서는 곤란하다. 왜냐하면 여행업무는 대개 사람들의 얘기를 많이 해야 하는 직장이다. 사원들끼리도 정보를 교환하기 위해서라도 이야기를 많이 해야 한다. 즉 수다쟁이가 좋다는 것인지도 모른다.

7.3 호기심이 많은 사람

그리고 필요한 것은 호기심이다. 즉 여러 가지 것에 흥미를 가지고 있지 않으면 안 된다. 왜냐하면 고객들로부터 잡다한 질문을 받기 때문이다. 편의점에도 고객이 언제나 오지만 진열상품을 골라 계산대로 가지고 온다. 오늘은 무엇을 살까를 자신이 결정하는 것이다. 그러나 여행사는 "어딘가에 가고 싶다"는 정도만 가지고 오는 경우가 많기 때문에 그들에게 상세한 설명을 하여 여행을 권유하는 것은 단순한 일이 아니다. 상대의 흥미에 맞출 수 있는 기민한 판단, 위트, 유모어 있는 회화를 할 수 있는 능력도 필요하다. 그것이 가능한 사람은 역시 호기심을 많이 가진 사람일 것이다.

7.4 밝은 성격인 사람

그 다음은 밝은 성격이다. 여행을 가는 사람은 누구나 즐거움을 추구하기 위해서일 것이다. 그 뒷바라지를 하는 사람이 밝고 즐거운 성격의 소유자가 아니어서는 누구도 여행사에 오려고 하지 않을 것이다. 당신은 밝은 성격으로 남들 돌보기를 좋아하는 사람인가요?

7.5 항상 웃는 사람(인상)

인상이 좋은 사람은 흔히 체격이 좋고 넉넉한 이미지를 주는 사람이라고들 말하나 이것은 선천적인 요소일 뿐 나머지 웃는 인상은 만들어진다. 항상 웃는 연습을 하고 웃기를 좋아하는 사람은 인상에서부터 웃는 얼굴이 형성된다.

7.6 항상 단정한 사람(이미지)

자신의 옷차림이나 행동이 단정하고 바른 사람일수록 고객에게 호감을 줄 수 있으며, 이것은 항상 자신을 가꾸는 사람을 의미한다. 여행사가 여행상품을 판매하는 곳이기에 더욱 그러하다. 여행상품에는 서비스라는 주요한 요소가 포함되어 있기 때문에 인적서비스는 첫 이미지에서 출발한다고 볼 수 있다.

Chapter 8

여행사 취업에 필요한 자격증

Employment Guide of Travel Agency

8 여행사 취업에 필요한 자격증

자격은 광범위하게는 지식 및 기술의 습득 정도를 나타내는 개념으로 규정할 수 있으나, 협소한 의미로 볼 때에는 구체적인 직무수행에 필요한 능력을 일정한 기준과 절차에 따라 평가·인정한 증명서, 즉 자격증(Certificate)을 의미하기도 한다.

자격의 관련용어로는 ① 면허, ② 공인, ③ 인증, ④ 인정(認定), ⑤ 검정, ⑥ 평가 등의 용어가 사용되고 있으며, 각각의 개념을 정리하여 제시하면 다음 〈표 8-1〉과 같다.

〈표 8-1〉 자격관련 용어

용 어	개 념
면 허	법에 의해 일정한 일을 수행하도록 허가하는 행위
공 인	국가나 사회단체가 어느 행위나 물건에 대하여 인정하는 행위
인 증	어떤 행위 또는 문서의 성립 기재가 정당한 절차로서 이루어졌음을 공식적인 기관이 증명하는 것. 호주에서는 '평가인정'(Accreditation)으로 사용
인 정	국가나 지방자치단체가 자체의 판단에 의하여 어떤 일의 옳고 그름(當否)을 결정하는 일
검 정	행정관청이 물건의 품질이나 사람의 학력(學力)에 관하여 그것이 법령이 정하는 기준에 합치되는지의 여부를 검사하여 인정하는 일
평 가	개인에 대해서보다는 프로그램, 교육과정, 기관과 같은 대상에 적용되는 개념으로 많이 쓰이며, 주로 상호 비교 관점을 중시

8.1 관련법규

우리나라 관광종사원 자격제도는 현행 『관광진흥법』 제38조(관광종사원의 자격 등) 및 동법 시행령 제36조에 의거하여 시행되고 있다. 동법의 중요내용은 다음과 같다.

① 관할 등록기관등의 장은 대통령령으로 정하는 관광업무에는 관광종사원의 자격을 가진 자가 종사하도록 해당 관광사업자에게 권고할 수 있다.

② 제1항에 따른한 관광종사원의 자격을 취득하려는하는 자는 문화체육관광부령으로 정하는 바에 따라 문화체육관광부장관이 실시하는 시험에 합격한 후 문화체육관광부장관에게 등록하여야 한다. 다만, 문화체육관광부령으로 따로 정하는 자는 시험의 전부 또는 일부를 면제할 수 있다.

③ 문화체육관광부장관은 제2항의 규정에 의하여 등록을 한 자에게는 관광종사원자격증을 내주어야 한다.

④ 관광종사원자격증을 가진 자는 그 자격증을 잃어버리거나 못 쓰게 되면 문화체육관광부장관에게 그 자격증의 재교부를 신청할 수 있다.

〈표 8-2〉 여행업무별 종사자

여행업무별	종사할 수 있는 사람
외국인의 국내여행안내와 내국인의 국내외 여행안내	관광통역안내사 자격증 소지자
내국인의 국외여행 안내	국외여행인솔자 자격인정증 소지자
내국인의 국내여행 안내	국내여행안내사

국외여행인솔자 자격의 경우에는 2종류의 자격증 취득과정이 있으며, 다른 자격과는 달리 이 자격은 일단 교육을 수료한 후 일정 시험을 거쳐 자격이 부여되는 특징이 있다.

〈표 8-3〉 국외여행인솔자 자격취득

교육종류 및 교육시간	대 상	구비서류
소양교육 (15시간 이상)	여행사 근무경력 1년 이상인 자	1. 국내 소재 여행업체 1년 이상 근무 확인용(다음 3가지 중 택일) • 갑종근로소득에 대한 소득세원천징수확인서(세무사 발행) • 국민연금정보자료통지서(국민연금관리공단 발행) • 건강보험자격득실확인서(건강보험관리공단 발행) 2. 국외여행 유경험 확인용(다음 2개중 택일) • 여권 내 출국확인 도장 찍힌면 사본 • 출입국에 관한 사실증명서(출입국관리사무소 발행) 3. 여권 첫면 인적사항면 사본
양성교육 (192시간 이상)	여행사 경력 6개월 이상 또는 관광관련 전문대 이상 졸업자 또는 졸업예정자	1. 관광관련학과 졸업(예정)자 : 졸업(예정)증명서 1부 2. 여행사 6개월 이상 경력자 : 갑종근로소득에 대한 소득세원천징수확인서/국민연금정보자료통지서/건강보험자격득실확인서 중 1부(의료보험증은 안됨)

8.2 시험전형 및 방법

관광통역안내사 자격시험은 대부분 단답형 위주로 검정하며 외국어 듣기시험, 면접시험 및 필기시험의 순서로 시행하고 있으며, 외국어 듣기시험 및 면접시험에 합격되지 아니한 자는 필기시험에 응시할 수 없도록 하고 있다.

국내여행안내사 자격시험 전형방법은 면접시험을 합격하여야만 필기시험자격조건이 주어지며, 필기시험 합격기준은 매 과목 4할(40점) 이상과 평균 6할(60점) 이상이 되어야 합격할 수 있다. 필기시험 과목으로는 관광법규, 국사, 관광자원해설 및 관광학개론이다.

현재 시행되고 있는 자격증 종류에 따른 시험과목 및 종류 및 시험실시과목의 시험방법은 다음 〈표 8-4〉와 같다.

〈표 8-4〉 자격증 종류에 따른 시험과목 종류 및 시험실시과목의 시험방법

구 분		듣기시험	면접시험	필기시험	시험의 주관기관
관광통역안내사	시험방법 및 시험과목	외국어 듣기평가 (40문항)	• 평가내용 　－국가관·사명감 등 정신자세 　－전문지식과 응용능력 　－예의·품행 및 성실성 　－의사발표의 정확성과 논리성 • 평가방법 　－해당 외국어 구사능력 평가 　－필기시험과목을 포함한 일반 관광상식 평가	• 관광법규(20%) • 관광학개론(20%) • 국사(40%) • 관광자원해설(20%) • 토익 760점 이상	한국 관광공사
	합격결정기준	총점의 6할 이상	총점의 6할 이상	매 과목 4할 이상, 전 과목의 점수가 배점비율로 환산하여 총점의 6할 이상	
국내여행안내사	시험방법 및 시험과목	없음	• 평가내용 　－국가관·사명감 등 정신자세 　－전문지식과 응용능력 　－예의·품행 및 성실성 　－의사발표의 정확성과 논리성 • 평가방법 　－필기시험과목을 포함한 일반 관광상식 평가	• 국사(30%) • 관광자원해설(20%) • 관광법규(20%) • 관광학개론(30%)	한국관광 협회중앙회
	합격결정기준	총점의 6할 이상	총점의 6할 이상	매 과목 4할 이상, 전 과목의 점수가 배점비율로 환산하여 총점의 6할 이상	
검정횟수		연 1회 이상			

8.3 부수적으로 필요한 자격

8.3.1. 외국어(특히 영어)

자격으로서 중요한 것은 역시 영어이다. 영어에서는 아무리 못해도 토익 500점 정도는 되어야 할 것이다. 최근에는 각 여행사에서 토익을 평가기준으로 정하고 있다. 토플도 참고 하고 있는 여행사도 물론 있다. 그러나 기본적으로는 토익을 준비해 두는 것이 유리할 것이 다. 지원 자격에는 외국어공인성적의 기준은 제시하고 있지 않지만, 항공사의 사례로 볼 때 토익 550점 이상이 기준점수이다.

몇 점을 받으면 좋을까? 물론 높으면 높을수록 유리할 것이지만, 여행사에서는 상식적인 능력과 대인관계 등이 더욱 중요하며, 외국어는 기본일 것이다. 또한 여러 여행사들은 관광 관련학과 전공자들에게 현장실습의 기회를 부여하고 있는데, 이것 또한 영어가 기본이 되어 야 가능한 경우가 대부분이다. 실제업무는 입사하고 나서 필요에 따라 공부해도 될 만한 것 들이 대부분이니까.

8.3.2. 컴퓨터기술

최근에는 컴퓨터기술도 중요한 변수의 하나로 작용하고 있다. 흔글이나 MS워드, 파워포 인트, 홈페이지 제작, 프리젠테이션 자료작성 등 비즈니스에 곧바로 필요한 기능들은 재학 중에 확실하게 공부해 두는 것이 중요하다. 또한 마이크로소프트 오피스를 다룰 수 있으면 좋을 것이다. 이것은 자기평가에서 "높은 수준"이라고 말할 수 있어야 한다. 채용현장에서 이에 관한 시험을 치는 것은 아니기 때문에 확실하게 능력을 강조해 두는 것이 중요하다. 구체적인 자격으로서는 SPSS 등 통계프로그램을 다룰 수 있는 정도가 되넌 더더욱 좋을 것이다.

8.3.3. 기타자격

각 항공사에서 실시하고 있는 예약 발권에 관한 자격증도 도움이 될 것이다. 즉 컴퓨터 예약시스템(CRS : Computerized Reservation System)에 관한 자격이다. 국내 항공사의 경 우 대한항공의 토파스(TOPAS)나 아시아나항공의 아바쿠스(ABACUS)가 그것이다.

항공예약시스템(CRS)은 항공여행 업무에 있어 필수적인 요소로서 항공예약을 핵심 시스템으로 하여 여행과 숙박 등의 부가적인 관광정보를 제공하고 있다. 항공사 및 여행·관광업체에서도 CRS 교육 이수자를 요구하고 있는 곳이 대부분이며, 항공 예약/발권 교육을 이수한 사람에게는 채용시 가산점을 주는 항공사 및 여행사가 많다.

예약/발권시스템도 최근에는 GDS(Global Distribution System)로 발전하는 단계인데, 세계 4대 GDS는 갈릴레오(Galileo), 세이버(Sabre), 월드스팬(World Span), 아마데우스(Amadeus)가 있다.

GDS는 여러 항공사가 연합하여 개발·사용하고 있는 메가 예약시스템이다. 월드스팬(World Span)과 갈릴레오는 그 맥락에서 비슷하지만, 현재 전 세계적 점유율은 갈릴레오가 앞서고 있으며 국내점유율도 월드스팬보다 더 높은 게 사실이다. 우리나라에서 월드스팬은 지금 막 새로 시작하고 있는 단계이다.

어떤 CRS건 경력 3년 이상의 전문가들은 일주일 정도의 보수교육만으로도 타 CRS를 운영하는데 큰 지장은 없다. 하지만 윈도화가 되어 있는 갈릴레오의 경우 DOS 체제인 토파스 사용자들이 오히려 어려워하며, 익숙하지 않다는 얘기들을 하지만, 실제 업무에서는 그 활용성과 편리성, 효율성은 토파스에 비해 월등하다는 점은 모두 인정해 주고 있다.

외국어의 경우 영어가 기본이라면 일본어, 중국어는 향후 가장 필요한 언어가 될 전망이다. 인바운드(Inbound)의 경우 일본어는 필수이며, 중국인 관광객 담당부서의 경우 중국어가 필수일 것이다. 이것은 동북아시아 3개국의 관광인프라 구축과 관광자원의 통합 등 미래의 관광공동체로서 공동관광시장을 형성할 경우에 대비하여 반드시 준비해야 할 과제이다.

여행사의 장래성

Employment Guide of Travel Agency

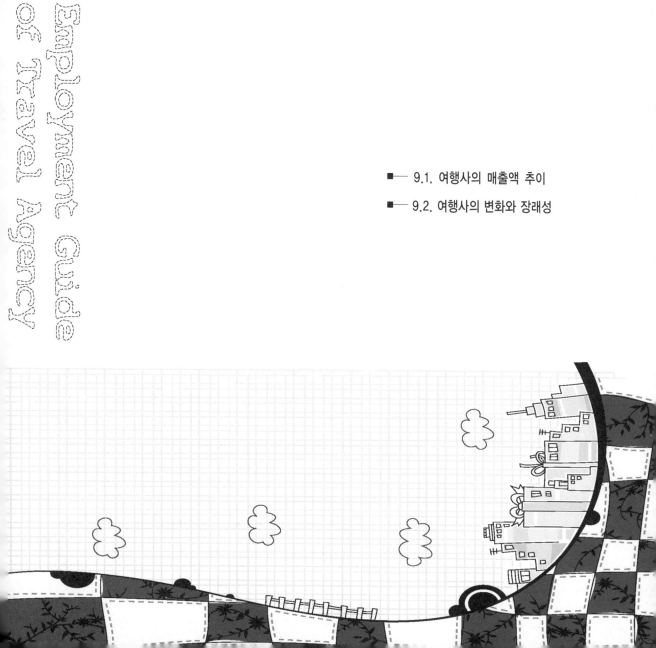

9 여행사의 장래성

　여행사는 지금 크게 요동치고 있다. 대형 여행사들은 항공권 판매수수료의 삭감조치(9% → 7%)에 따라 수익에 상당한 타격이 예상되고, 인터넷을 무대로 한 이업종(異業種)으로부터의 잠식, 운수·숙박업체들의 직판강화 등에 따른 탈여행사화의 촉진, 2010년 항공권 판매수수료(0%) 폐지 등으로 몸살을 앓고 있는 중이다. 그러므로 지금 여행업계는 조용히 업계 재편성 기류가 감지되고 있다. 이런 상황에서 여행업의 장래성은 있는 것일까? 취직해서 10년 20년 동안, 아니 평생동안 일을 해야 할지도 모르는 여행업의 장래에 대해서 생각해 보자.

9.1 여행사의 매출액 추이

　상위 30대 여행사의 과거 약 10년간 매출액 추이를 살펴보면, 인바운드 업체별 매출액 추이는 〈표 9-1〉과 같고, 2007년도 매출액 기준 상위 30대 여행사의 과거 매출액을 역산한 결과이며, 아웃바운드 업체별 매출액 추이도 마찬가지로 〈표 9-2〉와 같다.

　인바운드 여행사의 경우 여행업의 근간을 이루며, 인바운드 여행사의 장래성이 아웃바운드 여행사의 장래성에 큰 영향을 준다.

　인바운드 상위 30위 여행사를 기준으로 살펴보면, 상위 15개사에서 각 연간 1,000만불(약 104억원) 이상의 실적을 보이고 있다. 이 결과는 여행사와 관련기업인 관광호텔·관광음식점·관광토산품점·면세점 등에 대한 파급효과로 연결되어 돈으로 환산하기 힘든 막대한 영향을 주고 있다는 것을 반증하는 자료라고 볼 수 있다.

　또한, 아웃바운드의 경우 상위 3개사(하나투어, 모두투어, 롯데관광개발)의 매출액은 10년

전과 비교하여 많게는 50배에서 25배 이상 성장하였음을 알 수 있다.

흔히 말하는 대형 여행사(상위 30위 여행사)는 규모의 경제(코스닥, 코스피에 상장)를 기반으로 부가가치성이 높은 패키지상품 판매자로 탈바꿈하고 있으며, 최근 중견 여행사의 인수합병(M&A)은 IT업체와 주로 이루어져 여행사의 자본금을 상승시키며, 매출액 신장과 종사원의 복리후생의 강화, 지위상승 등으로 연결되어 여행사의 장래를 밝게 해주는 역할에도 크게 일조하고 있다.

다음의 예에서 우리들은 그 장래성을 읽을 수 있다.

〈표 9-1〉 인바운드 업체별 매출액 추이(1998~2007)

순위	업체명	매출액($)									
		1998	1999	2000	2001	2002	2003	2004	2005	2006	2007
1	한진관광	6,039,990	18,366,705	21,389,460	18,546,017	16,794,746	10,730,894	21,408,617	19,754,265	23,200,733	30,576,916
2	체스투어	-	-	-	-	-	-	30,576,916	30,179,166	27,206,350	29,852,980
3	롯데관광	1,917,465	13,091,083	17,737,925	19,764,181	20,526,376	13,597,687	27,206,350	25,037,077	25,058,680	26,408,717
4	에치아이에스코리아	3,885,806	4,306,240	-	-	12,688,732	11,627,976	15,023,139	21,841,401	21,408,617	24,286,943
5	세방여행	5,482,639	21,614,003	24,486,808	19,212,578	17,879,702	12,008,351	25,058,680	20,583,165	20,703,180	20,216,655
6	세일관광	10,964,120	15,330,123	18,524,223	15,828,182	13,041,967	10,105,338	20,216,655	12,087,692	18,934,796	15,023,139
7	동서여행사	14,843,602	19,565,625	27,086,442	23,767,709	20,848,643	8,774,950	7,980,214	22,000,207	12,225,112	7,980,214
8	한남여행인터내셔날	7,050,395	7,586,372	7,665,801	7,972,627	10,077,359	6,056,890	14,378,501	13,354,315	10,448,791	14,378,501
9	전국관광	8,174,391	11,529,356	12,969,165	13,284,669	11,664,213	8,849,572	17,663,578	16,360,804	18,757,486	17,663,578
10	케이티비투어	-	-	-	-	-	-	13,842,614	-	-	13,842,614
11	한나라관광	-	-	3,024,713	6,169,484	7,922,225	6,758,666	13,955,256	12,811,000	13,721,000	13,955,256
12	코네스트코리아	-	-	-	-	-	-	3,038,080	-	1,707,199	3,038,080
13	세한여행사	-	-	-	-	-	-	10,088,238	7,792,699	8,635,995	10,088,238
14	대한여행사	18,016,634	22,669,083	25,798,096	24,958,458	25,230,289	16,772,957	10,659,278	32,280,846	32,983,440	10,659,278
15	동보여행사	9,414,785	11,927,078	13,924,839	13,367,106	10,614,864	7,713,704	11,004,438	13,606,263	12,337,449	11,004,438
16	한비여행사	-	-	-	-	-	-	10,769,375	9,854,618	11,106,863	10,769,375
17	엔티에스인터내셔날	-	3,386,699	7,677,034	8,819,180	8,397,274	4,360,365	6,625,872	7,105,602	8,812,729	6,625,872
18	씨앤피여행사	-	-	2,003,412	4,709,281	5,275,809	3,666,650	6,227,159	7,298,319	5,982,251	6,227,159
19	에버렉스	-	-	-	-	-	-	6,479,301	10,069,085	5,352,515	6,479,301
20	아주인센티브	2,047,032	5,183,263	5,112,723	5,134,311	-	-	2,712,853	-	681,517	2,712,853
21	한국관광여행사	6,218,878	6,457,775	8,957,340	6,796,095	6,251,926	3,529,162	4,630,678	7,787,736	7,324,337	4,630,678
22	인화관광	-	-	-	-	-	-	3,918,021	-	3,708,934	3,918,021
23	천풍여행사	-	-	-	-	-	-	4,442,579	-	3,067,109	4,442,579
24	알렉스여행사	-	-	3,500,497	2,898,635	2,493,808	2,005,511	3,736,033	-	3,318,475	3,736,033
25	세린여행사	1,299,151	5,419,296	4,755,794	5,408,961	4,937,852	4,180,267	5,770,281	8,305,976	8,737,718	5,770,281
26	숭인여행사	1,780,982	2,845,233	-	-	4,994,852	5,029,090	4,060,154	6,876,503	3,726,704	4,060,154
27	세중쓰어데스크코리아	-	-	-	-	5,231,814	3,421,540	2,742,638	4,283,344	5,526,702	2,742,638
28	하나투어인터내셔날	-	-	-	-	-	-	4,291,350	-	5,042,961	4,291,350
29	화방관광	-	-	-	-	-	-	2,539,900	-	938,900	2,539,900
30	도우관광	-	-	-	-	-	-	1,762,812	3,657,469	3,329,986	1,762,812

자료 : 한국일반여행업협회, 관광통계·국제여행통계를 바탕으로 재작성.

　　　※2007년 순위를 기준으로 과거 10년간 매출액을 조사한 결과임.

　　　※자료가 누락된 여행사의 경우 신규 여행사 또는 30위권에 진입이나 탈락을 반복한 것임.

〈표 9-2〉 아웃바운드 업체별 매출액 추이(1998~2007)

순위	업체명	매출액(천원)									
		1998	1999	2000	2001	2002	2003	2004	2005	2006	2007
1	하나투어	27,999,381	68,864,867	98,274,177	127,751,086	203,473,380	226,934,225	357,189,554	506,104,811	794,801,778	1,068,328,874
2	모두투어네트워크	20,880,385	27,015,166	36,440,013	47,734,939	97,499,450	112,172,459	174,873,485	228,592,787	350,147,666	529,902,855
3	롯데관광개발	7,305,845	19,392,041	48,166,523	70,901,997	102,101,136	102,519,622	140,623,507	168,698,928	260,214,891	308,399,119
4	자유투어	20,080,958	36,339,941	74,766,340	68,577,332	86,891,653	92,506,046	107,064,174	126,205,197	150,986,597	185,710,327
5	온라인투어	-	-	-	-	-	4,844,909	27,327,175	47,215,837	79,825,705	105,942,125
6	여행박사	-	-	-	-	-	-	-	12,319,645	527,043,401	93,628,534
7	넥스투어	-	-	-	11,387,061	19,651,622	27,162,989	42,997,680	62,703,308	98,678,594	108,304,014
8	세중나모여행	1,330,502	4,510,040	11,385,011	10,742,492	12,092,710	10,284,220	30,092,240	47,525,331	56,995,728	125,860,343
9	노랑풍선	-	-	-	-	-	-	-	-	48,890,678	99,184,582
10	인터파크투어	-	-	-	13,684,811	19,944,606	21,769,999	24,175,158	26,189,837	76,553,054	108,818,915
11	오케이투어	-	-	-	-	29,911,563	19,710,363	-	-	74,408,459	80,413,825
12	참좋은여행	-	-	15,709,851	21,635,707	-	-	48,342,080	55,541,101	69,907,675	82,930,759
13	투어이천	-	-	9,779,399	19,413,857	-	-	43,817,062	54,455,696	64,821,750	67,536,768
14	여행사닷컴	-	-	-	-	-	-	-	-	-	72,039,651
15	현대드림투어	-	-	17,931,834	20,613,287	49,326,370	48,103,716	-	-	77,547,364	89,245,619
16	보물섬투어	-	-	-	-	-	-	11,250,441	15,373,706	35,409,526	36,981,088
17	온누리여행사	-	-	-	-	-	-	10,822,662	28,387,469	56,317,542	59,356,831
18	레드캡투어	-	-	-	-	-	-	-	-	62,337,244	79,207,518
19	포커스투어	-	-	-	-	-	-	19,652,920	40,938,677	49,487,433	42,971,023
20	에버렉스	-	-	-	-	-	-	-	-	29,834,422	52,726,194
21	여행매니아	-	-	6,960,065	29,222,061	24,718,893	20,484,010	34,978,289	36,674,212	47,003,661	48,047,183
22	한진관광	9,417,488	28,036,620	29,392,217	27,415,830	29,513,412	37,349,817	61,876,177	69,603,660	64,840,397	75,004,289
23	비티엔아이	-	-	-	-	-	-	-	-	31,184,711	35,308,028
24	김앤류투어	-	-	-	18,187,876	24,227,224	19,730,793	28,313,294	38,032,630	42,477,623	54,081,444
25	맥여행사	-	-	-	-	-	-	-	-	34,597,814	38,481,549
26	OK캐쉬백서비스	-	-	-	-	-	-	-	-	57,568,223	49,938,237
27	대한관광여행사	-	-	-	-	-	-	-	-	0	35,606,285
28	엔에이치여행	-	-	6,846,603	6,144,183	-	-	-	-	22,725,713	31,375,136
29	내일여행	-	-	-	-	13,214,134	17,048,551	-	-	23,257,551	37,050,831
30	세일여행사	1,641,329	4,542,402	5,467,690	4,914,095	6,041,471	6,179,518	-	-	9,354,425	9,204,646

자료 : 한국일반여행업협회, 관광통계·국제여행통계를 바탕으로 재작성.
　　※2007년 순위를 기준으로 과거 10년간 매출액을 조사한 결과임.
　　※자료가 누락된 여행사의 경우 신규 여행사 또는 30위권에 진입이나 탈락을 반복한 것임.

〈표 9-3〉의 자료와 같이 원화 강세, 주변국 저가 여행상품 출시, 전반적 해외여행 선호
경향 등으로 인해 2007년 내국인 해외여행자는 전년의 높은 성장세를 그대로 이어 나가며
방한객의 2배가 넘는 1,332만명을 기록했다. 특히 방학시즌인 1월과 7, 8월에 높은 성장세
를 나타냈는데, 단기 어학연수 등의 수요가 크게 늘어나 2007년 내국인 해외여행자 1,332
만 4,977명으로 전년 동기대비 +14.8% 증가하였다.

연도별 성장률을 보면 2003년 +10.4%, 2004년 +17.5%, 2005년 +9.0%, 2006년 +
28.5%이며, 2007년 출국자 특성을 보면 남성은 +8.3% 여성은 +9.9% 증가했으며, 연령
별로는 모든 연령대가 두 자리 수 성장을 기록한 가운데, 60세 이상(+19.0%), 50대(+
18.5%), 20대 이하(+16.7%) 순으로 높은 증가세를 나타냈다.

〈표 9-3〉 출입국 및 관광수지통계(1997~2007) 단위 : 천명, 백만 불, %

구 분	외래객 입국	증가율	내국인 출국	증가율	관광수입	증가율	관광지출	증가율	관광수지
1997	3,908	6.1	4,542	-2.3	5,116.0	-5.8	6,261.5	-10.1	-1,145.6
1998	4,250	8.8	3,067	-32.5	6,865.4	34.2	2,640.3	-57.8	4,225.1
1999	4,660	9.6	4,341	41.6	6,801.9	-0.9	3,975.4	50.6	2,826.5
2000	5,322	14.2	5,508	26.9	6,811.3	0.1	6,174.0	55.3	637.3
2001	5,147	-3.3	6,084	10.5	6,373.2	-6.4	6,547.0	6.0	-173.8
2002	5,347	3.9	7,123	17.1	5,918.8	-7.1	9,037.9	38.0	-3,119.1
2003	4,753	-11.1	7,086	-0.5	5,343.4	-9.7	8,248.1	-8.7	-2,904.7
2004	5,818	22.4	8,826	24.5	6,053.1	13.3	9,856.4	19.5	-3,803.3
2005	6,022	3.5	10,078	14.2	5,793.0	-4.3	12,025.0	22.0	-6,232.0
2006	6,155	2.2	11,610	15.2	5,759.8	-0.6	14,335.9	19.2	-8,576.1
2007	6,448	4.8	13,324	14.8	5,750.1	-0.2	15,880.1	10.8	-10,130.0

자료 : 한국관광공사, 관광통계분석.
  ※2007년 관광수입·지출·수지는 잠정치임.
  ※월별 수치는 반올림한 것으로 합계와 차이가 있을 수 있음.

한국관광공사에서 예측한 〈표 9-4〉 전체 외래객 입국 및 내국인 출국 예측자료에 의하면
외래객 입국의 경우 2007년부터 4.05% 성장할 것이라고 예측하였으며, 2007년 실제 외래
객 입국자수는 6,448,240명으로 나타나 예측수치보다 높게 나타났다. 또한 내국인 출국의

경우 연도별 2008년부터 2009년까지는 10% 성장률, 2010년부터 2012년까지는 7.5%, 2013년부터 2016년까지는 4% 성장률을 예측하고 있으며, 2007년 13,324,977명으로 집계되어 예측수치보다 높게 나타났다. 물론 예측자료는 시계열 분석(통계숫자를 시간의 흐름에 따라 일정한 간격마다 기록한 통계계열)을 통한 자료이므로 변동의 여지는 분명히 있다. 그러므로 예측자료를 바탕으로 한 수치보다 실제 수치가 높게 나타난 결과는 향후 여행이 계속 발전하면서 유지될 것이라고 전망할 수 있으며, 이는 여행사의 주요 업무인 예약·수배·대리·이용·알선의 역할이 더욱 중요해질 것이라는 것을 의미하며, 이는 여행사에 종사하는 종사원으로부터 시작될 것이다.

⟨표 9-4⟩ 전체 외래객 입국 및 내국인 출국 예측 (2007~2016)

연 도	외래객입국(명)	성장률(%)	내국인출국조정(명)	성장률(%)
1990	2,958,839	–	1,560,923	–
1991	3,196,340	8.03	1,856,018	18.91
1992	3,231,081	1.09	2,043,299	10.09
1993	3,331,226	3.10	2,419,930	18.43
1994	3,580,024	7.47	3,154,326	30.35
1995	3,753,197	4.84	3,818,740	21.06
1996	3,683,779	−1.8	4,649,251	21.75
1997	3,908,140	6.09	4,542,159	−2.30
1998	4,250,216	8.75	3,066,926	−32.48
1999	4,659,785	9.64	4,341,546	41.56
2000	5,321,792	14.21	5,508,242	26.87
2001	5,147,204	−3.28	6,084,476	10.46
2002	5,347,468	3.89	7,123,407	17.08
2003	4,752,762	−11.12	7,086,133	−0.52
2004	5,818,138	22.42	8,825,585	24.54
2005	6,022,752	3.52	10,080,143	14.22
2006	6,172,000	2.48	11,500,000	14.09
2007	6,421,966	4.05	12,650,000	10.00
2008	6,682,056	4.05	13,915,000	10.00
2009	6,952,679	4.05	15,306,500	10.00

2010	7,234,262	4.05	16,454,488	7.50
2011	7,527,250	4.05	17,688,574	7.50
2012	7,832,104	4.05	19,015,217	7.50
2013	8,149,304	4.05	19,775,826	4.00
2014	8,479,351	4.05	20,566,859	4.00
2015	8,822,764	4.05	21,389,533	4.00
2016	9,180,086	4.05	22,245,115	4.00

자료 : 한국관광공사, 한국관광수요예측.

〈그림 9-1〉 전체 외래객 입국 및 내국인 출국예측

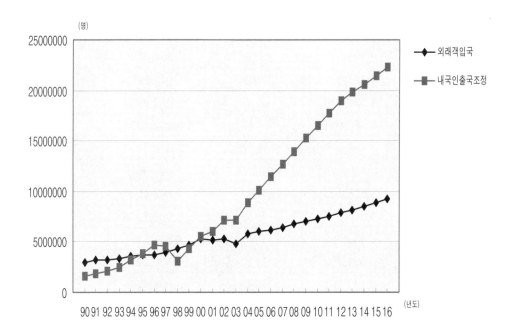

9.2 여행사의 변화와 장래성

9.2.1. 단순여행업에서 여행창조업으로

대표적인 사례가 일본의 긴키니폰(近畿日本)투어리스트이다. 이 여행사 홈페이지에는 다음과 같은 글귀가 소개되고 있다.

『숙박·수송의 수배, 발권을 중심으로 한 구태의연한 영업에서 창조업이라는 새로운 비즈니스모델에의 전환』을 지향하여 새로운 무대로 나가자. 이는 탈여행사하여 여행창조업으로의 도전을 의미하고 있다.

이벤트(Event), 컨벤션(Convention), 콩그레스(Congress)에서 발생하는 비즈니스를 업무영역으로 흡수하는 것이다. 즉 ECC사업의 전개에 따라 고객관계관리(Customer Relationship Management)강화를 통해 고객이 여행지에서 추구하고 있는 목적이 무엇인가를 찾아내 연구하고, 상품화하여, 판매를 철저히 한다. 한 사람, 한 사람의 고객과의 관계형성을 보다 깊게 함으로써 사업가치의 극대화를 도모하는 것이다.

9.2.2. 문화교류사업

『창조형 여행업』에의 이행을 추구하고 있는 일본교통공사(日本交通公社·JTB: Japan Travel Bureau)의 방향성이다. 이 회사 홈페이지를 보자.

『21세기 관광발전의 일익을 담당하고, 국내외 사람들의 교류를 촉진하여, 평화로 가슴 뿌듯한 사회실현에 공헌한다』 이것이 일본교통공사의 기업이념이다. 아는 바대로 이 회사는 여행업으로서는 세계 1등 여행사이다. 이러한 세계 최고의 여행사도 사업영역은 이미 여행만으로 그치지 않고 있다. 여행업에서 축적한 노하우를『광고·이벤트 킨벤션』『금융·보험』『정보서비스』『물류』를 비롯하여 여러 분야에 미치고 있다. 여행업이라는 한 가지 이미지로 JTB를 연상시키는 것이 아니라『종래의 여행업의 틀에 갇히지 않고, 창조형 여행업으로서 새로운 비즈니스 모델을 창출하고 있다』는 것도 이해해 주기 바란다.

9.2.3. 여행사는 장래성이 있는가?

이에 대한 대답은 그렇다고 할 수 있다. 단지, 여관 수배라든가 열차표를 팔고 있는 정도

의 비즈니스모델을 가지고서는 살아남을 수 없다. 새로운 비즈니스 모델을 창조한 여행사만이 살아남을 수 있겠으나, 이것이 『여행사』라는 말로 표현할 수 있는지 어떤지는 잘 모르겠다. 아마도 10년~15년 후에는 많이 달라져 있을 것이다.

일례로 문화·예술 분야의 선진국인 유럽에서는 스트레스가 적고 여가를 즐길 수 있는 직업이 '최고'로 조사되어 해외관광 주재원이 장래성 밝은 직종으로 선별됐으며, 건강·레저를 주목하라는 문단에서 여행업은 최근 들어 가장 성장세가 두드러진 업종이다. 그 중에 여행 상품을 기획하는 인력에 대한 수요가 급증하고 있다. 여행상품 기획자가 되려면 우선 해외 현지의 호텔, 항공 담당자와 커뮤니케이션을 할 수 있는 외국어 실력이 기본이 돼야 하며, 여행을 즐기고, 최신 트렌드를 읽는 마케팅 능력도 필수이다(조선닷컴, 2007. 09. 16.)라고 밝히고 있다. 이와 같이 지금부터 여행사에 취직하려고 준비하고 있는 사람들은 그러한 변화에 대해서 대응해 나갈 수 있는 사람이지 않으면 안 될 것이다.

대부분 여행사들의 뿌리를 보면 과거 몇 개의 대형 여행사에서 업무를 배워 창업을 한다. 그리고 그곳에서 배웠던 지식 그대로 후배들을 가르친다. 그 결과 대부분의 여행사에서 과학적인 마케팅은 존재하지 않고 덤핑위주의 신문광고로 몇 개 일간지에 막대한 공헌을 한다. 선배들에게 배운 "값이 싸면 통한다"라는 유일무이한 전략으로 대박을 꿈꾸며 무작정 신문광고 전쟁에 덤벼든다. 그러다 부도가 나면 비슷비슷한 형태의 또다른 회사가 생겨나고 이들은 다시 과거의 수법으로 고객을 유인한다(이진석, 2004).

매일매일 신문광고라는 마약을 먹고 산다는 업계 선배의 말씀이 생각난다. 과연 한국의 여행업계에 빌게이츠가 나타날 수는 없는가? 여행업에 비전은 무엇인가? 누가 'Next Step'의 문을 열 것인가? 한국의 여행업계에 삼성처럼 세계적인 브랜드의 여행사가 탄생할 수 없을까? 그대 아직 꿈꾸고 있다면 이 문을 여는 열쇠의 주인공이 될 수 있기를 두 손 모아 기도해 본다.

앞에서 언급했듯이, 여행업은 그 잠재력과 발전이 상당히 높지만, 다른 측면에서 보면 다양화돼 가는 업무영역과 수익구조로 인해 자본과 조직 그리고 영업적 경쟁력을 갖춘 여행사들을 필요로 한다(변성문, 2007). 이런 시장구조에서 여행사의 본질과 역할을 이해하고 정확한 방향설정과 수익구조를 찾아 더욱더 재미있고 부러움 받는 여행사를 만들어가야 할 것이다.

Chapter 10

여행사에서 기대하는 인재

Employment Guide of Travel Agency

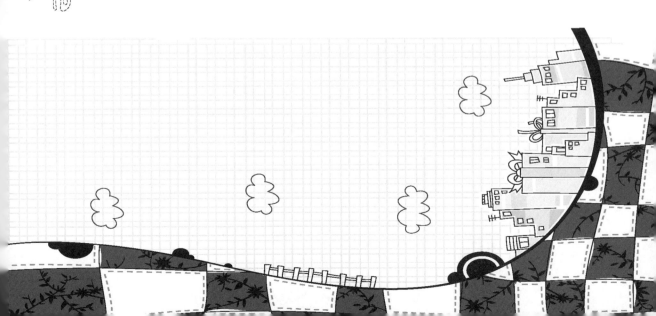

여행사에서 기대하는 인재

『여행사의 장래성』에서 살펴 본 대로 여행사는 지금부터 크게 자기변혁을 해 나가고 있다. 그러나 변혁을 인식하고 나 자신이 언젠가 핵심세력으로 자리잡을 수 있도록 지금부터 하나하나 자기관리를 하지 않으면 안 될 것이다.

10.1 창조성

① 유연한 사고능력을 가진 사람
② 행동력을 갖춘 사람
③ 문제의식을 가진 사람
④ 과제를 발견할 수 있는 사람
⑤ 폭넓은 시야를 가진 사람
⑥ 극심한 경쟁을 극복할 수 있는 기개를 가진 사람
⑦ 달성의욕과 도전의식을 가진 사람

10.2 인간성

① 커뮤니케이션 능력을 가진 사람
② 협조성을 가지고 조직의 일원으로서 역할을 담당할 수 있는 사람
③ 인간에 대한 흥미를 가진 사람

④ 상대방의 입장에 선 사고를 할 수 있는 사람

⑤ 밝고, 끈기를 겸비하고 있는 사람

⑥ 전향적 사고를 할 수 있는 사람

⑦ 목표를 향해서 노력을 아끼지 않는 사람

⑧ 매력적인 개성을 가지고 있는 사람

⑨ 자신을 가지고 있는 사람

예를 들자면 이러한 것들이다.

분명하게 말해 불가능한 요망사항이다. 이를 전부 구비하고 있는 사람이 있다면 아마도 그는 전지전능하신 하느님일 것이다. 서너 가지 정도만이라도 확고하게 가지고 있다면 일단은 합격이다. 중요한 것은 그러한 것이 요청된다는 것을 분명하게 인식해둘 필요가 있다는 것이다.

Chapter **11**

여행사와 관련사업

Employment Guide of Travel Agency

11 여행사와 관련사업

관광사업으로서 여행사가 최초로 등장하고 있으나, 여행사 이외에도 여행 관련사업에는 여러 분야가 있다. 여행사 내지 그 주변에서 일하고 싶은 사람들은 다음과 같은 업종이 있으므로 주의 깊게 살펴보기 바란다.

11.1 지상수배업자(Land Operator, Tour Operator)

이는 여행사의 연장이라고도 할 수 있다. 여행사로서는 가장 중요한 파트너이다. 하고 있는 일은 해외에서의 현지수배이다. 여행사가 영업을 하여 해외에 고객을 송출하려고 하는 경우, 해외의 호텔이나 버스, 가이드, 식사의 수배 등 업무를 떠맡는다.

아니 그러한 일을 여행사가 하지 않는다고? 라고 생각하는 사람도 많지 않을까 생각되지만, 대형 여행사들도 거의 절반 이상의 업무는 별도의 지상수배업자라고 하는 곳에 위탁하고 있는 실정이다.

표기상으로는 『현지지점』이라는 명칭을 사용해도 해외지점을 현지법인화하고 있는 곳이 대부분이다. 이것은 버스나 호텔 등을 판매하는 것과 같은 업무(영업)를 한 경우에는 각각의 국가에 세금문제가 있거나, 혹은 현지지점의 운영비용을 염출하기 위해 별도조직으로 만들기 때문이다. 그러한 것을 포함하여 해외에서의 수배를 독점하여 받고 있는 곳이 지상수배업자인 것이다. 따라서 지상수배업자는 여행사의 의뢰에 의해 공급업체(호텔, 식당 등)에 대한 수배와 알선을 하는 중개업적 기능을 수행하며, 일반고객과 직접 거래를 하지 않는 것을 원칙으로 한다.

우리나라에서는 여행수배업협회라는 명칭을 사용하고 있는데, 전국적인 조직으로 한국여행수배업협회라는 것이 일시적으로 존재했었으나 현재는 활동이 중단된 상태이고, 최근에는 지역별로 결성하여 운용되고 있는 실정이다.

법적인 등록이나 신고항목 등 관련 자료가 없어 정확한 현황파악이 어려우나, 전국에 800여 업체가 활동 중인 것으로 추정되며, 이 중 비교적 건실하게 사업장을 운영하고 있는 곳은 약 200개 정도이다(김상태, 2000).

이들이 하는 일은 구체적으로 다음과 같다.

① 여행사로부터 의뢰된 여행내용(수배내용)에 따라 견적을 산출한다.
② 수주한 경우에는 견적에 따라 수배한다.
③ 현지(해외)에서는 호텔, 버스, 레스토랑, 가이드 등을 준비한다.
④ 고객을 영접하여 여행을 원활하게 운영한다.
⑤ 여행종료 후 여행사에 비용을 청구한다.

이 이외에도 ⑥ 현지정보를 수집하여 여행사에게 기획제안을 한다.

해외여행을 지탱하는 주요한 업무를 하고 있지만, 고객과 직접 지상수배업자로서 접하는 경우는 거의 없고, 어디까지나 여행사의 "현지업무인수업체"로서의 역할을 위해 하청적인 이미지가 강하다. 최근에는 지상수배업자도 여행사 등록을 하는 곳도 있으며, 자신이 직접 영업을 시작하고 있는 곳도 있다. 점차 여행사의 영역으로 진입하고 있는 것이다.

해외에 살면서 일하고 싶은 희망을 가지고 있는 사람들에게는 좋은 업무이다. 그러나 일부 큰 업체를 제외하고 대다수 업체는 급여·노동조건 등이 열악한 편이다. 게다가 이들 업체가 현지에서 정식으로 회사로 등록되어 있지 않은 까닭에 취업비자 대신 관광비자로 업무를 수행하는 관계로, 비자만료 기간에는 일단 타국으로 출국하여 다시 입국하는 번거로움까지 있다.

이 업무에서는 외국어(주로 영어, 또는 현지어)가 필수적이다.

담당자와의 인터뷰(1)

- 100% 완벽한 수배로 비로소 50점 업무.
- "상상력"과 "배려"정신으로 도전을.

나의 경우 여행경험은 거의 없고 특히 해외여행은 졸업여행으로 방문한 인도가 비로소 해외여행의 시작이다. 비행기에 탑승하는 것조차도 처음 경험했었다. 그래도 여행이라는 분야에 흥미가 있어서 취직 활동시에는 여행업계를 지망했다. 그렇다고 해서 정직하게 말해서 여행사와 지상수배업자의 차이는 이해하고 있지 않았다. 입사 후에 연수를 받고 비로소 이러한 전문집단이 있어서 여행상품이 완성되는구나 하고 생각했다.

업무에 임하고 나서 가장 놀란 것은 여행이 완성되기까지의 구조, 항공회사, 호텔, 그들의 구매, 기획이었다. 여하튼 세분화되어 있어서 각각 전문집단이 있는 것이다. 여행자 입장에서는 보이지 않지만 여행은 많은 사람들이 관련되어 성립되고 있는 것이다.

현재의 업무는 대형 여행사 패키지투어 상품을 각 여행사에 기획담당자 등과 더불어 만들어 내는 것이 중심이다. 여행루트를 생각하거나 이용할 호텔이나 레스토랑을 요금이나 질 등을 비추어 가면서 제안하는 등 많은 패키지투어에 우리들이 연관되어 있다. 고객이 팸플릿을 손에 넣으면 조용히 즐거움을 느끼고 있다.

예약된 고객의 요망이 여행사 등을 통하여 우리들의 손에 들어오고 그것을 모두 수배하는 것도 우리들의 업무이다. 모두 완벽하게 수배하는 것은 당연한 일. 아무리 작아도 실수가 있다면 0점, 오히려 마이너스 평가이다. 여하튼 정확함이 요구된다. 그를 위해서 고객의 입장이 되는 상상력과 섬세한 부분에의 배려가 중요하다. 그리하여 고객이나 인솔자로부터 이번 여행은 좋았다고 이야기를 듣는 것이 가장 보람을 느끼는 때이다.

11.2 여행인솔자(TC : Tour Conductor)

여행인솔자를 해보고 싶다고 생각하는 사람들은 꽤 많다. 많은 고객들을 데리고 기민하게 일하고 있는 여행인솔자의 업무는 상당히 격조 높은 것이다.

인솔자의 업무는 여행사가 기획하여 판매하는 패키지투어 또는 수배단체여행에 동행하여 여행계획에 따라 여행이 안전하면서도 원활하게 운영되도록 교통기관이나 각종 시설과의 조정이나 대응을 하여 여행일정을 관리하는 것이다. 또한 고객에게 여행을 즐겁고 유쾌한 기분으로 즐기도록 하기 위한 여행의 연출가로서의 일면도 가지고 있다.

실제로 여행인솔자는 여행의 출발준비로부터 시작해서 여행종료시까지 여행자들을 관리하고 지휘하는 사람이다. 그리고 Conductor라는 뜻이 안내자, 관리자, 경영자, 차장이라는 뜻 외에 지휘자, 악장 등의 뜻을 갖고 있는 데서 알 수 있듯이 여행을 구성하는 각 요소들이 아름다운 조화를 이루며 결합되어 여행자에게 훌륭한 상품으로 제공되는 하나의 작품을 완성시키는 연출가의 역할을 하는 것이다.

여행사는 낭만, 에피소드, 추억과 꿈, 문화를 파는 환상적인 체험산업이며, 여행인솔자는 여행자가 소유하고 싶어 하는 낭만, 추억, 에피소드, 꿈 등의 환상적인 체험에 동행하는 동반자요, 이러한 것을 심어주는 마술사 같은 것이다.

〈그림 11-1〉 여행인솔자의 업무형태

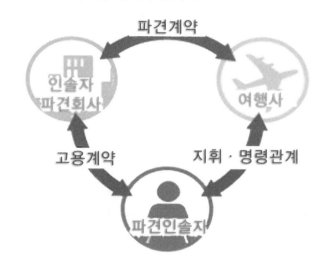

여행인솔자들은 대체적으로 다음의 두 가지 중 하나이다.

① 여행사의 사원이 되어서 영업의 일환으로 인솔업무를 수행한다.

② 여행인솔자 전문회사(TCTG와 TC Club 등)에 소속하여 인솔업무만으로 생계를 꾸린다.

①의 방법은 일반적으로 생계라는 의미에서는 무난한 선택이다. 우선 여행사에 취직을 한다. 고객을 창출하여 그런 가운데 인솔도 병행해 나간다는 경우이다.

단지 근년에는 영업이라는 업무와 인솔이라는 업무를 분리하는 경향이 진행되고 있다. 영업을 해서 단체를 수주해 와도 자신이 인솔을 하는 것이 아니라 전문 인솔자에게 의뢰하는 형식을 취하고 있는 것이다.

그렇게 된 이유 중 하나는 인솔을 하기 위해 해외에 나가면 그 기간 중 영업을 할 수 없게 되고, 매출액이 떨어진다는 것. 다른 하나는 인솔이라는 업무가 매우 어렵게 되어 있어서 보통으로 영업을 해서는 노하우가 몸에 배지 않아 고객의 요구에 부응할 수 없다는 것이다.

옛날과는 달리 현재의 고객 대다수가 몇 번이나 해외여행 경험을 가지고 있기 때문에 그러한 사람들에게 만족도를 높이기 위해서는 경험 있는 인솔자를 필요로 한다.

그러므로 여행사에 입사하여 단체영업을 잘 한다고 해서 고객과 함께 해외에 나간다는 생각은 금물이다. 오히려 우수한 세일즈맨은 영업에 전념하는 편이 출세가 빠를 것이다.

게다가 인솔을 하기 위해서는 자격증 취득이 필수적이며, 인솔을 함으로써 얻을 수 있는 장·단점은 대개 다음과 같은 것들을 들 수 있다.

〈장점〉

① 언제나 여행을 할 수 있다.

② 지구의 구석구석을 갈 수 있는 기회가 있다.

③ 여러 부류의 사람들과 사귈 수 있으며, 사람사귀는 것을 좋아하는 사람에게는 좋은 직업이다.

④ 고객에게 서비스하는 일이 많기 때문에 감사의 말을 들을 경우가 많다.

〈단점〉

① 고객의 요망사항이 너무도 많기 때문에 섬세하게 대응하는 데는 한계가 있으며, 피곤한 업무이다.

② 여행에 사고와 위험이 늘 따라다닌다. 여정변경 등에 기민한 대응을 하지 않으면 안 되지만 들어가는 비용에 대해서도 고객과 여행사 중간에 서서 판단하지 않으면 안 된다.

③ 노동시간은 일단 정해져 있기는 하나 실제로는 24시간 쉴 시간이 없기 때문에 체력·기력이 관건이다.

④ 생활이 불규칙적이다.

⑤ 대우가 좋지 않다. 급여가 낮은 편이다. 대체로 정규급여는 없는 곳이 많으며 일당(출장비)과 현지에서 생기는 옵션(option)과 쇼핑커미션 및 팁이 전부인 곳이 대부분이다. 해외출장(일당) $40~$50/1일 팁은 유럽지역을 기준으로 보면 대개 1인당 10유로를 기준으로 여행일수 만큼을 거두어 인솔자, 현지가이드, 운전기사 등이 배분하는 것이 관례화되어 있다.

예컨대 15명을 인솔하여 9박10일짜리 유럽여행을 인솔할 경우

10유로×10일×15명＝1,500유로(218만원 정도) 공동경비형태로 거둔 후

```
(지출)   현 지 가 이 드   50유로        /1일
         현지버스기사   30유로        /1일
         공 동 음 료 대   20유로        /1일
         합      계   100유로/1일×10일   =1,000유로
```

가 되며,나머지 차액 즉 500유로가 인솔자의 팁이 되는 것이다. 물론 여기에는 국경통과로 인해 가이드가 교체되는 경우 하루에 2명 이상의 가이드가 나오기도 하고, 코치투어 등 장거리 운전의 경우에는 운전기사 팁도 10유로 정도 합산하여야 되므로 변수가 생길 수 있다.

이것만으로도 꽤 폭이 있지만, 실제로는 경험정도, 고객의 평가 등도 포함하여 좀 더 폭이 존재하는 것으로 알려져 있다.

또한 연간 업무를 수행할 수 있는 날은 180일 정도이므로 일당만으로의 연봉은 매우 적다고 보아야 한다. 게다가 생활이 불규칙적이기 때문에 많은 사람들과 알고 있다고 해도 "만남은 의외로 적다"고 할 수 있다.

11.2.1. 여행인솔자의 종류

여행인솔자의 유형은 소속 및 보수형태에 따라 ① 여행사의 일반직원 TC, ② 여행사소속 전문 TC, ③ 전속(촉탁) TC, ④ 프리랜서 TC, ⑤ 협회소속 TC, ⑥ 안내사 겸 TC(Through Guide)로 분류할 수 있다. 과거 여행사의 업무가 그다지 많지 않았던 시절에는 여행사의 일반사원들이 출장형식을 빌어 국외여행인솔업무를 수행하는 것이 관례적이었으나, 여행사의 업무가 복잡다양하게 되고 업무량도 많아짐에 따라 전문·전속·프리랜서 TC의 이용이 빈번하게 되었다. 특히 일본지역은 현지가이드의 안내료가 비쌀 뿐만 아니라 최근 방한 일본관광객이 줄면서 한국에서 TC가 동행하여 일본지역에 도착한 다음, 현지에서 현지가이드로 바뀌어 행사를 진행하는 소위 Through Guide(안내사 겸 TC)가 늘고 있는 추세이다(정찬종·신동숙, 2004).

기타 두 사람 이상의 TC가 대형단체를 인솔할 경우 행사를 총괄하는 TC를 선임 TC(Chief Conductor)라고 하며 다른 TC들을 보조 TC(Sub-Conductor)라고 한다.

〈표 11-1〉 국외여행인솔자의 유형

종 류	내 용
여행사 일반직원	여행사 내부업무를 담당하고 있다가 출장명령을 받고 TC 업무를 수행함.
전문 TC	여행사에 소속되어 TC 업무만을 전문적으로 취급함.
전속(촉탁) TC	여행사의 상근직원이 아니고 단체가 발생할 때마다 특정여행사의 TC 업무만을 취급함.
자유계약 TC	특정여행사에 관계없이 모든 여행사를 대상으로 TC 업무를 수행함.
협회소속 TC	협회에 소속되어 있으면서 용역을 받아 TC 업무를 수행하며 수익금 중 일정액을 협회에 납부함.
안내사 겸 TC (Through Guide)	일반적으로는 TC 업무를 수행하면서 현지 도착 이후에는 안내사(guide)를 겸하는 TC로서 일본·중국지역에서 주로 이루어지고 있음. 현지언어의 이해가 필수적임.

11.2.2. 여행인솔자의 역할

여행인솔자의 역할은 뭐니 뭐니 해도 "여행의 원활한 진행과 안전성 확보"에 있다. 그러나 여행인솔자는 기타 다양한 역할을 수행해야 한다. 따라서 자신의 역할이 무엇인지 항상 깨닫고 있어야 한다. 다음 〈표 11-2〉에 제시된 바와 같이 여행인솔자의 역할은 회사의 대표자, 여정의 관리자, 여행자의 보호자, 여행경비 관리자, 여행정보 제공자, 고객의 재창조자로서의 역할이 있다(이교종, 2000).

〈표 11-2〉 여행인솔자의 역할

역 할	내 용
회사의 대표자	여행 중 발생하는 모든 일을 회사를 대표하여 처리함.
여정의 관리자	여행사와 여행자 및 여행사와 관련업자(principal)와의 각종 계약에 관련한 사항을 점검하여 계약내용 대로 여행일정이 진행되는지를 확인함.
여행자의 보호자	현지에서의 안전사고 등 각종 사고에 대비하여 여행자가 불안감을 가지지 않도록 주의를 게을리하지 않음.
여행경비 관리자	지상비(land fee)를 비롯하여 각종 경비의 수령 및 집행에 세심한 주의를 함으로써 관리자로서의 직분을 다함.
여행정보 제공자	여행자에게는 여행일정에 따른 정보를 제공하며, 여행사에게는 현지에서 알게 된 새로운 정보를 제공함.
고객의 재창조자	재방문자(repeater)를 창출할 수 있도록 노력하며, 여행 중 단원들과의 접촉을 통해 잠재고객을 여행사로 끌어들임.

상기의 내용을 구체적으로 설명하면 다음과 같다.

(1) 여행사의 대표자

우리나라 공항에서 출발하면 TC(국외여행인솔자 : Tour Conductor)는 여행사의 책임자가된다. 현지에서 문제가 발생하면 적극적으로 해결하려는 의지가 보여야 하며 '자신의 잘못이아니라 우리나라 여행사와 현지 여행사의 잘못이다'라고 책임을 회피하면 관광객은 TC를 신뢰할 수 없게 된다. 일단 모든 책임은 자신에게 있다고 진심으로 관광객에게 사과하고 현장에서 취할 수 있는 모든 수단과 방법을 강구해서 사태를 해결하는 최선의 노력을 해야 한다.

책임을 회피하려는 TC는 인격적으로 대우를 받기는커녕 오히려 관광객으로부터 불평(Complaint)을 유발하게 된다. 관광객도 TC 개인의 잘못이 아니라는 것을 사전에 충분히알고 있으면서도 일단 불평부터 하기 때문에 TC는 솔직히 그것을 받아들이고 진심으로 사과를 하는 쪽이 문제해결을 빨리 할 수 있다. 즉 관광객의 불평을 현장에서 성실하게 받아들여 그 해결을 위해 최선을 다하는 자세를 가져야 한다.

(2) 여행일정 관리자

여행일정의 관리감독은 TC의 가장 중요한 업무 중 하나이다. 확정서와 여행일정표대로진행되고 있는지 항상 관리·감독해야 하며, 부득이하게 관광일정을 변경할 경우 관광객의동의를 먼저 얻어 현지가이드와 협의하여 피해를 최소화하는 방법으로 결정해야 한다.

현지에서의 관광일정 변경은 천재·지변, 교통체증 등으로 인해 빈번하게 발생할 수 있다. 그러나 관광일정에 있는 관광지를 제외시키거나 식사를 변경할 경우에는 반드시 관광객의 의사를 반영하여 진행해야 한다. 또한 현지여행사와 상의하여 여행일정 변경에 대한 차액이 발생하면 관광객에게 반드시 돌려주어야 한다. 이러한 사소한 사항을 무심코 지나가버리면 나중에는 돌이킬 수 없는 사태로 발전할 수 있다.

(3) 즐거운 여행의 연출자

해외에서의 장거리 여행은 정신과 육체적인 피로를 동반하므로 유능한 TC는 관광객의 긴장감을 완화시키고 적극적이며 즐거운 관광 분위기를 조성하는 연출자이어야 한다. TC 자신이 명랑하고 여행자간 원활한 의사소통을 이루는 것도 필요하고, 관광지에서 현지가이드나 운전기사 및 현지 주민들과 접촉할 때 밝은 분위기를 연출하는 기술도 요구된다. 항상

TC는 관광지에서의 경험에 대해 신선한 반응을 나타냄으로써 관광객 전체에 대해 새로운 분위기를 연출하여야 한다.

관광지에서의 식사가 마음에 안들 경우 적절하게 현지식과 한식으로 TC가 현지가이드와 협의한 후 조정하여 관광객들이 현지식사에 대해 관심을 가지게끔 유도해야 한다. 즉 현지 식사를 문화와 접목하여 설명해 준다면 관광객의 만족도는 높아질 것이며, 레스토랑에서 좌석 등도 TC가 미리 전망이 좋은 좌석을 확보한다면 식사시간이 훨씬 즐거워질 것이다.

또한 관광 중에 기념일을 맞이하는 관광객이 있으므로 외국에서의 생일, 결혼기념일을 TC가 단체관광객과 함께 파티를 열어준다면 한층 더 높은 관광분위기를 창출할 수 있게 된다. 이는 관광객에 대한 세심한 배려로 받아들여 장거리 관광에서 활력소가 된다.

예를 들어, 장거리 버스관광은 지루하고 단조로운 편이어서 하루에 몇 시간을 계속 버스 안에서 지내야 하는 경우, TC는 게임이나 장기자랑, 재미있는 이야기 그리고 인생에서 공감할 수 있는 멘트 등을 활용하여 관광객이 자발적으로 레크리에이션을 즐길 수 있도록 분위기를 전환시키는 기술이 필요하다.

(4) 올바른 관광문화 전령사

해외여행이 전면적으로 실시된 것은 1989년이다. 그런데 아직까지 외국문화에 익숙하지 않는 관광객의 모습을 언론에서 접할 수 있다. 이는 관광객의 문제도 있지만 TC의 책임도 무시할 수 없으므로 관광 중에 국제매너에 대해서 TC가 주지할 수 있도록 안내하여 올바른 관광문화 전도사로서의 역할을 수행해야 한다.

예를 들어, 호텔에서 잠옷과 슬리퍼 차림으로 돌아다니거나 식당에 술 반입이 되지 않는 데도 가지고 들어오거나 공공장소에서 큰 소리로 떠들거나 공항에서 언쟁을 벌이거나 현지 주민을 무시하는 태도 등은 근절되어야 할 사항들이다.

따라서 TC는 관광객들이 관광문화를 좀 더 쉽게 이해하고 선진 관광문화에 편견과 거부 감 없이 수용하기 위해 가장 큰 역할을 수행해야 한다. TC는 시간과 금전을 투자한 관광객의 관광일정을 순조롭게 진행시켜야 할 뿐만 아니라 이후 관광일정에 있어서도 관광에 대한 올바른 인식을 가지고 관광객이 행동을 이끄는 계도자의 역할을 해야 한다.

11.2.3. 여행인솔실무를 경험하는 방법

다음 중 어느 것인가를 경험할 필요가 있다.

- 실제의 투어에 보조인솔자로 동행하는 것.
- 수배여행에 인솔자로 동행하는 것.
- 등록회사의 연수투어에 참가하여 연수를 받는 것.
- 협회주최의 연수투어에 참가하여 연수를 받는 것.

11.2.4. 여행인솔자에게 요구되는 소질·능력

- 사회인으로서의 상식과 예의범절을 지니고 있을 것.
- 항상 고객과의 원활한 의사소통과 신뢰관계에 노력할 것.
- 여행참가자끼리 친구 만들기에 도움을 줄 것.
- 인간에 대한 관심이 높고, 타인에의 공평성과 배려를 잘할 것.
- 리더십과 책임감이 있을 것.
- 해외인솔의 경우에는 영어 등 외국어 회화능력이 있을 것.
- 분쟁에의 대응이 냉정하면서도 정확할 것.
- 금전관리, 보고서 작성 등 필요한 실무수행능력이 있을 것.
- 계절, 기온, 시차 등 변화에의 대응력이 있으며, 건강할 것 등이다.

즉 ① 건강, ② 외국어, ③ 성격, ④ 상황대처능력, ⑤ 업무지식으로 요약할 수 있다.

(1) 건 강

TC의 기본 자질 중 가장 중요한 항목이다. TC 업무는 주로 국외에서 이루어지며, 관광의 출발에서 귀국 시까지 관광객의 안전과 보호의 책임 하에 업무가 진행되기 때문에 한순간이라도 긴장감을 유지해야 한다. 근무시간이 정해진 것이 아니라 업무수행이 24시간 계속되기 때문에 규칙적인 운동을 통한 건강관리는 필수적이다.

때로는 장시간의 항공기 탑승과 시차의 부적응 현상, 불규칙한 생활, 수면부족 등 여러 가지 요인으로 정신적, 육체적 스트레스로 건강이 나빠질 수 있다. 따라서 TC는 기본적으로 건강한 신체와 정신을 유지해야만 관광일정 동안 업무를 정상적으로 수행할 수 있으므로 좋은 컨디션 유지를 위한 자기관리를 철저히 해야 한다.

(2) 외국어

정확하고 관광객이 감동할 수 있는 서비스를 제공하기 위해서는 반드시 필요한 것이 외국어 능력이다. 외국어 성적이 필요한 것이 아니라 국외여행이 다른 국가에서 대부분 이루어지다 보니 영어회화는 필수이고, 그 외 2~3개 정도 외국어 회화를 구사할 수 있어야 한다. 즉 TC는 중국, 일본, 동남아, 미주, 유럽, 아프리카 등 전 세계를 다녀야 하는 직업이기 때문에 간단한 중국어, 일본어, 프랑스어, 독일어 등을 구사할 수 있는 능력을 갖추어야 한다.

일본의 경우 현지가이드가 동반하지 않고, 쓰루가이드가 관광일정을 진행하기 때문에 식당예약확인, 호텔 체크인과 체크아웃, 버스기사와의 의사소통 등 유창한 일본어 회화능력이 없으면 불가능한 일이다. 또한 유럽의 경우도 일본과 마찬가지로 쓰루(Through) 구간이 많아서 현지가이드 없이 관광지를 안내하거나 식당의 예약과 확인 및 메뉴선택, 통역 등의 업무를 수행해야 하므로 외국어는 TC의 필수적인 항목이라고 할 수 있다.

(3) 성 격

단체관광객은 전국에서 불특정 다수가 모여진 여행객들이어서 TC는 원만한 성격을 가져야 한다. 대부분 관광객들은 의사, 변호사, 교수 등의 전문직에 종사하는 사람들, 할아버지, 할머니, 주부, 사업가, 유아, 어린이, 청소년, 직장인 등 다양한 직업을 가지고 있는 집단이므로, 이러한 관광객들을 융화시킬 수 있는 유연한 성격을 소유해야 하고, 때로는 고객의 안전을 위해서 리더십과 어느 정도의 카리스마도 갖추어야 하며, 국제감각을 갖춘 서비스 정신을 발휘해야 한다. 그리고 소수의 의견을 무시하지 않고 대다수의 의견을 이끌어야 하며 좋은 분위기를 연출해야 하는 능력도 갖추어야 한다.

또한 관광객뿐만 아니라 현지에서 만나는 현지가이드, 버스기사, 현지인, 현지여행사 직원, 공항직원, 현지 호텔과 식당 종사자들과도 지속적인 좋은 관계를 유지해야 한다. 관광과 관련된 현지인들을 어떻게 다루느냐가 여행의 성공과 실패를 좌우하기 때문이다.

여행상품이 질적으로 우수하지만 TC가 어떻게 행사진행을 하느냐에 따라 관광객의 만족이 이루어지거나 또는 불만족이 여행사에 컴플레인(불평제기)까지 갈 수도 있다. 여행상품은 고도의 인적서비스를 제공해야 하므로 TC의 행동 자체가 여행사에 막대한 영향을 미칠 수가 있다.

(4) 상황대처능력

여행 중에는 생각지도 못한 많은 돌발 상황이 발생하게 된다. 경험이 부족한 TC가 관광객 앞에서 우왕좌왕하게 되면 고객의 심리적 불안은 극에 달하기도 한다. '과연 내가 한국으로 다시 돌아갈 수 있을까?', '혹시 TC 때문에 항공기를 놓치지는 않을까?' 등 많은 고민을 하게 된다.

공항에서 탑승구가 변경되거나 출·도착의 지연 또는 취소, 출입국 수속상의 문제발생, 여권의 분실 또는 도난, 수하물 분실, 호텔이 예약이 되어 있지 않은 경우 등 헤아릴 수 없을 만큼 예상치 못한 상황이 발생되기 때문에 피해를 최소화할 수 있도록 최적의 판단을 해야 하는 경우가 너무도 많다. 따라서 침착하고 신속하게 일을 처리할 수 있는 능력을 길러야 한다.

(5) 업무지식

앞에서도 언급했지만 단체관광객 중에는 다양한 교육수준, 연령, 소득수준, 직업 등을 가지고 있는 집단들이 관광에 참여하게 된다. 따라서 TC는 항상 다방면에 해박한 지식을 소유하고 있어야 한다. 해당 지역에 관한 역사, 문화, 정치, 우리나라와의 관계, 기후, 환전, 쇼핑, 선택관광, 항공업무, 호텔정보 등의 관광정보는 기본이고 어떤 질문을 하더라도 재치있게 대답할 수 있는 해박한 지식을 가지고 있어야 한다.

11.2.5. 여행인솔업무에서 얻을 수 있는 것

- 세계적인 폭넓은 시야에 서서, 여행자가 낯선 문화를 이해하도록 돕는다.
- 여행을 통하여 국제친선 역할을 수행할 수 있다.
- 사람, 문화, 시설, 식사, 풍경 등에의 만남을 통하여 자기계발, 성장의 기회라고 생각하여 공부를 열심히 하게 된다.

11.2.6. 여행인솔업무의 직업으로서의 특징

- 투어의 계절적 번한(繁閑)에 따라 가동일수에 변동이 있다. 특히 여행시즌에는 인솔가동이 과밀해진다.

- 복장 · 언동 · 판단 등에 있어서 자기관리가 필요한 사업장외의 노동이다.
- 노동일, 노동시간이 일정하지 않기 때문에 건강관리가 특히 필요하다.
- 임금은 인솔마다의 일당이 기본이기 때문에 월마다의 수입변동이 크고, 연간수입을 고려한 생활계획이 요구된다.
- 업무가 불규칙하기 때문에 생활목표와 직업의식을 정합성(整合性)확립이 필요하다.

11.2.7. 여행인솔 가동실태와 휴가

여행인솔자를 전업으로 하고 있는 경우의 인솔가동일수는 연간 180일이 표준이며, 인솔일 이외의 사전협의, 사후 정산 업무일이 40일 전후 있다. 따라서 이들 가동일 이외의 날이 휴가일로 생각하면 된다.

11.2.8. 여행인솔자의 7계명

① 여행지를 찾는 방법 : 어디에 무엇이 있으며 어떻게 찾아가는지를 배운다.

② 여행지에서의 의사소통 : 여행지에서 인솔업무에 필요한 언어를 배운다. 세계 어디를 가더라도 여행지 호텔에서 또는 공항에서 또는 관광지에서 영어가 안 통하는 곳은 없다. 영어 공부에 최선을 다하고 남는 시간에는 중국어, 일본어, 프랑스어 등 다른 언어에도 관심을 가진다.

③ 기본적인 친절 : 보통사람이 생각하기에 인솔자가 이 정도는 해줘야 하지 않겠는가라고 생각하는 정도만 해주면 된다. 물론 기본적으로 여행인솔자라면 손님들께 친절을 베풀고 거기에서 오는 만족감으로 살아가는 것이기는 하지만 말이다.

④ 대한민국의 문화전령사 : 거창하게 말했지만 어찌 보면 정말 중요한 얘기다. 해외 각지에 나아가 우리 한국의 우수한 문화를 홍보하며 알릴 필요야 아직 없겠지만, 적어도 대한민국에서 해외로 나가는 사람들의 예의범절 교육은 똑바로 시켜 대한민국 욕은 먹이지 않아야 한다. 그것이 바로 여행인솔자의 책임이다. 버스에서 식당에서 호텔에서 관광지에서 그리고 공항에서의 주의사항을 확실히 교육시켜 처음에는 여행산업에 종사하는 사람들의 시선이 바뀌고, 나중에는 외국인들 전체가 대한민국을 바라보는 시선이 바뀌게 된다면 여행인솔자로서 이 얼마나 뿌듯하고 기쁜 일이 아닐 수 없겠는가!

⑤ 관광지의 역사와 그 나라의 문화에 대해 : 여행인솔자는 끊임없는 공부가 필요하다. 해외에

나가는 손님은 그 나라의 역사와 문화 그리고 여러 신변잡기를 듣기 원한다. 그리고 여행인솔자는 그러한 손님의 욕구를 채워줘야 한다. 그러니 항상 책을 읽는 습관을 붙이도록 한다.

⑥ 고객 만족 : 고객만족이 없는 해외여행은 단무지 없는 김밥일 뿐이다. 인솔배정을 받은 때부터 손님들의 성격을 분석하여 인솔할 여행을 연출하라. 여행지의 전체적인 그림을 펼쳐 놓고 어디에서 어떤 멘트가 좋겠고, 어디에서 출발하여 어떻게 일정을 마치는 것이 좋을지 생각하라. 발전 없고 달라지지 않는 여행패턴은 인솔자에게 있어 항상 최악의 날들만을 가져다 줄 것이다.

⑦ 자아실현 : 사람은 각각 다름에서 그 의미를 찾아야 한다. 개인마다 다르기에 개인마다 다른 삶의 목적을 깨닫고 정진해 나갈 때에만 인생에 참된 의미가 있다. 그리고 대한민국의 여행인솔자는 각계각층, 각양각색의 사람들을 만나고, 세계 각지의 다양한 문화와 언어와 인종을 보고 느끼게 되므로 가장 빠른 시일 내에 자신의 삶의 목적을 깨닫고 그 목적에 맞는 인생을 살 수 있을 것이다.

11.2.9. 여행인솔자에 관한 Q&A

■ **일 년에 며칠 정도 나가 계시나요?**
　글쎄요… 한 8~9개월? 주로 여름·겨울에 많이 가니까 봄·가을엔 한가한 편이죠.

■ **안 피곤하세요?**
　좋아서 하는 일인데요. 투어 다녀오면 2~3일은 내리 자고, 열흘쯤은 아무것도 안하고 빈둥대요. 그런 면에서 보면 편하죠. 여행하면서 놀고, 다녀와서 놀고, 세계를 누비고 다니니까 재미있고…

■ **가이드는 알겠는데, TC는 잘 모르겠거든요.**
　가이드는 현지에서 여행지를 안내해주는 사람이잖아요. 보통은 그 지역에 사는 한국인이거나 유학생이죠. TC는 여행객이 쾌적하고 편안하게 여행을 할 수 있도록 도와주는 사람이에요. 요즘엔 '여행설계사'가 뜨고 있다고 하더라구요.
　여행설계사는 어떤 사람에게 어울리는 여행지와 여행형태가 어떤 것인가를 상담하고, 적절한 여행상품을 설계해주고 그에 따른 수수료를 받는 거죠. 한마디로 보험설계사의 일을 여행업에 적용한 거라고 할 수 있죠.

■ **재미있는 일도 많았을 것 같아요.**
　저는 주로 유럽 배낭여행을 갔기 때문에 사고는 한 번도 없었어요. 저희 팀은 대부분 학생들이니까 말도 잘 듣고, 재미있기도 하고… 유럽에선 기차 탈 때 주의해야 해요. 출발할

때는 같은 기차라도 칸마다 도착지가 다른 경우가 있거든요. 뮌헨으로 가는 기차표를 끊고 자리가 없어서 다음 칸으로 옮겨 앉아서 한 참 자고 일어나면 전혀 엉뚱한 곳인 경우가 있어요. 물론 저는 한 번도 그런 적은 없지만요. 하하

■ **앞으로의 전망은 어떤가요?**

제가 처음 TC로 나설 때부터 TC는 사라질 거라고 했었거든요. 하지만 아직도 TC가 필요한 걸 보면 결코 없어질 직업은 아닌 것 같아요. 대신 점점 세분화되고 전문화되겠죠. 가이드를 겸한 TC라던가(Through Guide), 지역별 전문 TC라던가...

가이드가 되려면 그 나라에 가서 살아야 하거든요. 영어 뿐 아니라 현지어에도 능숙해야 하구요. 그런 면에서 보면 TC는 가이드보다는 모험에 대한 위험이 적죠. TC는 철저한 서비스업이에요. 서비스 정신이 없으면 견뎌내기 힘들죠. 한 번은 어떤 손님이 한밤중에 호출을 했어요. 잠결에 전화를 받아서 정신없이 달려갔더니 이 손님이 욕조에 물을 받아놓고 깜빡 잠이 들어서 물이 방안에까지 찬 거예요. 그래서 밤새도록 수건이란 수건을 다 꺼내서 바닥 닦느라고 난리를 쳤죠. 그냥 호텔 메이드한테 얘기해도 됐는데... 그런 면에서 보면 우리나라 사람들은 정말 너무 착하다니까요.

TC라면 시사에도 밝아야 해요. 특히 국제정세에 밝아야죠. 유럽여행을 갔는데, 손님이 '광우병 위험이 있지 않냐'고 물으면 적절하게 대답을 해 줘야 하잖아요. 요즘엔 손님들이 가이드나 TC보다 그 나라를 더 많이 알고 있는 경우가 있기 때문에 끊임없이 공부를 해야 돼요. 또 서비스업이니까 사교성이 좋아야겠죠. 손님 한 사람, 한 사람에게 세심하게 신경을 쓰고 있다는 것을 보여주지 않으면 '비싼 여행 와서 관심도 못 받는다'고 삐칠 수 있으니까 주의해야죠.

아침에 손님보다 일찍 일어나서 손님들한테 인사하고 "오늘 의상이 너무 멋져요!"하면서 아부(?)하고 말이죠. 관광 후 호텔에 돌아와서도 방마다 돌아다니면서 침대에 담요는 잘 깔려 있는지, 냉·난방은 잘 되는지도 확인해야죠.

투어 중에도 식사는 제 때 나오는지, 현지가이드가 무리하게 쇼핑을 시키지는 않는지, 손님이 불편한 것은 없는지 일일이 신경 써야 해요. 얼마나 도움이 됐는지 모르겠네요. 하지만 여행을 좋아하고 사람과 함께 있기를 좋아하는 활달한 사람이라면 도전해 볼 만한 직업이라고 생각해요.

11.3 관광안내사(Tourist Guide)

이것에는 〈표 11-3〉과 같이 4종류가 있다.

〈표 11-3〉 가이드의 종류

구 분	역 할	명 칭
① 현지가이드	해외에서 한국인을 맞아 현지를 안내하는 가이드	LG(Local Guide)
② 관광통역가이드	한국에서 외국인을 영접하여 국내를 안내하는 가이드	Tour Interpreter Guide
③ 쓰루가이드	한국에서 한국인을 인솔하여 현지에 도착한 다음 현지를 안내하는 가이드	Through Guide
④ 국내가이드	내국인의 국내여행을 안내하는 가이드	Domestic Tour Guide

①에 대해서는 대개 현지의 지상수배업자에 소속되어 일을 하는 경우이다. 갑자기 한국에 있으면서 외국에서 가이드를 하는 경우는 거의 없으므로 우선은 외국에 나가는 일부터 시작된다.

각국에서 노동할 수 있는 자격을 취득하고, 다음으로 그 나라의 법률로 관광가이드 자격이 필요하다면 그 자격을 취득하여 일을 하는 것이다. 이는 국가에 따라서 서로 다르다. 자격이 없는 나라도 있는가 하면, 엄격한 시험을 통과하지 않으면 자격이 주어지지 않는 나라도 있다. 자세한 것은 지상수배업자에게 문의하면 좋을 것이다.

외국의 공항 등에서 한국으로부터의 패키지여행객들을 영접하여, 정해진 여행일정에 동행하여 관광개소를 안내하고, 무사히 여행을 종료하여 이들을 귀국시키는 것이 현지가이드의 업무이다. 당연히 그 국가에 생활하면서 관광을 하게 되는 각 관광개소에 대해 지식을 축적해 두는 것이 중요하다.

그러나 여행참가경험이 많으면 많을수록 현지가이드에게는 단순한 광광가이드만이 아니리, 힌고과의 생활사이, 현지인늘의 습관, 또 그 국가 고유의 문화 등에 대해서도 숙지하여 재미있게 전달할 수 있는 능력이 요구된다.

즉 현지가이드란 "해외에서 생활하고 있는"것으로만은 안 된다. 여행자들이 현지에서 여행의 즐거움을 만끽할 수 있도록 연출하는 연출가이지 않으면 안 되는 것이다. 물론 현지에서 발생하는 여러 가지 사고에 즉석에서 대응하며, 일정대로 여행을 완료시키는 임기응변도 필요하다.

현지가이드는 그 나라에 따라서는 업무내용도 서로 다르며, 관광객을 관광지에 안내하는 경우는 국가자격이 필요한 나라가 많다. 한편, 공항과 호텔 간을 송영(送迎)하여 체크인업무

만을 주로 하는 사람들은 현지담당자(직원)라고 부르며, 현지가이드와는 구분하여 부르고 있다.

②는 법률적으로 정해져 있다. 관광통역안내사라는 자격증이다. 관광통역안내사란 외국인을 한국 각지에 안내하고, 문화나 전통, 생활습관 등을 외국어를 사용하여 소개하는 일을 하는 사람이다. 자격증에 대해서는 앞의 자격부분에서 설명한 바와 같다.

관광통역안내사는 단적으로 말해서 "우리나라 한국에 잘 오셨습니다"라는 환대(Hospitality) 정신이 필수적이다. 외국인 여행자들에게는 다른 나라인 한국을 여행하기에는 어딘지 불안이 존재하기 때문에 그 불안을 해소하고, 충분히 즐길 수 있도록 해주는 것이 기본업무이다.

안내 중에는 한국어보다도 외국어로 회화하고 있는 경우가 많기 때문에 원어민(Native)에 가까운 어학력이 필수적이라는 사실에 대해 두말할 필요가 없다. 더욱이 담당하는 나라의 국민성도 숙지해 두는 것이 필요하다. "이 나라 사람들은 저녁식사를 중시하고 있다", 이 나라 사람들은 종교상의 이유로 기도시간을 할애해 주어야 한다. 등 최소한으로 알아야 할 것이 많다. 그렇기 때문에 한 번 이상 담당하는 나라에 방문할 필요가 있다.

대응 언어는 영어를 비롯하여 불어, 중어, 일어, 독어, 노어 등이 주류를 이루고 있다. 일반적으로는 외국인을 받아들이고 있는 여행사(인바운드 여행사)와 계약을 체결하거나, 혹은 프리랜서로 업무를 한다.

일당은 대개 다음과 같다. 쇼핑커미션이 지급되는 관계로 일당은 비교적 적은 편이다.

> 일당 20,000원~30,000원/1일

인솔자와 마찬가지로 대개는 정규월급이 없는 경우가 많고, 대부분의 수입은 일당과 쇼핑커미션 및 팁 등 각종 부수입에 의존하기 때문에 근무일수 및 핸들링 고객의 수와 질에 따라 연간수입은 천차만별이다.

③은 일명 전일정(全日程) 안내사 또는 일명 스루가이드(Through Guide)로서, 한국과 여행목적지 국가에서 인솔자와 현지가이드 역할을 병행하고 있는 변형 가이드이다. 현재는 일본과 중국지역에서 활동 중이다.

> 일본출장　5,000엔~15,000엔/1일
> 중국출장　$50~60/1일

④는 현재 국내에서는 육지부에서는 거의 없는 가운데 제주도에만 국내가이드가 존재한다.

일당 30,000원~50,000원/1일

이 외에도 씨팅가이드(Sitting Guide)라는 것이 있다. 일부국가(예 : 태국, 이탈리아, 프랑스 등)에서는 외국인 안내를 하려면 그 나라의 현지 통역안내사 자격증을 취득하지 않으면 안 되도록 규정하고 있는데, 대부분의 한국교포들은 현지 언어가 미숙하거니와 시험에 필요한 지식이 없는 관계로 자격증을 취득하지 못하고 있기 때문에 자격증 소지자인 현지인이 버스에 타고 있다. 그러나 이들은 한국어가 원활하지 못하기 때문에 실제로 안내를 하지 못하고 버스에 앉아서 수배된 식당이나 관광지 등 일정을 관리하는 일을 주로 하고 있다. 자격이 없는 한국인 가이드에 안내를 맡기고 자신은 별로 하는 일이 없이 버스에 앉아 있다 하여 씨팅가이드(Sitting Guide)라고 별명이 붙여져 있는 실정이다.

담당자와의 인터뷰

- **우선은 나라마다 다른 자격을 취득하고 여행사로부터 위탁된 프리랜서가 기본.**
- **체력이 있어서 해외생활을 즐길 수 있는 사람, 고객을 즐겁게 하는 화술이 필요.**

현지 가이드가 되는 데에 자격이 필요한 나라는 우선 그 취득을 목표로 해야 한다. 내용은 나라에 따라서 다르나, 현지 관광지에 대해서의 상세한 지식뿐만 아니라 그 나라의 문화나 관습, 여행에 관한 기본적인 지식이 필요하고 꽤 취득이 어려운 나라도 있다. 그 때에는 현지의 전문학교 등에서 배울 것을 권한다. 자격 취득 후의 입장은 프리랜서가 기본이다. 현지에 있는 여행사 지점이나 지상 수배업자가 내는 모집에 응모하여 그 여행사로부터 위탁되어 가이드를 하는 것이다. 때로는 자신이 구직정보를 내는 적극성도 필요하다.

현지의 여러 지식을 가지는 것, 필요한 자격을 취득하는 것, 더욱이 현지 언어로 말할 수 있는 것은 아주 중요하다. 그 외에 자질로서 중시되고 있는 것이 고객을 여하이 즐겁게 하는가에 달려 있다. 수일 간에 걸쳐 관광객과 행동을 같이하기 때문에 고객으로부터 보아 친해지기 쉽고 밝고 명랑한 인재가 요구된다. 더욱이 한국어를 정확하게 말할 수 있는 것은 당연한 자질이다. 현지 가이드는 접객업으로 생각하면 좋다.

업무내용은 꽤 무겁다. 주간의 이동은 버스의 차중에서는 이야기를 계속 해야만 하고 밤에는 저녁에도 동석하며 마지막으로 호텔까지 도착시키지 않으면 안된다. 그 후도 버스의 운전기사와 상담하는 등 업무내용은 상당히 많다. 바쁜 시기에는 조그마한 수면시간도 없을 정도이기 때문에 체력을 강화시키는 것도 매우 중요하다.

11.4 각국 정부관광국 (NTO : National Tourism Organization)

한국인 여행자가 많은 나라나 주정부 혹은 성(省), 혹은 금후 적극적으로 유치하고 싶은 나라나 주정부나 지역이 여러 홍보활동을 전개하기 위하여 한국 국내에 개설하고 있는 것이 각국 정부관광국이다. 현지의 민간기업이 모인 임의단체인 경우도 있지만, 대개는 현지 정부의 관광부문이 직접 설치하고 있는 경우가 많다.

업무는 마케팅과 프로모션이 중심이다. 한국인 여행자 동향을 분석한 다음, 어떻게 PR하면 최적일까를 생각하여 실제로 행동에 옮겨 나간다. 구체적으로는 여행잡지를 중심으로 여러 매체에의 광고게재, 각 매스컴에 보도자료 배포(News Release), 각종 홍보이벤트의 운영, 홈페이지 관리, 팸플릿 등 자료작성이 주 업무가 된다.

더욱이 여행사 등에 대하여 현지 여행소재의 상품화를 권유하는 활동도 중요한 업무 가운데 하나이다. 또한 일반여행자로부터 여행에 관한 문의에 대응하는 일도 있다.

각국 정부관광국이 공적기관임은 전술한 바와 같으나, 개중에는 관리운영을 한국의 민간기업이나 PR 회사에 위탁하여 운영하고 있는 경우도 많다. 즉 GSA와 마찬가지 입장인 것이다. 그렇기 때문에 직원의 계약형태는 각국 정부 관광국에 따라 각양각색이다.

한국에는 수많은 국가의 정부 관광국이 있다. 이런 곳에서 일하는 것도 관광산업에 종사하는 것이 된다. 단지, 이와 같은 곳은 정기채용이 거의 없으므로 수시로 연락을 취하여 결원이 있을 때 보충이 있는지를 확인하지 않으면 안 된다.

〈표 11-4〉 주한외국관광청협회 회원사현황

국 가	대표자	전화번호	홈페이지	주 소
호주 퀸즈랜드	Michelle Kyung	02-399-5767/399-7878	www.queenslandholidays.com.au	서울 종로구 서린동 33 영풍빌딩 20층
호주 웨스턴 오스트렐리아	Robert Sohn	02-6351-5156/6230-9355	www.kr.westernaustralia.com	서울 종로구 내수동 75 용비어천가빌딩 717호
호주정부	Nancy C.J. Choi	02-773-6428/773-6442	www.austria-tourism.co.kr	서울 중구 을지로1가 188-3 백남빌딩 902호
캐나다	Jessica Son	02-773-7790/773-7739	www.canada.travel	서울 종로구 수송동 146-1 이마빌딩 1004호
캐나다 앨버타	Olivia Bae	02-725-0420/725-2320	www.travelalberta.com	서울 종로구 적선동 156 광화문 플래티넘 1216호
중 국	Xue Ya Ping	02-773-0393/757-3210	www.cnto.or.kr	서울 중구 충무로 1가 25-5 대연각빌딩 1501호
중국 홍콩	Scott Kwon	02-778-4515/778-4516	www.discoverhongkong.com/kor	서울 중구 을지로1가 188-3 백남빌딩 1105호
중국 마카오	Hwan-Kyu Lew	02-778-4402/778-4404	www.macautourism.gov.mo	서울 중구 을지로1가 188-3 백남빌딩 908호

체 코	Soo-Myung Choi	02-776-9837/773-1203	www.czechtourism.com	서울 중구 무교동 1 효령빌딩 1105호
프랑스	Myung-Wan Lee	02-776-9142/773-9247	kr.franceguide.com	서울 중구 서소문동 41-3 대한항공빌딩 11층
인 도	Janice Y.J. Ahn	02-2265-2235,6/2265-2330	www.incredibleindia.co.kr	서울 중구 을지로 3가 259-1 중앙빌딩 1001호
이탈리아	Bo-Yoeng Kim	02-775-8806/775-8807	www.enit.or.kr	서울 중구 서소문동 135 명지빌딩 23층
일 본	Hiroko Tani	02-777-8601/777-8612	www.welcometojapan.or.kr	서울 중구 을지로 1가 188-3 백남빌딩 2층
말레이시아	Abdul Mutalib Awang	02-779-4251/779-4254	www.mtpb.co.kr	서울 중구 서소문동 37-2 한성빌딩 2층
마리아나	Young-Tae Park	02-752-3189/752-5049	www.mymarianas.co.kr	서울 중구 서소문동 39-1 신아빌딩 6층
뉴질랜드	Hee-Jeong Kwon	02-3210-1107/3210-1108	www.newzealand.com	서울 종로구 신문로 1가 광화문오피시아 1107호
필리핀	Maricon Basco-Ebron	02-598-2290/318-0520	www.wowphilippines.or.kr	서울 중구 을지로1가 188-3 백남빌딩 801호
싱가포르	Addison Goh	02-399-5570/399-5574	www.visitsingapore.or.kr	서울 종로구 서린동 33 영풍빌딩 9층
스페인	Taewan Chung	02-722-9999/739-2037	www.spain.info	서울 종로구 당주동 100 세종빌딩 605호
스위스	Jean Kim	02-3789-3200/3789-3255	www.myswitzerland.co.kr	서울 중구 다동 103 동부다동빌딩 13층
타이완	Jen-Te Wang	02-732-2357/732-2359	www.tourtaiwan.or.kr	서울 중구 삼각동 115 경기빌딩 804호
태 국	Sasi-Apha Sukontharat	02-779-5417/779-5419	www.tatsel.or.kr	서울 중구 충무로 1가 25+-5 고려대연각타워 1205호
영 국	Jooyeon Song	02-3210-5531/720-4928	www.visitbritain.co.kr	서울 중구 정동 4 영국대사관내
미국 괌	Ham-Su Kang	02-765-6161/2022-8259	www.welcometoguam.co.kr	서울 중구 소공동 21 삼화빌딩 7층
미국 하와이	Irene Lee/ Emily Kim	02-777-0033/777-8179	www.gohawaii.or.kr	서울 중구 순화동 5-2 순화빌딩 1310호
미국 라스베이거스	Sonia Hong	02-777-9282/3276-3675	www.visitlasvegas.co.kr	서울 종로구 신문로 1가 광화문오피시아 1827호

주한외국관광청협회(ANTOR : Association of National Tourism Organization Representatives) 에 의하면 국내에 28개 회원사로 구성되어 있으나, 이중 한국의 관광공사와 대한항공을 제 외하면 실제 회원사는 26개이며, 〈표 11-4〉와 같다. 최근에 이집트도 한국에 관광국을 개 설하기로 했다는 소식이다.

담당자와의 인터뷰

- 한국과 현지의 가교가 되는 프로모션을…
- 현지의 팬을 늘리는 것이 업무.

지금부터 취업활동을 하고 있는 여러분. 졸업여행은 꼭 싱가포르로….

기회가 있을 때마다 이러한 이야기를 하는 것도 우리들의 업무이다. 정부 관광국이라고 하는 입장은 단적으로 말해 싱가포르를 찾는 한국인 여행자 수를 늘리는 것을 목적으로 여러 가지 활동을 수행하고 있는 공적 기관이다. 여행을 기획하고 있는 사람, 여행을 기획하여 판매하고 있는 여행사에 대하여 정보제공을 비롯한 여러 지원을 하고 있다.

구체적으로는 여행자가 여행사에 배포하는 가이드북의 작성, 여행업계의 사람들을 대상으로 한 최신 정보의 배송, 세미나나 연수여행의 실시 등이다. 싱가포르를 특집으로 하고자 하는 미디어로부터 의뢰가 있으면 취재의 지원 등도 한다. 그 결과 싱가포르를 잘 이해시키고 실제로 발을 옮기도록 하며 현지에서 즐겁게 여행할 수 있도록 하고 좋은 이미지를 가지고 오게 하는 즉 한국인 여행자 수를 늘릴 수 있는 조건이라면 무엇이든 하는 업무라고 할 수 있다.

우리들의 활동예산은 모두 본국 정부로부터 나온다. 싱가포르의 경우 공적기관이라고는 하나 민간기업처럼 실적이 중시되는 사회이다. 우리들도 한국인 여행자 수의 증감에 따라 숫자로서 업적이 나타난다. 여행자 수가 줄면 연간예산도 줄고 우리들 직원의 급료에도 영향이 미치는 심각한 세계이다.

나는 여행사 시절에 폭넓은 업무를 담당하여 여행업계의 구조나 무엇이 이루어지고 있는지를 알 수 있었다. 정부 관광국은 이러한 폭넓은 여행업계의 지식이 필요한 업종이다. 더욱이 현지와의 거래도 빈번하기 때문에 영어는 필수이다. 역시 이 업무를 희망한다면 어느 정도 경험을 쌓고 나서 하는 것이 좋을 것이다. 그래도 우리들의 근본이 되는 것은 여행자를 위해서 하는 것, 여행업계의 사람들을 위해서 하는 것이라는 것을 항상 의식한다. 즉 서비스 정신이다. 여행사 등과 아주 흡사한 사고방식이라고 할 수 있다.

11.5 항공사 지상직

항공사 지상근무 직원(Ground Staff)은 공항에서 직접 승객서비스를 담당하는 공항여객서비스 직원(Airport Passenger Service Staff)과 도심에 위치하고 있는 영업(Sales), 마케팅(Marketing), 예약(Reservation), 관리(Administration), 인사(Human Resource)부서 등의 다운타운(Downtown)사무실 직원으로 나눌 수 있다. 국내항공사인 경우는 대개 두 가지로 나뉜다.

첫째, 대졸공채로 지원해서 근무하는 경우인데 이때는 전공 및 영어점수, 학점 등을 기준으로 면접 후 선발되어 배치를 받는 경우이다. 전공에 따라 라운지, 코디네이터, 예약/발권 부서, 항공여객영업, 화물영업, 회계, 경영기획 등 다양하게 부서배치를 받는다.

둘째, 유사관련 학과를 졸업한 사람들을 특채로 채용해서 공항 및 본사/지사에서 근무하는 것, 관련업무 채용공고를 통해서 선발된 분들이 공항 및 지사 등에서 근무하는 방법 등이 있다.

한편, 외항사인 경우는 다소 차이가 있다. 국내항공사처럼 대규모적인 공채와 같은 것이 없고 수시로 결원이 생길 때마다 채용하는 형태를 이루고 있다. 그리고 국내항공사처럼 토익을 요구하지 않는다. 물론 JAL(일본항공), QR(카타르항공), PR(필리핀항공), SQ(싱가포르항공), TK(터키항공) 등과 같은 회사들은 800점 이상을 요구하기도 한다.

국내 항공사인 대한항공과 아시아나항공은 각각 모그룹인 한진그룹과 금호그룹의 공개채용 방식으로 지상직원을 채용하였으나, 현재는 항공사 내부적으로 결원이 생겼거나 인원이 더 필요한 경우 수시로 인력을 채용하는 형태로 바뀌어 가고 있다.

외국 항공사에서는 대규모의 신입직원 채용은 전무한 상태이며, 해당 부서마다 인력수급이 필요한 경우 수시 채용하고 있다. 캐세이퍼시픽 항공(Cathay Pacific Airways), 유나이티드 항공(United Airlines), 노스웨스트 항공(Northwest Airlines) 등과 같이 직원 채용시 자사의 홈페이지를 통해 공고를 게재하는 항공사도 있으나, 비공개 수시 채용으로 인력을 채용하는 외국 항공사도 있다. 즉 취업을 희망하는 외국 항공사에 지원서를 접수할 경우에는, 항공사를 방문하여 분위기를 파악하고, 가능하면 인사담당자에게 직접 서류를 제출하는 것이 좋다. 필요인력 충원은 많으면 2~3명에서 적으면 1명 수준이며, 지원자가 많기 때문에 지원서 접수시 인사담당자에게 강한 인상을 주는 것이 필요하다. 또한 글로벌 경쟁시대에서 살아남기 위한 최소한의 능력, 즉 탁월한 어학실력과 서비스산업에 맞는 자세를 갖추는 것이 무엇보다도 중요하다.

토익을 요구하는 회사이든 요구하지 않는 회사이든지 공통적으로 요구하는 것이 바로 영어로 자유로운 의사소통이다. 게다가 작문에도 문제가 있으면 안 된다. 외국인처럼 완벽한 것을 요구하는 것은 아니지만 일반적으로 높은 수준의 영어를 요구하는 편이다.

외국항공사가 직접 운영하는 지사형태와 항공권 판매대행하는 GSA(총판매대리점·General Sales Agent)라는 형태로 업무를 진행하는 두 가지 패턴이 외국항공사의 모습이다.

그리고 항공사에서 찾는 사람들은 주로 남자의 경우에는 항공마케팅/영업, 화물부문의 마케팅/영업 일할 분들을, 여자의 경우에는 항공예약 및 발권, 수하물파트, 운송카운터 ,항공마케팅 등에서 일할 사람들을 찾는 경우가 많다. 즉 일반사무와 같은 직종은 거의 나오지

않는다고 보아야 한다.

특히 여자들을 많이 선발하는 항공예약/발권부서에 취업을 원한다면 항공예약/발권시스템(갈릴레오, 아바쿠스, 토파스) 자격증을 미리 취득하는 것이 취업에 유리할 것이다. 국내항공사에서는 이런 부서에서 일을 하는 사람들을 위해서 자체적으로 교육을 시켜주기도 한다.

그리고 다른 형태는 항공사에서 외주업체에게 인력을 선발해서 업무의 일부를 맡기는 아웃소싱업체에서 일하는 경우가 있다. 주로 보안검색대, 출입국업무 등에서 일을 하고자 하시는 분들을 선발하고 있다. 현재 공항에서 이런 업체를 통해 근무를 하고 있는 사람이 많다. 한국공항공단에서도 공항내의 여객, 화물서비스, 화물관리, 항공기정비, 공항관련 서비스 관련업무를 담당하는 인력도 선발하고 있다.

또한 여행사와 같은 업계에서 근무를 2~3년 정도 경력을 쌓으면 외항사 경력직으로 지원할 수가 있다. 만일 바로 외항사에 지원할 수 있는 실력이 다소 부족한 사람들은 이런 방법으로 근무하면서 실력을 쌓아 지원해 보는 것도 괜찮지 않을까 생각한다.

11.5.1. 국내항공사 지상직 채용조건

국내항공사 지상직 채용조건은 다음 〈표 11-5〉에 나타난 바와 같이 전공에는 제한을 두고 있지 않으나, 외국어 능력과 대학에서 취득한 성적을 중시하고 있음을 알 수 있다.

〈표 11-5〉 국내항공사 채용조건

항공사명	응시자격	제출서류
대한항공	• 신입 : 2년제 대학 또는 4년제 대학 학력 소지자로 졸업 후 만 1년이 경과하지 않은 자 6개월이내 졸업이 가능한 자 • 경력 : 2년제 대학 또는 4년제 대학 학력 소지자로 만 35세 이하 • 토익 500/G-TELP : LEVEL3 56%, 40%, 제한없음 • 영어, 성실성 협동성 컴퓨터 활용능력 • 당사 신체검사 기준에 결격사유가 없으신 분 • 기타 해외여행에 결격 사유가 없으신 분	• 자기소개서 1부 • 성적증명서 및 어학증명서는 면접시 제출
	(서비스 인턴 사원→예약접수, 발권(TICKTING), 항공 운송 서비스 업무 1년 이상 근무한 서비스 인턴 사원 중 근무 성적 우수한 직원→정규직으로 전환)	
	actnally → 2~6月 사이에 채용-수시접수 가능해서 그 제출 서류를 모았다가 채용하는 방식	
	시험진행과정 : 서류접수-서류전형-1차면접-2차 영어필기 시험-3차 영어 인터뷰 및 면접-신체검사	

아시아나항공	• 2년제 대학 기졸업자
	• 전공 제한없음(어학, 관광, 상경계열 전공 우대)
	• 전학년 평균평점 2.8/4.5 만점 이상인 분
	• 당사 신체검사 기준에 결격사유가 없으신분
	• 기타 해외여행에 결격 사유가 없으신분
		• 임사지원서
		  (당사홈페이지에 온라인접수)
		• 자기소개서 1부
		• 최종학교 성적 증명서
		• 최종학교 졸업(졸업 예정 증명서)
		• 기타 (소지자에한암함)
		  −어학성적표사본
		  −소지자격증 사본

	시험진행과정 : 서류접수−서류전형−그룹면접−영어필기−인성검사−최종면접−신체검사	
한성항공	• 2년제 대학 졸업자 및 2학년이상 수료 가능자 • 전공, 나이, 시력 : 제한없음(단, 승무원의 경우 나안시력 0.2 이상, 교정시력 1.0이상에 한함) • 해외여행에 결격 사유가 없는 자 • 제2외국어를 포함한 외국어 능력 우수자 우대	• 입사지원서 및 자기소개서 (사진이 인위적으로 수정한 것은 불합격 처리) • 최종학교 졸업증명서 • 경력증명서 및 자격증 사본
	시험진행과정 : 입사지원−서류전형−1차면접−2차면접−신체검사−최종합격자발표	
제주항공	• 전문학사 이상의 학력을 소지한 사람 • 전공제한 없음(교정시력 1.0 이상인 사람, 신장 160cm 이상인 사람) • 토익 550점 이상 공인영어시험 성적 (G-TELP : LEVEL3 63%, TEPS : 450점 이상, TOEFL : 490점 이상 등) • 남자의 경우 병역을 필하였거나 면제된 사람 • 학업성적 우수, 해외여행에 결격사유가 없는 사람 − 영어 및 기타 어학능력 우수한 사람	
	시험진행과정 : 온라인입사지원−서류전형−1차면접−2차면접−신체검사−최종합격자발표	

스튜어드 지원자격조건				
조건/항공사	대한항공	아시아나항공	한성항공	제주항공
학 력	4년제	4년제	2년제	2년제
나 이	만 27세이히	만 27세이하	만 27세이하	만 29세이하
키(cm)	170이상	170이상	172이상	170이상
시 력	교정1.0	교정1.0, 나안0.2	교정1.0	교정1.0
토 익	550점 이상	550점 이상	550점 이상	550점 이상

http://kr.blog.yahoo.com/veida1023, 2008. 04. 05.

11.5.2. 외국항공사 지상직 채용조건

외국항공사 지상직 채용조건도 다음 표에 나타난 바와 같이 전공에는 제한을 두고 있지 않으나, 외국어 능력과 컴퓨터기술을 중시하고 있음을 알 수 있다.

〈표 11-6〉 외국항공사 채용조건

항공사	나 이	학 력	특이사항
에어 캐나다	만 26세 미만	2년제 대졸이상	영어회화 능숙자, 경력자 선호
에어 차이나	만 27세 미만	고졸이상	영어 혹은 중국어 능숙자
에어 프랑스	만 28세 미만	2년제 대졸이상	영어, 컴퓨터 능숙, 불어 요구
알리탈리아 항공	만 28세 미만	2년제 대졸이상	영어회화 및 작문에 능통한자
전일본 공수	근부부서에 따라 다름	2년제 대졸이상	남자는 4년제 정규 대학 졸업이상
캐세이퍼시픽 항공	제한없음	2년제 대졸이상	160cm이상
가루다 인도네시아 항공	만 30세 미만	2년제 대졸이상	경력자는 만 40세미만, 항공사 경력자와 MS Office 능숙자 우대
일본 항공	만 26세 미만	2년제 대졸이상	남자는 4년제 대졸 이상. 공항여객부 160cm이상
KLM 네덜란드 항공	만 27세 미만	2년제 대졸이상	
루프트한자 독일 항공	만 29세 미만	4년제 대졸이상	독일어 능숙자 우대
말레이시아 항공	근무부서에 따라 다름	2년제 대졸이상	남자는 4년제 대졸이상
노스웨스트 항공	만 28세 미만	2년제 대졸이상	경력자는 만 29세 미만
필리핀 항공	만 26세 미만	2년제 대졸이상	160cm이상 선호, 영어회화 능숙자
싱가포르 항공	제한 없음	2년제 대졸이상	남자는 4년제 대졸이상
타이 항공	만 29세 미만	2년제 대졸이상	TOEIC 750이상
터키 항공	만 27세 미만	2년제 대졸이상	경력자는 만 29세 미만, TOEIC 800이상 TOEFL 550이상
유나이티드 항공	근무부서에 따라 다름	2년제 대졸이상	TOEIC 800이상, 영어회화 능숙자
베트남 항공	제한 없음	2년제 대졸이상	경력자 선호

자료: http://cafe.daum.net/avabusan, 2008. 01. 03.

11.5.3. 항공사 지상직의 분류

(1) 공항업무

① 체크인(Check-in) 카운터

공항 체크인 카운터는 항공여행객들이 항공기 탑승을 위하여 구입한 항공권을 체크인 카운터 직원에게 주고 탑승권(Boarding Pass)을 받는 장소이다. 또한 여행목적지로 수하물을 부치고, 항공여행에 필요한 부대 서비스를 요청할 수 있는 곳이기도 하다. 주요 업무는 다음과 같다.

- 티켓(Ticket) 확인 후 탑승권 발행
- 승객의 여권(Passport) 확인
- 여행목적지 국가의 비자(Visa) 확인
- 승객의 수하물 체크
- 장애인, 거동불편 승객, 노약자 등 특별서비스 승객 지원 등

공항 체크인 카운터는 상대적으로 남성보다 여성이 많이 근무하고 있으며, 항공사에서 필요로 하는 교육수준은 2년제 대학졸업 이상이다. 아시아나항공은 고등학교 졸업자에게도 취업기회의 문을 열어 놓고 있다.

② 라운지(Rounge)

한편, 항공사는 1등석(First Class) 및 2등석(Business Class) 승객을 위하여 공항에 편의서비스시설이 완비된 라운지를 운영하고 있다. 공항 라운지 직원의 주요 업무는 다음과 같다.

- 라운지 내의 편의서비스시설 관리
- 음료, 스낵 등의 준비
- 출발시간 확인 후 승객에게 탑승안내
- 비즈니스 고객의 용무 지원 등

라운지는 서비스 특성상 모든 직원들이 여성으로 구성되어 있다. 항공사에서 필요로 하는 교육수준은 2년제 대학졸업 이상이며, 주요 승객들에 대한 서비스를 제공해야 하기 때문에 항공사에서는 직원 선발시 많은 사항들을 체크하고 있다.

③ 게이트(Gate)

탑승 게이트는 직원들이 승객의 탑승권(Boarding Pass) 확인절차를 거쳐 원활한 기내탑승을 위한 서비스를 제공하는 장소이다. 게이트 직원들의 주요 업무는 다음과 같다.

- 탑승방송
- 특별서비스 승객들을 위한 탑승서비스(Boarding Service) 제공
- 탑승권 확인
- 항공기가 정시(On-time)에 출발할 수 있도록 관계기관 및 기내 승무원들과의 업무 협조
- 탑승시 좌석 재배정 등

게이트는 4명 또는 5명의 남자직원 및 여자직원으로 구성되어 있다. 항공사에서 필요로하는 교육수준은 2년제 대학 졸업 이상이며, 장시간 서서 근무해야 하기 때문에 건강한 체력이 요구된다.

④ 승무원 담당(Crew Coordinator)

승무원 담당은 승무원의 스케줄을 조절하는 스케줄러(Scheduler) 역할과 승무원들이 고객에게 원활한 기내서비스를 제공할 수 있도록 지상에서 필요한 서비스를 제공하는 역할은 담당하고 있습니다. 주요 업무는 다음과 같다.

- 승무원 스케줄(Schedule) 조절
- 한국 체류(Lay over)승무원을 위한 호텔 체크
- 공항에서 시내까지 필요한 교통편(Transportation) 체크
- 승무원 출입국시 필요한 서류 확인 및 문제 발생시 지원 등

항공사에서 필요로 하는 교육수준은 2년제 대학졸업 이상이다.

⑤ 수하물 담당(Lost and Found)

수하물 부서는 승객수하물(Checked baggage)의 연착, 분실, 도난, 파손 등의 문제발생시 승객의 입장에서 적절하고 신속한 서비스를 제공하는 부서이다. 수하물 부서의 주요 업무는 다음과 같다.

- 수하물의 연착 시 필요한 서비스 제공
- 수하물의 파손 및 분실 시 필요한 서비스 제공
- 입국장(Immigration and Customs)에서 필요한 통역서비스 제공

• 승객들의 원활한 입국을 위한 세관(Custom)직원들과의 업무협조 등

부서 특성상 분실, 파손, 도난 등의 문제가 일어난 수하물로 인해 흥분한 승객들을 응대하여야 하는 경우가 빈번하므로 투철한 서비스 마인드가 필요한 부서이기도 하다.

(2) 영업 및 마케팅(Sales and Marketing)

영업 및 마케팅의 영역은 크게 3개의 분야로 나뉜다.

① 여행사대상 영업(Travel Agency Sales)
② 기업을 대상으로 하는 기업영업(Corporate Sales)
③ 정부 인사들의 공무 여행을 전담하는 정부대상 영업(Government Sales)

특히 미국 국적의 항공사는 미국 정부와 주한 미군을 대상으로 하는 부서를 주요 부서로 운영하고 있으며, 대한항공과 아시아나항공 역시 정부를 대상으로 하는 영업부서를 운영하고 있다. 영업 및 마케팅 부서의 주요 업무는 다음과 같다.

• 항공상품(좌석) 판매
• 대리점 관리(여행사 관리)
• 경쟁 항공사의 영업전략 조사 및 대응
• 항공요금 조사 및 대응
• 계절별 특별요금 관리 등

다양하고 많은 사람들을 상대해야 하는 부서이므로, 활달하고 외향적인 성격의 소유자가 적합하다고 하겠다.

(3) 발권직원(Ticketing Staff)

발권부서 직원은 항공여행 예약을 마친 승객이 원하는 시점에 티켓을 발권하는 업무를 주로 하며, 각 항공사들은 공항 및 시내 지점에 이와 관련된 카운터를 운영하고 있다. 주요 업무는 다음과 같다.

• 항공티켓의 발권
• 승객의 항공여행 일정에 대한 항공요금 산출
• 마일리지 프로그램(Mileage Program)에 의한 무료항공권(Free Ticket) 발권

- 환급(Refund), PTA(Prepaid Ticket Advice)서비스
- 승객이 원하는 목적지에 대한 정보제공 등

대한항공의 토파스(TOPAS) 발권교육이나 아시아나항공의 아바쿠스(ABACUS) 발권교육을 이수한 사람에게는 채용 시 가산점을 주는 항공사도 있다.

(4) 인사(Human Resource)

인사부서는 필요 인력의 충원, 직원들의 업무능력 평가 등을 담당하는 부서이다. 주요 업무는 다음과 같다.
- 신입 및 경력직원 충원
- 직원들의 업무능력 평가
- 대외적인 공문서 작성 및 전송
- 직원들의 무료항공권(Trip Pass) 접수
- 항공사의 크고 작은 행사의 준비 및 진행 등

업무의 많은 부분이 내부 서류작업, 항공사의 대소 행사 진행 등이므로, 기본적인 컴퓨터 실력은 물론이고, 원만한 대인관계를 유지할 수 있는 능력이 특히 요구된다.

(5) 관리(Ticket Administration)

항공사 관리부서는 항공티켓을 관리하는 부서라고 할 수 있다. 주요 업무는 다음과 같다.
- 공항 및 시내 카운터에서 발권되는 자사 항공권관리
- 여행사에서 발권되는 티켓관리
- BSP(Billing Settlement Plan) 티켓관리
- 커미션 관리
- IATA(International Air Transport Associtaion)관련 업무처리

항공티켓 관리업무를 수행해야 하므로, 세밀하고 차분한 성격의 소유자가 유리하다.

(6) 화물(Cargo)

항공화물을 담당하는 카고 직원은 화물을 보다 빠르고 안전하게 수송하기 위한 제반 서비

스를 제공하는 부서이다. 주요 업무는 다음과 같다.

• 일반 항공화물 서비스 제공
• 특수화물(위험물, 동물, 부패성 화물 등)서비스 제공
• 화물운송 문제 발생 부대서비스(Tracking 등) 제공 등

업무 특성상 남자직원들이 많으나, 요즘은 여자직원들도 순환근무에 의해 많이 근무하고 있다.

11.6 GSA(해외 관광관련 기업의 국내창구)

GSA(General Sales Agent)는 판매총대리점(항공운송 총대리점)이라는 말로, 한국지사를 개설할 수 없는 항공사나 관광시설들로부터 의뢰되어 한국내에서 프로모션이나 판매를 위임받은 회사를 말한다. 정확하게는 이 GSA와는 다르지만 세계 각국에 전개하고 있는 대형 호텔체인의 국내지점, 또는 대리점인 호텔대리판매상(Representative)도 거의 마찬가지 업무를 수행하고 있다.

현재 국토해양부에 등록된 132개의 총판매대리점(항공운송 총대리점 : 2008. 01. 02. 현재)이 국내에 형성되어 있으며, 그 중에서 지사(Branch)형태가 19개 항공사, 113개의 항공사가 GSA 계약을 맺고 있다. 132개 항공사 중 온라인(On-line : 정기취항 항공사) 항공사가 지사형태의 19개 항공사를 포함하여 62개 항공사이며, 나머지 70개의 항공사가 온라인 항공사로의 전환을 위해 활발하게 활동하고 있다.

GSA 형태로 들어와 있는 113개 항공사는 국토해양부에 항공운송 총대리점으로 등록돼 있는 47개 업체에서 운영하고 있다. 항공운송 총대리점 중에서 특히 (주)피시픽에어에이젠시(PAA), 보람항공(주), (주)샤프, 글로벌에어시스템(주), (주)예일스카이넷 등이 6~16개의 항공사와 GSA 계약을 맺는 등 가장 활발한 활동을 보이고 있다. 샤프, 반도에어, 한영항운, 미방항운 등이 오랜 역사를 바탕으로 항공 GSA 업계에서 자리를 굳히고 있으며, 후발주자이지만 동보, 프라임에어, 퍼시픽에어, 글로벌에어 등이 공격적인 영업을 바탕으로 항공사업을 확장하고 있다. 실제로 이들 업체들은 지속적인 신규 항공사의 유치를 통해 시장을 장악하기 위한 발판을 마련함과 동시에 새로운 경쟁력을 갖추는 데 주력하고 있다.

퍼시픽에어에이젠시의 경우 상해항공, 중화항공, 쿠웨이트항공, 요르단항공, 스리랑칸항

공, 멕시코항공, 올림픽항공, 그루포타카, 몰타항공, 케냐항공, 에어모리셔스, 마한에어, 로얄브루나이항공, 인디안항공, 만다린항공, 내션와이드항공 등 16개 항공사에 대한 GSA를 체결, 최대 GSA 업체로 나타났다. 이어 보람항공이 에어아스타나, 러시아에어, 달라비아항공, 에어로멕시코, 브라질항공, 에어유로파, 에어짐바브웨, 에어포르투갈, 에어로스비트, 한에어, 리투아니아항공, 스피릿항공 등 12개 GSA를 운영 중이다.

샤프의 경우 노스웨스트항공, 에어뉴기니, 핀에어, 알래스카항공, 콘티넨탈항공, 우크라이나항공, 에바항공, 유니항공 등 8개 항공사를, 글로벌에어시스템은 세부퍼시픽항공, 카타르항공, 에어칼린, 에어마다가스카르, 라오스항공, 퍼시픽에어라인, 말레이시아항공(부산) 등 7개 항공사를, 예일스카이넷은 붓다항공, 드럭에어, 코파항공, 아이슬란드항공, 스타플라이어, 네팔항공 등 6개 항공사를 각각 GSA로 운영하고 있다.

어느 것도 현지 시설 등의 한국에서의 창구이며, 담당하는 관광소재의 전문집단이다.

주된 업무는

① 여행사 등의 상품에 자사의 관광소재를 결합하여 판촉을 전개한다, ② 여행사 등으로부터 문의에 대응한다, ③ 한국 국내에서의 예약을 받아 현지에 수배를 의뢰한다 등이다.

하나의 여행소재를 취급하는 회사도 있는가 하면, 복수를 담당하고 있는 경우도 있고, 일반여행자들로부터의 문의에 대응의 가부(可否)도 회사에 따라 천차만별이다. 또한 실제 판촉이나 판매를 전문회사에 위탁하고 있는 경우도 보이는 등 그 업무내용은 회사에 따라 각양각색이다.

더욱이 한국에서의 창구가 되기 때문에 지상수배업자나 일반 여행사 등에 비교해도 취급하고 있는 여행소재에 대한 지식은 해박하지 않으면 안 된다. 예컨대 호텔대리판매상이라면 어느 특정 호텔의 몇 호실은 엘리베이터에 얼마나 가까운지, 문을 여는 시스템은 어떻게 되어 있는지, 객실 내 설비는 어떻게 되어 있는지 등 구석구석까지 자세한 내용에 대해서도 대응할 수 있어야 한다.

GSA와 비슷한 것으로는 다음 〈표 11-7〉과 같은 것이 있다.

〈표 11-7〉 GSA 의미와 유사용어

용 어	의 미	역 할
GSA	총판매대리점 (General Sales Agent)	관련업체의 판매권을 가지고 한 지역 내 공급을 책임진다. 본사와의 협의를 통해 단순한 영업뿐만 아니라 마케팅, 소비자 관리 및 후속조치까지 모두 담당한다. 때문에 지사 다음으로 대표성을 띤다.
GSO	글로벌 세일즈 사무소 (Global Sales Office)	세계적 호텔체인의 한국사무소 역할을 담당한다. 호텔 세일즈 스페셜리스트 등의 프로그램을 운영하여 대상자들을 위한 다양한 정보제공 및 각종 프로모션을 진행한다.
PSA	판매대리점 (Preferred Sales Agent)	일반대리점보다 경쟁력 있는 가격을 제공받아 지역 내에서 홀세일(wholesale) 상품을 공급한다. 한국 내 총판대리점 밑에서 좌석을 공급하는 경우가 대부분이지만 본사 자체와 계약을 맺는 경우도 있다.
SA	일반대리점 (Sales Agent)	홀세일러(wholesaler) 등으로부터 상품을 받아 단순 판매하는 역할을 담당한다.

담당자와의 인터뷰

■ 폭넓은 GSA업무에 과거의 경험이 살아 있다.
■ 한국의 크루즈(Cruise) 인구를 늘리는 것도 나의 업무

호텔, 여행사, 여행인솔자 그리고 이탈리아 유학… 지금까지의 모든 경험이 오늘날 업무를 살리고 있다는 것을 통감하는 매일이다. 현재는 해외에 거점을 둔 크루즈 3사의 GSA업무를 담당하고 있으나 호텔에서 배운 확실하고 정중한 용어, 여행사에서 배운 업계의 구조나 여행인솔자 시절에 배운 매력적으로 전달하는 힘, 더욱이 세계 각지의 유명 관광지에 관한 지식은 여행회사에 크루즈상품을 제안할 때 매우 도움이 되고 있다. "타인과 다른 30대를 꿈꾼다"라고 생각하며 쌓아 온 여러 가지 경험은 헛되지 않았다고 생각한다.

GSA업무는 타 업종과 비교하여 실로 폭넓은 것이 실정이다. 첫째로 우리 GSA는 크루즈를 여행상품으로 만들기 위해 여행사에 제안하는 것이 주된 업무이다. 이것은 매우 중요하다. 단, 크루즈는 특수한 여행형태이기 때문에 그 여행의 매력이나 여행방법을 일목요연하게 전달하는 것도 우리들이다.

또한 한국의 크루즈 인구를 늘리는 것도 업무라고 생각하고 있다. 더욱이 크루즈를 잘 모르는 사람들을 위해서 크루즈의 즐거움을 넓혀 나가는 업무야말로 매우 재미있다. 더불어 잡지나 홈페이지 등의 미디어에 대한 PR이나 본사와의 거래도 마찬가지이다. 본사와의 거래에서 고생하는 경우도 많다. 본사는 전 세계를 시장으로 하고 있어서 한국시장의 특성까지는 섬세하게 파악하고 있지 못한다. 한국여행자의 특징 등을 본사에 전하는 것도 GSA로서 중요한 업무가 되었다. 더욱이 한국에 있어서의 송객수나 매출목표를 달성하는 것도 중요하다.

우리 회사 사장의 의향에 맞추어 크루즈 사업부를 하나의 회사로서 독립시키는 것이 금후의 목표이다. 현재 한국의 크루즈시장은 점점 확대되고 있어서 실현가능하다고 생각하고 있다. 그리하여 다른 사람과는 다른 40대를 꿈꾸고 있다.

Chapter 12

여행사 면접시험 대책

Employment Guide of Travel Agency

12 여행사 면접시험 대책

Employment Guide of Travel Agency

여행사 입사를 위해 가장 중요한 테스트가 면접시험이다. 면접에는 일대일 면접, 면접관 여러 명에 지원자 한 명, 집단식, 집단 토론식이 있는데 보통은 1:1로 많이 하지만, 여행사에 따라서 면접관이 여러 명에 지원자 한 명 또는 집단식으로 보는 경우도 있다.

회사규모가 작으면 1:1, 규모가 크면 여러 면접관들이 있는데 여행사에서 면접관은 보통 해당업무를 담당하는 총괄책임자나 관련팀장이 참석한다.

기업의 채용방식이 까다로워지면서 최근에는 면접이 취업의 당락을 결정할 만큼 그 비중이 커지고 있다. 2~3회에 걸쳐 진행되는 면접횟수는 기본이며, 20분 내외이던 면접시간도 1시간 이상으로 늘어나는 추세다. 또한 다양한 인재평가를 위해 집단토론식면접, 압박면접, 프리젠테이션면접 등 다양한 면접방식이 도입되고 있다.

12.1 면접시험의 종류

12.1.1. 개별면접

다수의 면접관이 한 사람의 지원자를 대상으로 질문과 응답을 하는 형태의 보편적인 면접 방식이다. 면접관이 여러 명이므로 다각도의 질문이 나올 수 있고, 이를 통해 지원자의 다양한 측면을 알아낼 수 있다. 지원자 입장에서는 여러 명으로부터 집중적으로 질문을 받기 때문에 긴장감이 더 클 수밖에 없다.

유의해야 할 사항은 질문에 대한 답변을 할 때, 다수의 면접관이 지켜보고 있다는 것을 인식하고 모든 면접관에게 대답한다는 기분으로 질문에 응해야 한다. 또 개별면접에서는 자

첫 대답내용이 길어질 수 있는데 설명하는 방식으로 내용을 끌지 말고 결론을 먼저 제시한 뒤 이에 대한 설명을 붙이는 방식으로 대답하도록 한다. 건강하고 자신 있는 모습을 보이되 '너무 큰 소리로, 너무 빨리, 너무 많이' 말하지 않도록 한다.

12.1.2. 집단면접

대기업에서 주로 1차 면접 때 사용하는 방식으로 면접관 여러 명이 지원자 여러 명을 한 꺼번에 평가하는 방식이다. 집단면접은 여러 명이 함께 면접을 받기 때문에 개별면접에 비해 압박감이 덜하고 면접관의 입장에서도 지원자들을 서로 비교평가할 수 있다.

주의해야 할 점은 입사지원자들은 서로 비교가 될 수 있으므로 자신의 의견을 명확히 해서 집단속에 묻히거나 밀려나지 않도록 해야 한다. 또 다른 사람의 질문에 나서거나 튀려고 하는 지나친 행동은 삼가도록 한다. 자신에게 질문이 올 때뿐만 아니라 다른 지원자들이 대답할 때도 고개를 살짝 끄덕이는 등 경청하는 모습을 보여주도록 한다.

12.1.3. 집단토론 면접

일정한 주제나 내용을 가지고 지원자들이 토론을 벌이는 방식이다. 대부분 대기업에서 1차 면접이 끝난 후 다음 단계로 시행하는 면접방식으로 면접관들은 주제만 정해줄 뿐 일체 관여하지 않고 지원자들이 어떻게 토론을 이끌어가는지 관찰할 뿐이다.

면접관들은 지원자들의 말 한마디, 의견을 표현하는 방식, 듣는 태도 등 전반적인 것을 평가한다. 토론을 할 때에는 자신의 주장을 당당하게 표현하고 다른 사람의 의견은 차분히 듣도록 한다. 간혹 자신과 다른 의견에 대한 반박을 하더라도 감정적으로 흥분하는 것은 절대 금물이며 논리적으로 설득력 있게 말하도록 한다. 또 다른 사람의 의견을 들은 후 자신의 뜻대로 결론을 정해버리는 실수는 하지 않도록 한다.

12.1.4. 제안(프리젠테이션)면접

여러 주제 중 하나를 선택해 자신이 원하는 방식으로 의견을 펼치는 면접 방식이다. 면접관은 지원자의 문제해결능력, 창의력, 전문성, 표현력 등을 중점적으로 평가한다. 프리젠테이션 발표 시에는 먼저 개괄적인 설명을 한 뒤 서너 가지의 핵심을 간결하게 짚도록 한다.

긍정적이고 자신감 있는 목소리를 유지하면서 정보제공 뿐만 아니라 발표에 흥미를 줄 수 있는 요소를 적절하게 가미하도록 한다.

또 발표과정에서 흐지부지한 의견개진이나 부적절한 용어 사용, 무리한 주장은 하지 않도록 한다. 자신이 발표한 사실을 근거로 결론을 내리되 논리적이며 명확하게 한다. 시선처리에 유의하고 강조부분에서는 적당한 손동작을 활용할 수 있다.

12.1.5. 압박면접

면접관들이 지원자의 약점을 꼬집거나 당황스러운 질문을 던지고 지원자들이 어떻게 대처하는지 평가하는 면접방식이다. 지원자의 위기대처능력과 창의성, 순발력 등을 평가하기 위해 최근 자주 활용되고 있다. 즉 스트레스 내성을 시험하는 것으로 상대의 모티베이션을 급속하게 떨어뜨려 입사의욕을 없애려는 측면이 있다(安田佳生, 2007).

압박면접 때는 표정 변화에 유의해야 한다. 예를 들어 "당신은 B학점밖에 안 되는데 어떻게 우리 회사에 지원할 생각을 했습니까?"라며 꼬투리를 잡으면 "성적이 좀 모자라도 사람 사귀는 데는 특기가 있다고 생각합니다. 이 특기를 살리면 학점이 좋은 사람보다 회사에 더 기여할 수 있다고 생각합니다"라는 식으로 의연하게 대답할 수 있어야 한다.

당황스러운 문제해결책을 물을 때는 정답이 아니더라도 재치 있게 대답하도록 하며, 잘 모르겠다며 얼버무리는 것은 피하도록 한다. 또 자신의 단점에 관한 질문에서는 반론은 피하고 솔직히 인정한 뒤 단점을 극복하기 위해 어떻게 노력했는지 꼭 덧붙이도록 한다.

12.2 면접시험준비

면접은 크게 '자신에 대한 질문', '해당 회사와 관련된 질문'으로 나눌 수 있다. 면접관들은 예상을 뛰어넘는 질문을 불쑥 던질 때도 있지만, 기본적으로는 자기소개서에 기입한 내용을 물어온다. 면접에서 가장 신경을 써야 할 부분은 주어진 시간 내에 효과적으로 자신을 표현하는 것이다. 질문에 대해 짤막하게 결론을 먼저 말한 뒤 설명을 붙이면 강한 인상을 심어줄 수 있다.

- 면접전 준비 : 용모/복장준비, 기업정보 탐색, 입사지원서 숙지
- 면접 당일 : 30분 전에 대기실 도착 → 호명(목례) → 문을 노크한다(가볍게) → 입실(발걸음에 주의) → 면접관에게 정중한 인사(30도 정도, 면접책상 앞 3m정도) → 수험번호, 성명을 정확히 말한다. → 의자에 앉는다(착석지시에의함, 자세 바르게) → 도입질문 / 답변 → 핵심질문 / 답변 → 면접 끝(퇴실지시를 기다림) → 인사(서서, 정면과 좌우 면접관에게 목례, 한두발짝 뒤로 물러선 다음 문으로 향함) → 문 앞에서 밖으로 나가기 전에 인사한다.

(1) 성실한 답변이 왕도

성실성은 기업에서 요구하는 첫 번째 덕목이다. 내용이 창의적이더라도 성실한 태도로 답변해야 좋은 결과를 기대할 수 있다. 대답할 때 자신을 적극적으로 표현하는 것만큼 면접관의 말을 진지하게 듣는 것도 중요하다는 것을 명심해야 한다. 대답하는 동안에는 질문을 던진 면접관의 눈을 주시하거나 얼굴부분을 침착한 시선으로 쳐다보며 답해야 한다.

집단면접에서는 자신을 적극적으로 표현할 기회를 갖기가 어려운데, 자신에게 질문의 기회가 올 때까지 다른 사람의 답변을 성실히 경청하는 태도가 중요하다. 차분한 태도가 오히려 사람들의 주의를 끌 수 있을 것이다. 면접관이 여러 명이라고 해서 이쪽저쪽을 두리번거리며 답하는 것은 자칫하면 질문을 던진 면접관을 무시하거나 자신감이 없다는 인상을 줄 수 있다.

답변할 때 질문내용을 지레짐작하지 말고 면접관이 무엇을 묻고 있는지 정확히 파악해야 한다. 모르는 내용을 질문 받았을 때는 솔직하게 모른다고 답하는 것이 바람직하다. 당황한 나머지 아는 척하거나 우물쭈물 얼버무려서는 안 된다. 답변이 미흡하거나 경쟁자들보다 못했다는 대답으로 일관하는 동문서답은 피하는 것이 기본이다.

(2) 좋은 인상을 남겨라

면접에서 질문에 대한 답변 못지않게 중요한 것은 좋은 인상이다. 인상은 답변 내용은 물론 질문에 응하는 태도, 면접장소에 들어가거나 나올 때 비쳐지는 몸가짐 등이 면접관에게 전해진다.

우선 좋은 첫인상을 전달할 수 있도록 하자. 면접장소에 들어설 때에는 앉으라는 권유가 있을 때까지 잠시 서서 기다린다. 최근 화제가 되고 있는 소재들로 인사말을 준비해 적극적

인 첫인상을 남기는 것도 좋지만, 자신이 없다면 단정하고 간결하게 자신을 표현하는 것도 바람직하다.

외국기업들의 경우 외국인 면접관들이 일상적인 인사와 함께 악수를 청하는 경우도 있으니 차분한 태도로 부드럽게 상대방 눈을 쳐다보며 자연스럽게 응한다. 설사 면접관의 질문이 모르는 내용이거나 대답을 하고 나서 대답이 잘못됐다고 느끼더라도 시종일관 침착하고 밝은 표정을 유지하자. 마무리 또한 중요하다. 침착하고 자신 있게 면접을 마쳐놓고, 키득거리며 웃는다거나 허둥대는 모습으로 나온다면 감점요인으로 작용할 수 있다. 차분한 태도와 바른 인사로 면접을 마칠 수 있도록 한다.

(3) 당당하되 기본 예의를 지킨다

면접관은 피면접자의 감춰진 능력을 캐내기 위하여 온갖 노력을 하고 있다. 이를 잘못 이해하여 마치 죄를 짓고 경찰서에 끌려 온 것처럼 굴 필요가 없다. 면접관 앞에서 피동적으로 묻는 말에만 끌려오는 사람은 좋은 이미지를 남길 수 없다. 자신이 주도적인 태도를 보이는 것이 필요하다.

자신의 능력과 준비정도에 대한 자신감, 어느 정도는 이 회사가 원하는 사람이기 때문에 면접까지 오게 되었다는 자신감이 없으면 자신의 능력을 미처 보여주지 못한 채 면접을 끝내기 쉽다. 따라서 실제 면접사항에서는 면접관이 자신에 대해 알고 싶어 하는 가정 하에서 자신의 능력과 성격을 적극적으로 드러내는 것이 필요하다. 자신이 면접에서 떨어졌다면, 이 회사가 원하는 사람과 자신이 맞지 않기 때문이지, 자신이 면접 기피인물이라는 생각으로 다음 면접에 임한다면 똑같은 결과가 되풀이될 수 있다.

12.2.1. 지원여행사의 파악

- 회사의 연혁
- 회사에서 요구하는 신입사원의 인재상
- 회사의 사훈, 사시, 경영이념, 창업정신
- 회사의 대표적 상품, 특색
- 해외지사의 수와 그 위치
- 신상품에 대한 기획 여부

- 자기 나름대로의 그 회사를 평가할 수 있는 장단점
- 회사의 잠재적 능력개발에 대한 제언

12.2.2. 면접당일의 준비

면접관에게 좋은 인상을 줄 수 있도록 준비를 하자. 면접관들이 가장 좋아하는 인상은 얼굴에 생기가 있고 눈동자가 살아 있는 사람, 즉 기가 살아 있는 사람이다. 면접은 대개 아침에 시작되므로, 면접당일 입을 옷과 화장, 소품 등을 미리 준비해 두는 것이 좋다.

당일 아침에는 조간신문이나 인터넷에 의한 빠른 뉴스를 읽는다. 특히 경제면, 정치면, 문화면 등에 유의해 둘 필요가 있다. 면접의원 중에서 시사성의 기사를 수험생에게 질문함으로써 그날그날의 돌변하는 정세를 알고 있는가를 확인하는 사람도 있다.

12.2.3. 면접복장

면접시 첫인상을 가름하는 중요한 변수 중의 하나는 바로 옷차림이다. 가장 중요한 것은 깔끔하고 단정한 인상과 신뢰감, 호감을 줄 수 있는 옷차림이다. 옷 잘 입는 사람이 자기관리에도 철저하다는 인식이 확산되면서 면접 옷차림도 자신의 감각을 표현하는 쪽으로 변화하고 있다.

12.2.4. 면접장에서

면접시간 전에 도착한다. 미리 시간 전에 나오는 것이 좋다. 어느 기업에서건 지각, 조퇴를 일삼는 사원은 필요 없는 존재로 간주됨을 명심해야 한다. 면접당일 날에는 시작시간 15분쯤 전에 면접장에 미리 도착해 마음을 가라앉히고 준비하고 있어야 한다.

면접에 즈음한 10계명은 다음과 같다.

① 결론부터 이야기한다. 부연설명은 그 다음에 구체적으로 조리 있게 말한다.
② 올바른 경어를 사용한다. 유행어는 피하고 존경어와 겸양어는 혼동하기 쉬우므로 유의한다.
③ 명확한 태도를 취한다. 질문의 요지를 파악하고 예, 아니오를 명확히 표시한다.
④ 미소를 잊지 말 것. 웃는 얼굴이 좋지만 헤퍼서도 안 된다. 또한 면접관들은 신세대가 아님을 명시하고 의상이나 헤어스타일이 너무 튀는 것은 부정적인 결과를 줄 수 있다.

⑤ 답의 패턴을 기억하고 명심하라. 예(발랄), 한마디로 말씀드리면(결론), 예를 들면(구체적인 예), 그래서(확인), 이상입니다(끝) 정도는 기억한다.

⑥ 반론을 잘할 것. 독불장군은 금물, 그렇지만 납득이 안가면 그냥 넘기지 말고 면접관의 기분이 상하지 않는 태도로 차분히 반문하자.

⑦ 최후의 순간까지 최선을 다하라. 대답을 잘못했다고 할지라도 포기하지 말고 최선을 다하는 모습으로 임하면 상황을 역전시킬 수도 있다.

⑧ 즉흥적인 대사에 강할 것. 집단면접에선 앞사람의 말을 근거로 해서 말하는 것도 요령이다.

⑨ 유머를 잊지 말 것. 상황에 맞는 유머는 대화를 활성화시킨다. 딱딱한 주제나, 격양된 토론에서 에피소드를 첨가해 깊은 인상을 심어줄 수 있다.

⑩ 잘못된 버릇을 고친다. 상대를 불쾌하게 하는 의사전달이나 너무 큰 목소리나 빠른 말투, 불안정한 시선, 자신도 모르는 버릇 등에 주의한다.

12.2.5. 입실후

자기 차례가 되면 '예' 하고 또렷이 대답하고 들어간다. 문이 닫혀 있을 때는 상대방에게 소리가 들릴 수 있도록 노크를 두 번 한다. 대답을 듣고 나서 들어간다. 문은 조용히 열고 닫으며 공손한 태도로 인사를 한 후, 면접관의 지시가 있은 후 의자에 앉는다.

시종 침착하면서도 밝은 표정으로 예의를 지킨다. 시선은 한곳에 고정하고 답변시에는 면접관의 눈이나 얼굴 주위에 시선을 둔다. 평소의 습관이나 긴장에 의한 반복적인 행동이 나오지 않도록 유의해야 한다.

12.2.6. 답변태도

보통 면접관과의 거리가 떨어져 있기 때문에 작은 소리로 웅얼거리며 말하면 자신의 이야기를 전달할 수도 없고 자신감이 없다는 인상을 줄 수 있다. 적당한 크기의 목소리가 되도록 주의해야 한다.

답변에서는 때로는 부담스러운 질문을 받더라도 우물거리지 말고 패기만만한 자신을 보인다. 일단 질문에 대한 답이 다소 빈약하더라도 당당히 이야기한다. 또한 자신의 '하고 싶은 일'을 분명하게 말할 수 있는 자신감이 필요하다.

질문사항에 대한 과장이나 거짓은 금물이다. 불필요한 사족을 달거나 수다를 떠는 것도

피해야 한다. 늘어지는 설명보다는 먼저 결론을 말하고 나중에 부수적 설명을 덧붙이는 형
태로 대화를 끌고 나가야 한다. 오히려 모르는 것은 솔직히 모른다고 대답하는 자세가 중요
하다.

12.2.7. 면접관이 기피하는 인물형

- 협동심이 부족하고 개인중심적인 사람
- 의지력이 약하고 패기가 부족한 사람
- 지나치게 자기과시가 심한 사람
- 지나치게 자기비하가 심한 사람
- 인간관계가 서툴고 성격이 모난 사람
- 책임감이 없고 성실성이 부족한 사람
- 문제의식이 없는 사람
- 감각이 둔하고 창의력이 부족한 사람
- 판단력이 부족하고 지혜롭지 못한 사람

12.2.8. 면접시험 주요 예상문제

(1) 본인과 가족관계

- 자신에 대한 소개를 해보라.
- 자신의 장점과 단점에 대해 말해라.
- 자신의 특기는 무엇인가?
- 성장과정에 가장 큰 영향을 준 사람은 누구인가?

(2) 학창시절, 교우관계

- 봉사활동 경험이 있는가?
- 동아리 활동은 어떤 것을 했는가?
- 친구들이 자신을 어떻게 평가하는가?
- 대학에서 전공 외에 관심을 가졌던 분야와 이유는?

• 외국여행을 통해 얻은 교훈이나 느낌이 있다면?

(3) 당황스런 질문들

• 학점이 왜 이렇게 나쁜가?

• 왜 여자(남자)친구가 없는가?

• 인상이 나쁘다는 말을 듣지 않는가?

• 우리 회사보다 규모도 크고 수익성도 좋은 A사에 합격한다면 어떻게 할 것인가?

• 스톡옵션으로 1억원이 생긴다면?

(4) 지원동기와 희망부서

• 우리 회사를 택한 이유는?

• 우리 회사에 대해 아는 대로 말하라.

• 지망하지 않은 부서나 지역에 배치된다면?

• 만일 당신이 최고경영자라면 우리 회사의 문제점을 어떻게 해결하겠는가?

(5) 상사와의 관계

• 상사가 납득하기 힘든 지시를 한다면?

• 퇴근시간이 훨씬 지났는데도 상사가 계속 일을 시킨다면?

(6) 장래포부

• 10년 후에는 어떤 일을 하고 있을 것이라 생각하나?

• 직장생활을 통해 이루고 싶은 목표가 있다면 무엇인가?

(7) 기타 최근 뉴스 문제

• 엠비노믹스(MBnomics)란?

• 밴드왜건효과(Band-wagon effect)와 언더독 효과(Underdog effect)란?

• 관광산업 경쟁력 강화를 위한 7대 과제는?

• 숨어있는 인류 7대 보물은?

- 북한이 한국에 주장하는 4대 근본문제는?
- 코벌라이제이션(Ko-balization)이란?
- 서브프라임 모기지(Sub-prime Mortgage)란?

(8) 면접시 세부행동 체크표

면접 시 세부행동 순간	면접관이 체크하는 포인트 및 응시생 행동지침
면접 실시한 회사에 들어서는 순간	행동이나 복장을 살펴본다.
안내 데스크의 안내자와 만나는 순간	가볍게 눈인사를 나누거나 목례를 한다.
엘리베이터/계단을 이용, 대기실까지 가는 순간	함께 탑승하거나 회사사람들에게 가벼운 눈인사 (협소한 공간에서는 정숙한다.)
면접에 같이 입장할 응시생들을 보는 순간	같은 조의 사람이라면 통성명 또는 대화를 하며 긴장을 풀도록 한다. 면접 실패의 원인은 긴장이다. 함께 입장할 사람들과 친숙함을 느끼게 되면 면접장에서 옆 사람과의 친분을 생각하며, 마음의 안정을 찾는다. (만약 이들이 경쟁자라고 생각하면 긴장감은 더할 것이다. 그리고 서로 Appearance(외관, 겉모습)를 체크하도록 한다.)
면접대기실에서 이날 소개할 사항을 인지하는 순간	최종적으로 회사개요나 지원동기 그리고 기본적인사항들을 침착하게 본다.
최종점검을 하는 순간 (Appearance(외관, 겉모습) CHECK)	같은 조 혹은 함께 있는 사람들을 체크해 주면서 자신의 체크도 해보도록 한다. 입과 눈의 근육이완 운동, 전신근육이완동작을 취한다. (이때 치아에 립스틱이 묻어 있는지 블라우스가 삐져나오지 않았는지, 머리가 단정한지, 스타킹, 얼굴이 번들거리지 않은지 등등)
면접장에 노크를 하며 문을 여는 순간	호흡을 가다듬어 긴장을 푼다. ('면접관은 승객이다'라고 생각한다.)
면접장에 빌을 들여놓으며 가볍게 목례하는 순간	면접관을 보며 가볍게 목례 또는 눈인사와 함께 가장 밝은 미소를 짓도록 한다.
바르게 걸으면서 자기 위치를 찾는 순간	앞사람의 뒷머리를 보며 차렷 자세로 미소를 지으며 바르게 걸어 자리로 간다.
자기 위치를 찾아 서는 순간	면접관을 보며 미소를 짓는다.
전체적으로 인사를 하는 순간 "안녕하십니까?"	인사는 나에 대한 본격적인 소개이다. 될 수 있으면 치아를 드러내는 스마일.

자기소개를 하는 순간 (눈을 마주치며 이야기하는 순간/ eye contact)	긴장하지 말고 침착하게 이야기하며 허공이나 땅을 보는 일이 없도록 한다. 면접관을 바라보며 미소를 지으며 차분하게 이야기한다.
앉으라는 지시에 반응을 보이는 순간 (최종 면접 시)	스커트를 가볍게 쓸며 앉고 다리를 가지런히 모아준다.
질문을 받을 때의 반응을 보는 순간 (호명을 하는 순간)	질문을 한 면접관을 보며 "네"라는 말과 함께 또 스마일.
질문에 대한 답변을 생각하는 순간	생각은 짧게, 바로 답변하도록, 만약 잘 모르는 내용은 바로 "죄송합니다. 준비를 못해서(긴장이 되어서) 잘 모르겠습니다." 등 시간을 끌지 않도록 한다.
답변을 하는 순간	정확한 발음과 적당한 크기로 또박또박 간략하게 답변한다.
답변 내용에 대한 의문을 제시하는 순간	"네, 그렇게 보이셨습니까?" "지적해 주셔서 감사합니다."
다른 면접자가 이야기하는 내용을 듣는 순간의 모습을 보는 순간	다른 응시자를 빤히 쳐다보거나 간혹 아래위로 훑어보는 경우가 있다. 주의하도록 한다. 다른 사람의 말도 잘 경청하도록 한다.
분위기에 잘 융화, 즉 농담이나 상대방의 답변을 잘 듣고 있는지 보는 순간	나만이 잘난 듯한 인상을 주지 않도록 한다. 그리고 요즈음에는 질문에서 자기자랑을 많이 시키는데 썰렁한 이야기에도 웃어주는 것이 좋다.
면접동안에 서 있거나 앉아 있을 때 행동이 바른지를 보는 순간	등이 굽어있는가? 다리가 벌어지거나 흔들고 있는가? 손을 만지작거리는가? 얼굴이 굳어있지 않은가?
"예, 수고하셨습니다"라고 말했을 때의 반응을 보는 순간	가볍게 눈인사와 함께 스마일을.
"일어나십시오"라고 말했을 때의 반응을 보는 순간(최종 면접시)	가볍게 목례 그리고 어수선하지 않게 얌전히 일어선다.
전체적으로 "감사합니다"를 말하며 인사를 하는 순간	마지막 인사는 더욱 밝고 활기차게 미소를 지으며 한다. 대부분의 응시자들은 인사가 면접의 끝이라고 생각한다.
문을 여는 순간	가볍게 문을 연다.
마지막 문이 닫히는 순간	문소리가 크게 나지 않도록 주의하며 닫는다.

(9) 집단 · 토론면접시 주의사항

집단 · 토론 면접은 지원자들의 상당한 기술이 요구되는 시험으로 주요 기업이 대부분 2, 3차 면접전형에서 활용하고 있다.

집단토론 면접에서는 면접관이 일체 관여하지 않고 응시자 6~10명에게 자유토론을 하도록 한다. 진행방식은 먼저 주어진 주제에 대해 2~3분씩 각자의 의견을 발표시킨다. 그 다음에는 발표한 의견들에 대해 30~40분가량 자유롭게 토론을 시키는데, 사회를 번갈아 담당시키기는 경우도 있다.

① 면접관들은 토론이 진행되는 동안에 지원자들을 관찰하게 되는데, 남의 의견을 듣는 태도, 발언할 때의 태도, 타이밍, 의견의 집약(集約)에 기여하는 역할 등과 지도력, 판단력, 설득력, 협동심, 성실성, 진실성 등을 종합적으로 파악하므로 집단토론 면접과정에서 자기 주장만을 내세우는 것은 금물이다.

② 토론은 찬반 토론으로 진행되기 때문에 의견이 다를 수 있다. 팀워크를 생각해 남을 반박하기보다는 자신의 주장을 조리 있게 얘기하는 것이 좋다. 이를 때는 "어떤 부분은 동감합니다만 저는 이러한 측면에서 이것이 더 좋다고 생각합니다"라고 부드럽게 넘어가면 자연스럽다.

③ 정답이 없는 주제라도 확실하게 한쪽을 선택해서 그에 맞는 주장을 펼친다. 그렇지 않으면 우유부단해 보인다. 토론이 시작되면 제일 먼저 어느 편으로 의견을 밝힐 것인지 정하는 것이 좋다.

④ 확실한 주장도 없이 말끝을 흐리며 '같아요?'라는 답변은 남에게 의지하려는 인상은 좋지 않다. 자신 있게 자신의 의견을 내는 것이 가장 좋다.

⑤ 다른 지원자의 의견을 경청하고 이의(異意)가 있으면 끝까지 들은 후 자기 의견과 조율해 나가는 과정이 중요하다.

12.2.9. 기타 사항

면접준비는 여러 각도에서 검토해야 하나, 대개 다음과 같은 사항에 주의해야 한다.
- 면접전날 면접장소, 교통편, 소요시간을 파악해둔다.
- 면접당일 필요한 지참물을 챙겨둔다(수험표, 신분증, 입사지원서 사본 등).
- 여성의 경우는 예비 스타킹을 꼭 준비한다.
- 지원회사에 제출한 이력서와 소개서의 내용을 읽어둔다.
- 충분한 수면을 취한다.
- 면접당일의 조간신문은 꼭 읽는다.
- 집에서 여유있게 출발하여 30분전에 면접장소에 도착한다.
- 대기실에서 긴장을 풀고 마음을 평정한다.

- 면접장 입실 시에는 노크 후 들어오라는 지시가 있은 후 들어간다.
- 질문에는 준비해 온 실력을 유감없이 발휘한다.
- 면접 후 퇴실 시에는 정중히 인사하며 마지막 순간까지 최선을 다한다.

12.2.10. 면접시 용모 · 복장 점검표

머리부터 발까지 조화를 이루고 있는지 거울 앞에서 다시 한 번 자기점검을 하자.

항 목	내 용	체크 포인트		
		상	중	하
머 리	청결하고 손질은 되어 있는가?			
	일하기 쉬운 머리형인가?			
	앞머리가 눈을 가리지 않는가?			
	유니폼에 어울리는가?			
	머리에 한 액세서리가 너무 눈에 띄지 않는가?			
화 장	청결하고 건강한 느낌을 주는가?			
	피부 처리 및 부분 화장이 흐트러지지는 않았는가?			
	립스틱 색깔은 적당한가?			
복 장	구겨지지는 않았는가?			
	제복에 얼룩은 없는가?			
	다림질은 되어 있는가? (블라우스, 스커트의 주름 등)			
	스커트의 단처리가 깔끔한가?			
	어깨에 비듬이나 머리카락이 묻어 있지 않은가?			
	면접 시 복장은 적당한가?			
손	손톱의 길이는 적당한가? (1mm이내)			
	손의 살은 깨끗한가?			
스타킹	색깔은 적당한가? 늘어진 곳은 없는가?			
	예비 스타킹을 가지고 있는가?			
개선할 사항				

12.2.11. 합격 · 불합격의 차이점

합격과 불합격은 종이 한 장 차이라고 하는 말이 있다. 면접관이 판단하기에 용모가 깔끔하고, 태도가 공손하며, 말씨가 부드러우면 대개 합격권에 든다. 이와 반대로 용모가 지저분하고, 태도가 불손하며, 말씨가 거칠면 불합격된다.

아래에 제시되어 있는 표를 참조하여 합격할 수 있도록 평소에 지기관리에 충실하자.

체크항목	합 격	불합격
1. 인사법	인사는 모두 허리부터 굽히고 했다. 원자세로 돌아올 때 천천히 한다.	목부터 굽혀 꾸벅하고 인사를 한다.
2. 앉는 자세	다리를 모으고 조금 앞으로 내밀어 다리를 길게 보인다. 앉는 동작 중에 스커트를 손으로 가지런히 하면서 한 번에 앉는다.	다리를 끌어당겨 다리가 짧아 보이며 등받이에 기대어 앉고 앉는 동작 중에 여러 번에 걸쳐 엉덩이를 고쳐 앉는다.
3. 말투	밝고 시원하고 크게 말한다. 말을 하면서 눈으로 웃는다. 예의 바른 경어를 사용한다.	말꼬리를 흐리며 목소리가 작다. 면접관의 질문을 다시 한 번 확인한다. (예) 여행 말입니까?) 긴장한 나머지 겁먹은 모습을 보인다. 가식적인 말투로 길게 늘어놓는다.
4. 화장	학생답게 회사원답게 화장을 한다. 전체 색상을 통일하여 산뜻한 분위기를 연출하며 옅은 화장을 한다.	여러 가지 색을 너무 많이 섞어 인상이 강해 보인다. 입술 윤곽을 너무 튀어 나오게 그려 강한 인상을 주며 너무 어른스러워져 보인다.
5. 영어면접	주어, 동사를 넣어 완벽한 문장을 만들어 대답한다. 억양을 넣어 이야기하듯이 말하고 상대와 시선을 맞춘다.	간단하게 단어로 대답한다. 너무 장황하게 늘어놓는다. 갑자기 한국말을 한다. 외운 듯이 일사천리로 빠르게 대답한다.
6. 복장	산뜻하고 깨끗한 복장을 잘 다려 입는다. 디자인이 단순한 하이힐을 신는다.	알록달록한 복장을 입어 튀어 보인다. 액세서리를 주렁주렁 붙이고 간다. 입던 옷을 그대로 정성 없이 입고 나간다.

12.3 영어면접시험요령

12.3.1. 영어면접(English Interview)의 최근경향

외국에 본사를 둔 기업들 뿐 아니라 최근에는 우리나라의 기업들도 응시자들의 영어소통 능

력을 평가하기 위해 영어면접을 실시하는 추세이다. "21세기가 요구하는 인재상은 외국어 구사 능력과 함께 다양한 글로벌 문화를 이해하고 이를 자신의 것으로 소화하는 능력을 갖춰야 한다" 고 입을 모아 말하고 있는 기업들. 이제 영어면접은 소수 외국계 기업의 이야기만은 아니다.

(1) 면접관이 외국인인 경우

외국인이 면접관인 경우에는 일반적으로 응시자와 일상적인 대화를 하면서 질문을 이해 하는 정도와 영어식의 발상에 의한 표현력, 발음, 어휘 등의 기본적인 영어회화 능력을 평가 하는데, 이 경우 관습이나 문화가 다른 외국인에 의해서 면접이 이루어지는 것이므로 그들 의 독특한 표현방식이나, 예의범절에 유의하면서 면접에 임하는 것이 중요하다.

(2) 면접관이 내국인인 경우

외국인이 면접시험을 진행하는 것과는 달리, 내국인에 의해서 영어 면접시험이 진행되는 경우에는 간단한 생활영어 능력을 평가하는 경향이 많으며, 우리말로 대답한 내용을 영어로 바꿔서 다시 대답하라고 하는 경우가 대다수이다. 또한 영어로 된 잡지 등을 주고 내용을 번역하라든지, 제출한 자기소개서의 내용을 영어로 옮기라는 등의 요구를 하는 경우도 있 다. 이러한 요구들은 외국인이 면접을 하는 것에 비해 응시자들을 당황하게 하는 경향도 있 지만, 자신의 능력만큼 차분하게 요구에 맞게 대답하면 된다.

(3) 외국계 기업 영어면접시험 경향

외국계 기업들의 채용은, 일정한 채용기간을 두고 동시에 여러 명을 채용하는 것보다 필 요한 인원이 있을 때, 미리 받아 둔 이력서 등을 토대로 적임자를 가린 후, 면접만을 보고 채용하는 것이 일반적이다. 외국계 기업의 채용 여부는 면접에 의해서 결정이 된다고 해도 과언이 아니다. 이들은 학력이나 기타 공인 영어성적보다는 현장 대처능력에 높은 점수를 주고 있다. 따라서 외국계 기업에 취업을 하려는 응시자들은 충분한 영어회화 능력을 배양 하고, 이들의 면접방법을 파악하여 그 대처방안을 미리 준비하는 것이 중요하다. 외국 회사 에서 응시자들이 그룹을 이루어 주어진 주제 아래서 자유롭게 토론을 하는 경우에는 튀지 않으면서 자신의 생각을 소신 있게 표현하는 것이 중요하다. 또한 응시자들이 많은 경우 전 화로 1차 면접자들을 테스트해보는 경우도 있으므로 친구와 역할연기로 연습을 해두는 것 도 좋은 방법이다.

12.3.2. 영어면접시험의 절차

단순히 이력서와 자기소개서만으로는 응시자의 정확한 적성과 자격 여부에 대해서까지 파악하기란 쉽지 않다. 그러한 서류전형에서의 문제점을 보완하기 위해 하는 것이 면접이므로, 면접은 이력서를 통한 서류전형 이상의 중요성과 실질적인 당락을 결정지을 수 있는 절차라고 할 수 있다.

따라서 면접은 그 형태에 따라 다양하게 구분된다. 한 사람을 상대로 하여 한 번 행하는 개별면접이 있고, 여러 명의 면접관 앞에서 다양한 질문에 대답해야 하는 면접도 있다. 또 경우에 따라서는 다른 면접관과 두 번, 세 번 인터뷰를 해야 할 때도 있다. 이때 응시자는 인터뷰의 형태와 상관없이 자신의 장점을 강조하여 면접관의 신뢰를 얻도록 하는데 모든 노력을 기울여야 한다.

(1) 인터뷰 약속

이력서 및 자기소개서 등 입사관련 서류를 보낸 뒤 서류심사에 통과하면 대부분 해당 회사로부터 인터뷰에 관한 일정을 통보받게 된다. 이때 부득이한 개인사정이 없는 경우에는 회사의 일정에 맞추는 것이 좋다. 만약 일정을 변경해야 할 경우에는 예정일 이전에 연락을 해서 일정변경 요청을 하는 것이 예의이고, 나쁜 인상을 남기지 않게 된다.

(2) 인터뷰 대기

대부분의 인터뷰는 회사 내에서 이루어지게 된다. 일반적인 경우 정해진 인터뷰 시간보다 10~20분 정도 일찍 도착해서 어느 정도 분위기를 익히는 것이 좋다. 외국인 회사에서는 일반적으로 "Would you like some coffee or tea?"라고 묻게 되는데, 이때 자신의 의사를 정확하게 전달하는 것이 사전 인터뷰 과정의 한 단계이다. 긴 설명 없이 "Tea, please."정도의 대답이면 된다. 인터뷰의 시작은 인터뷰가 시작되는 시간이라기보다 회사에 첫발을 내딛는 그 순간부터라고 생각하면 되겠다. 응시자의 모든 행동이 첫인상을 중요하게 여기는 면접에서의 성공비결이다. 차분하고 안정된 모습이 면접관에게는 믿음을 줄 수 있다.

(3) 인터뷰의 시작과 진행

① 호명

면접관이 이미 착석해 있는 경우에는 면접장소에 들어설 때 가벼운 눈인사와 함께 자기소개를 간단하게 한다. 좀 더 자세한 소개는 인터뷰가 진행되었을 때 하면 된다. 이와는 달리 사전에 마련된 인터뷰 장소에 앉아 있다가 인터뷰 담당자가 들어오는 경우에는 자리에서 일어서는 것이 예의이며, 외국인 담당자가 인터뷰 장소에 들어서면 악수를 먼저 청하는 것이 일반적이다. 그러나 외국인의 경우 한국식으로 허리를 굽혀 인사할 필요는 없으며, 반듯하게 서서 시선을 마주보고 가볍게 악수하면 된다. 이때 미소는 기본이며, 너무 경직된 표정은 오히려 좋지 않은 인상을 줄 수도 있으므로 주의한다. 외국인과 악수를 나눌 때 주의할 점은 너무 오랫동안 손을 잡지 않는 것이다. 인터뷰 인원이 많을 경우에는 별도로 마련된 대기실에서 자신의 순서를 기다리게 되는데, 침착한 행동과 미소를 잃지 않고 차분하게 기다리도록 한다. 첫인상이 인터뷰의 성공 여부를 결정짓는 중요한 역할을 하기 때문이다.

② 인사 교환

인터뷰할 상대의 이름을 알아두는 것은 인터뷰의 기본이다. 면접관도 자신의 이름을 이야기 해주는 당신에게 좋은 인상을 받게 될 것이다. 예를 들어 면접관의 이름이 'Jerry'일 경우 그냥 "Good morning, sir." 라고 하기보다는 "Good morning, Mr. Jerry."라고 하는 것이 인터뷰를 훨씬 친근감 있게 만들어 줄 것이다. 본격적인 인터뷰에 들어가기에 앞서 일상적인 간단한 인사말을 주고받게 되는데, 이때는 너무 형식적이어서도 안되지만 장황한 것도 좋지 않다.

③ 착석

면접관이 "Please have a seat."이라고 말하기 전에는 앉지 않도록 하고 앉으라는 권유를 받으면 "Thank you, sir(여성일 경우 ma'am)."라고 말하고 앉는다. 앉을 때 허리를 등받이 깊숙이 밀착하되, 어깨는 의자에 기대지 않도록 한다. 그리고 두 손은 무릎 위에 단정하게 놓고 면접관의 눈이나 콧날 부분을 바라본다.

④ 인터뷰의 시작

인터뷰 방법은 회사나 직종에 따라 다르다. 외국인과 내국인이 함께 인터뷰를 할 경우 한국인 인사담당자가 경력 일반에 대해 질문하고 외국인 담당자가 어학능력을 체크하는 경우가 있다. 또한 예고 없이 필기시험을 보기도 한다. 신문기사나 팸플릿 등을 제시하고 일정 시간 내에 번역하거나 글의 요지 또는 자신의 의견을 묻는 경우도 있으므로 이런 경우에는 당황하지 않도록 한다. 당황하지 않는 것도 하나의 능력으로 보이기 때문에 완벽하지 않더 라도 자신 있는 태도를 보이는 것이 중요하다.

외국계 기업의 인터뷰는 평소의 회화실력을 테스트하는 것이기 때문에 상대의 질문을 잘 듣고 정확하게 대답할 수 있는 정도의 실력이면 크게 걱정할 필요는 없다. 간혹 질문을 알아 듣지 못했거나, 미처 준비하지 못한 것일 경우에는 "Beg your pardon? 이나 Sorry?, Give me seconds please."와 같은 관용표현을 익혀두면 큰 도움이 된다.

⑤ 인터뷰의 종료

인터뷰가 끝나고 마지막 인사를 할 때에도 다시 한 번 입사의 의지를 나타내야 한다. 그리 고 "Thank you for your time." 또는 "I have enjoyed with you. Thank you."라는 인 사의 말을 빠뜨리지 말아야 한다. 이때 인터뷰의 결과를 언제 알 수 있느냐는 식의 질문을 하면 오히려 어색한 느낌을 줄 수 있으므로, 차라리 귀가한 뒤 전화로 물어보는 것이 좋다. 그리고 인터뷰가 끝났더라도 최종적으로 회사 문을 나설 때까지 인터뷰가 계속된다는 사실 을 잊지 말아야 한다.

⑥ 인터뷰 이후

인터뷰가 끝난 뒤 2차 인터뷰의 요청이 올 수도 있고 연락이 안 올 수도 있다. 만일 2차 인터뷰의 요청이 온다면 인터뷰 장소와 시간, 구비서류 등을 상세히 물어보고, 가능하면 2 차 인터뷰의 면접관이 누구인지를 알아보는 것이 유리하다.

만일 2차 인터뷰 요청이 오지 않는다면 자신의 합격 여부를 확인한 뒤, 설사 합격이 되지 않았더라도 대답에 대한 감사의 뜻을 표하는 것이 좋다. 인력 충원을 해야 할 경우 번거로운 모집절차 대신 다시 연락이 올 수도 있기 때문이다.

12.3.3. 영어면접시험의 체크 포인트

(1) 표현력

영어면접시험에서는 영어로 말할 때의 표현력이 심사대상이 된다. 그러나 여기서 말하는 표현력이란 유창한 영어보다는 간결성, 명쾌성, 논리의 통일성 등.

(2) 호기심

적극성과 의욕을 뒷받침하는 것은 사물에 대한 지적 호기심이다. '어째서일까? 좋다. 알아봐야겠다'는 태도를 업무에서 발휘할 수 있는지가 질문의 포인트이다. 기획과 연구개발 등의 분야에서는 특히 중요한 요소가 된다.

(3) 자주성

호기심을 만족시키기 위해 스스로 조사해 보거나 공부하는 것이 자주성과 연결된다. 어떤 일을 막론하고 자주성이 있다는 것은 인생을 살아가는 데 있어서 매우 중요하다. 이것이 대화를 통해 나타나지 않으면 안 된다. 무슨 일이든 회사와 상사, 동료에게 의지하려는 자세는 금물이다.

(4) 책임감

자주성이 있으면 '내가 할 일은 내가 책임진다'는 책임감이 생긴다. 회사로서는 일을 맡겨도 될 것인지, 주어진 일을 끝까지 성실하게 해 나갈 수 있는지를 경영과 조직의 입장에서 평가하게 된다.

(5) 자부심

책임 있는 행동을 할 수 있는 사람은 그만큼 자부심도 가지고 있다. 여기에는 강한 자기주장이 있지 않으면 안 된다. 특히 영어권의 문화에서는 위에서 말한 5개 항목을 집대성하여 논리 정연하게 자기주장을 하는 사람이 높은 평가를 받는다. 다만, 상대에 따라서는 자부심을 자화자찬으로 해석하는 사람이 있으므로 이 점에도 아울러 주의해야 한다.

(6) 협조성

우리나라에서 '협조성'이라 하면 자신을 희생하고 인내하는 것에 대한 완곡한 표현일 경우가 많다. 그러나 구미식 협조성은 상대를 생각하는 일과 때로는 주도권을 갖는다는 강인한 개성이 합치된 것. 상황에 따라 밀고 당기고 하는 자질을 선호한다는 점에서는 동서양의 차이가 없다. 기업과 조직에는 서로의 입장을 이해하고 항상 사람들과 원만하게 지낼 각오와 자신감이 없어서는 안 된다. 자주적으로 일할 수 있는 사람은 환영받지만 고집이 센 독불장군은 혐오를 받게 된다.

⑺ 목소리의 톤

어두운 목소리는 첫인상을 나쁘게 만든다. '목소리는 선천적인 것이다'라고 생각하는 사람도 있을 것이다. 그러나 미리부터 포기하면 잘못이다. 처음엔 음침한 목소리로 말하면 끝까지 그런 식의 음성이 나오게 된다. 그러므로 의식적으로 첫마디를 명랑하게 말하도록 하자. '성우가 아닌 이상 그렇게 할 수 없다'는 생각을 하지 말고 조금이라도 더 좋은 인상을 주게끔 노력해야 한다. 녹음기로 연습하는 것도 좋은 방법의 하나일 것이다.

⑻ 복 장

목소리와 마찬가지로 복장도 첫인상을 좌우하는 중요한 포인트가 된다. 복장은 단정해야 하며, 남녀 모두 상의를 착용해야 하는 것이 면접의 일반적인 규칙이다. 액세서리는 여기에 어울리는 것으로 택하도록 한다. 어두운 느낌을 주는 것은 피해야 하지만, 화려한 컬러 셔츠나 장식이 많은 블라우스도 삼가는 것이 좋다. 머리를 단정히 빗고 손톱도 자르며 구두 역시 닦아 신어야 하는 것이 최소한의 조건이다. 즉 보수적이면서 화려하지 않고, 청결감을 느끼게 하는 것이 중요한 포인트가 된다. 미국에는 머리카락의 길이에 대해서 남성인 경우 귀를 덮지 말 것, 여성인 경우 아무리 길어도 어깨 밑으로 내려오지 말 것, 또 남성의 수염도 턱수염은 상관없으나 콧수염은 불가하다는 등 자세한 것을 어드바이스 하는 책도 있다고 한다.

⑼ 영어면접시험 예상문제

- Hello, I'm glad to meet you. I'd like to ask some question.
- What school did you graduate from?
- Who recommended you for this job?
- What was your major in University?
- What is your major weakness?
- Would you tell me your permanent address?
- How do you spend your spare time?
- What is your philosophy in life?
- What is your ambition in life?
- Are you liberal or conservative?
- What is the most import!!!ant to you?
- Have you ever been in Indonesia?
- Please tell me about your educational background and career?

- Do you think you are an ambitious person?
- What have you been doing since your graduation?
- Do you prefer working with others or by yourself?
- Do you think you are a responsible person?
- Why do you want to join this company?
- What was the most difficult decision you had to make in your life?
- Who do you think is one of the greatest figures in Korean history?
- Do you know much about Indonesia history?
- What will you bring to Indonesia, if you have chance?
- Do you know the meaning of Garuda?
- Do you know when the Indonesian Independence Day is?
- What do think is needed in this society?
- If we hire you, what will you do for our company?
- What is the difference between the thought of campus life and life now?

12.3.4. 면접 평가표

항 목	내 용
Communication skills (의사소통능력)	• Speaking (말하기) • Listening (듣기) • Eye contact (시선) • Body Language (제스처) • Ability to express Ideas and feelings (자신의 생각과 감정을 표현하는 능력)
Appearance(외모)	• Grooming, Posture, Mannerism, First Impression (옷 모양, 자세, 예의, 첫인상)
Maturity(성숙도)	• Behavior, Level of Questions asked, Out look on life (행동, 질문의 수준, 인생에 대한 시각)
Stability(안정성)	• Confidence, Capability for endurance even-tempered, Adaptability to unfamiliar situations (자신감, 인내력, 온화성, 낯선 상황에 대한 적응력)
Interest(관심도)	• Interest in community, country and world, Acceptance of interest in other cultures and life styles, Open-minded(공동체나 국가 세계에 대한 관심도, 외국의 생활이나 문화에 대한 관심과 수용력, 열린 마음)

12.3.5. 영어면접시험에서의 주요 질문

면접은 회사로 볼 때 인재의 보물찾기를 하는 것과 같으므로, 응시자의 능력을 모든 면에서 알아보기 위해 담당자는 여러 가지 질문을 하게 된다. 아래에 예상되는 주요 질문들을 보고 상황에 맞추어 대답을 준비해두는 것도 좋은 방법이다.

(1) 자기소개

처음 대면하고 간단한 자기소개를 하는 경우가 많은데, 이 자기소개야 말로 첫인상을 결정하는데 가장 중요한 요소라고 할 수 있다. 남들과 똑같은 방식의 자기소개보다는 자신만의 표현과 언어로 자기소개를 연습해 보는 것은 어떨까?

(2) 학력 · 학창시절

학창시절의 공부와 대외 활동에 대해 질문함으로써 지원자의 향상심, 의욕, 사회성 등을 알아보고자 하는 것이다. 뚜렷한 목적 없이 휴학으로 보낸 시간이 있다고 해도 허송세월을 보냈다는 식의 느낌을 주면 곤란하다.

(3) 지망동기

지망동기에 대한 언급은 면접관에게 매우 관심이 가는 부분이다. 그러나 지망동기에 대하여 회사의 분위기가 마음에 들었다거나 경영방침에 동의하기 때문이라는 등의 답변은 피하는 것이 좋다. 자기 인생의 목표와 일을 중심으로, 무엇 때문에 회사를 택하게 되었는지를 구체적이고 설득력 있게 대답해야 한다. 이것을 위해서는 지원한 기업에 대한 정확한 정보를 사전에 알아두도록 해야 한다.

(4) 희망 직종, 업무상의 자격

지금까지의 자신의 과거에 대하여 면밀히 분석해 보고 정확한 평가를 내릴 수 있어야 한다. 희망하는 직종과 자신의 성격이나 적성에 맞지 않을 때는 당연히 좋은 결과를 얻을 수 없기 때문이다. 또 자신의 장점과 단점을 객관적으로 파악해 지원업무와 연결시켜 말하는 연습을 해두는 것이 좋다. 지원하는 직종과 관련이 있는 학창시절의 관심분야나 아르바이트 경험, 동아리 활동에서의 역할 등을 참고로 활용하면 더욱 좋은 결과를 얻을 수 있다.

(5) 장래 목표

일에 대해 비전을 가지고 있는지가 체크된다. 신입 사원은 능력의 유무와 관계없이 원대한 비전과 포부를 밝히는 것이 좋다. 물론 너무 허황된 포부를 밝히는 것은 오히려 마이너스가 될 수도 있다.

(6) 대인관계

지원자의 협조성과 사회성을 알아보기 위한 질문이다. 회사는 지원자에게 자주성을 요구하는 한편, 조직 안에서 동료와 원만한 관계는 유지하기를 원한다. 사회 초년생들은 사회생활 경험이 적으므로 학창시절 동아리 활동이나 대외 봉사활동 경험을 활용해서 좋은 인상을 심을 수 있다.

(7) 어학능력

외국계 회사라도 직종에 따라서는 전혀 영어를 사용하지 않는 곳이 있다. 한편, Bilingual English/Spanish(영어와 스페인어의 2개 국어 사용자)와 같이 영어 이외에도 그 기업의 국적에 따른 언어능력을 요구하는 곳도 있다. 직장에 따라서는 영어실력만으로 채용하는 곳도 있는데, 일에 직접 필요한 지식과 능력이 결여되면 채용될 가능성이 없을 것이다. 외국 기업의 경우는 특히 공인 어학성적보다는 실제로 의사소통이 가능한지의 여부를 테스트하는 경우가 많으므로 비즈니스 회화를 중심으로 연습을 해두어야 한다.

(8) 취미 관계

여가를 보내는 방법에 대해서는 적극적인 자세 여부가 체크된다. 일과 사회로부터의 도피가 아니라는 것을 강조해야 한다. 일요일에 하는 일을 묻는 질문은 면접관들이 지원자의 사생활을 묻는 질문이 아님을 알고 대처해야 한다.

(9) 급여 관계

외국계 회사에는 급여가 흥정(Negotiation)으로 이루어진다는 말을 듣고, 가급적 많이 요구하는 사람이 있으나 이는 절대 금물이다. 철저한 자본주의를 중시하는 그들은 돈과 관련해서는 한 푼도 손해 보지 않으려 하기 때문이다. 급여에 대해 모집 광고에 액수를 표시하는 경우도 있으나, 'Salary negotiable(상의 후에)' 또는 'Payment to be decided at interview(면접을 할 때)'라고 쓰여 있는 것도 있다. 한편, 외국계 기업에서도 고정급 제도를 채용하고 있는 곳도 있으니 자신이 희망하는 액수를 반드시 명시할 필요는 없다.

⑽ 건강 문제

외국계 기업은 스스로의 건강관리를 매우 중시하는 편이며, 경영자의 방침에 따라 흡연자를 채용하지 않는 회사도 있다. 병원이나 실험실 같은 직장, 또는 아기를 돌보는 직업 같은 일에는 'No smoking office(사내 금연)'이나 'Non-smoker(비흡연자)'라는 조건이 따르는 경우도 있다.

⑾ 회사 측에 던지는 질문

면접을 할 때에는 이쪽에서도 마지막으로 탐색할 필요가 있을 것이다. 대부분의 경우는 상대편에서 회사의 상황과 고용조건에 대해 설명해 주기 때문에 먼저 미주알고주알 캐물을 필요는 없지만, 의문점을 그대로 덮어두거나 상대의 질문에 적당히 대답하면 상대방에서는 합의된 것으로 간주하게 된다.

면접담당자 이상으로 질문하는 일은 피해야겠지만, 마지막으로 'Is there anything you want to ask?(무슨 질문이 있습니까?)'라고 물었을 때 곧 침착한 태도로 질문하면 플러스가 될 것이 분명하다. 'May I ask you something?(묻고 싶은 것이 있는 데요?)'이라고 하면서 자신의 의문점을 공손한 태도로 말하도록 한다.

그러나 질문의 방법이 나쁘면 상대에게 오히려 나쁜 인상을 주게 된다. 예를 들어 'Is there any paid holiday during the first year?(첫해에도 유급 휴가가 있습니까?)'라는 것을 'When can I take my paid holiday?(유급휴가는 언제 받을 수 있습니까?)'라는 저돌적인 표현으로 물으면 안 된다.

이런 잘못을 저지르지 않도록 나름대로 체크를 해서 면접 때 확인할 최소한의 질문사항과 그 묻는 법을 메모해 둘 필요가 있다. 질문이 너무 많아도 좋지 않지만, 질문이 전혀 없는 것은 성의가 없어 보일 수 있다. 지원자들에 따라서는 외국 기업의 경우 면접관들이 자신들의 옷차림이나 겉모습에 신경을 쓰지 않을 것이라는 생각을 가지기도 하지만, 깔끔하고 단정한 옷차림은 만국 공통의 면접 플러스 요인이 아닐까?

12.4 면접시험 주의사항

① 당당함이 지나치면 당돌함이 된다. 지나친 자기선전은 삼간다.

② 말끝을 흐리거나 네, 아니오라는 답변만으로 일관해서는 안 된다. 면접은 자신의 생각을 적극적으로 프리젠테이션 하는 자리다.

③ 해당 직무에 대한 열의, 흥미를 보이지 않거나, 자신감이 결여된 태도를 보이는 경우, 면접관의 관심에서 제외된다.

④ 지연, 학연 등 연고에 대한 과시를 삼가라. 역효과가 더 크다.

⑤ 모범 답안형의 무표정한 얼굴이나 목적의식이 없는 사람처럼 보이면 실패하기 쉽다.

⑥ 동종 경쟁업체에 대한 비난은 좋은 인상을 남기지 않는다.

⑦ 자신이 어떤 분야에 적성이 있는지, 그 분야에 대한 구체적인 비전을 제시하지 않은 채 '그냥 뭐든 시켜만 주시면 열심히 하겠다.'는 것은 자칫 개성이나 능력이 부족한 사람으로 비칠 수 있다.

⑧ 존대어와 겸양어를 혼동하여 해프닝을 빚는 경우가 의외로 많다. 정확하고 올바른 말을 사용하도록 미리 연습해두는 것이 좋다.

⑨ 면접에서 임금이나 기타 복지부분 등에 지나치게 집착하는 것은 일할 의욕을 의심받을 수 있다.

12.5 여행사별 취업면접시험 실태

2007년 하반기 여행사의 공채 모집 중 모두투어는 하반기 공채에서 역대 최고 경쟁률을 기록했으며, 하나투어도 학력 제한을 없애고 글로벌 인재를 채용했다. "지피지기(知彼知己)면 백전백승(百戰百勝)이라" 즉 적을 알고 나를 알면 백 번 싸워서 백 번 이긴다는 속담처럼 다음부터 제시되는 여행사별 취업면접시험에 관한 실태를 파악하면 향후 여행사 취업에 많은 도움이 될 것이다.

12.5.1. 하나투어

(1) 개 요

① 대표이사 : 박상환(朴相煥) 회장, 권희석(權喜錫)

② 설립일 : 1993년 11월 1일

③ 주소 : 서울특별시 종로구 공평동 1번지 2, 3, 4, 5, 6, 7층

④ 업종 : 여행도매업(국내 및 국제 알선, 항공권 및 패스 판매)

⑤ 직원수 : 2,207명(하나투어 1,483명, 계열사 724명 2008년 1월 현재)

⑥ 계열사 : 12개, 해외현지직영법인 및 사무소 : 26개소

⑦ 매출액 : 1,993억원

⑧ 대표전화 : 02) 2127-1000

⑨ 대표팩스 : 02) 735-9424

⑩ 홈페이지 : www.hanatour.com

(2) 인재상

(3) 인사제도

① 차등연봉제

하나투어는 개개인의 업무실적 평가와 능력주의 인사를 바탕으로 2001년부터 전 직원 연봉제를 실시하고 있다. 과거 호봉제가 가지는 일률적 급여 배분에서 탈피하여, 구성원 개개인이 본인의 노력에 따른 대가를 기대할 수 있으며, 회사 또한 조직성원이 열심히 일할 수 있는 동기부여를 기대할 수 있는 제도이다.

② 잡쉐어링제도

하나투어는 잡쉐어링(Job-Sharing·일자리 나누기) 제도를 인적자원의 효율적 관리와 고용안정을 위하여 도입하고 있다. 이는 직원의 정년고용을 보장하는 대신 주중 근무일수를 줄이고 그에 따라 급여를 줄여가는 제도이다. 하나투어는 정년을 기존의 55세에서 잡쉐어링제도를 도입한 이후 65세로 연장하고 있다.

③ 스톡옵션제도

타 기업의 스톡옵션은 주로 주요 임원이나 소수 직원에게 특권으로 주어지는 것이라고 할 수 있다. 그러나 하나투어는 평사원들에게도 스톡옵션을 부여하여 주인의식을 갖고, 이를 통해 회사의 생산성 향상을 이루어 나갈 수 있는 제도로서 2001년부터 본 제도를 운용하고 있다. 6개월 이상된 모든 직원에게 직급별, 직책별, 성과별로 차등을 두어 스톡옵션을 부여하고 있다.

④ 직무순환제

하나투어는 직무순환제도(Job Rotation)를 운용하고 있다. 회사는 외부환경에 대처할 수 있는 유연성을 높일 수 있으며, 직원은 직무영역을 넓히고, 다방면의 경험, 지식 등을 쌓아 하나투어의 인재상인 여행전문가가 될 수 있는 인재양성제도이다. 직무순환제는 정기 인사이동과 함께 수시로 사내공모를 통해 이루어지고 있다.

⑤ 성과급제도

하나투어는 직원의 사기진작을 위해 회사의 수익을 직원에게 바로 분배할 수 있는 성과급제도를 잘 운용하고 있다. 연간 회사의 수익이 10이라면 최저 2정도의 비율이 성과급이 된다. 성과급은 매 분기별 성과급과 연말성과급 등이 있다.

(4) 직무제도

업무구분			주요 업무내용	우대전공
기 획	전략기획		회사전반의 경영계획 수립 및 성과관리, 조직관리, 경영혁신 등 경영의사결정 및 경영활동 지원	상경계열
	경영기획			
홍 보	홍 보		언론홍보,기업 및 브랜드광고, 사회공헌사업, 사내 커뮤니케이션 활동	
인 사	인적자원 관리	인사일반/급여	회사의 비전 및 경영전략과 연계한 채용, 배치, 이동, 평가 등의 인사활동 및 인사기획	상경계열
		채 용		
		인사계획		
교 육	인재개발	교육기획	임직원, 하나투어 전문판매점, 해외지사의 교육을 통해 회사비전을 달성할 수 있는 인재양성	상경/ 교육계열
		교육강의		
재 무	회 계	경 리	분개, 결산, 세무, 출납, 자금관리 등 일련의 회계처리를 통하여 회사의 재무상태를 관리/개선하며, 경영에 필요한 적절한 정보를 제공	상경계열
		자 금		
		세 무		
	정 산	정 산		
	판매관리	신용정보관리		
		고객정보관리		
	출 납	출 납		
총 무	총무관리	총 무	회사 자산의 관리 및 유지업무/사내 후생에 관련된 업무 회사의 비품 및 설비자산을 관리하며, 사무환경 개선 및 작종 서비스 제공을 통한 업무효율성 강화	상경계열 공학계열
		시설관리		
		복리후생		
		출장관리		
영업 관리	대리점 영업	대리점영업/관리	여행대리점 및 제휴사 등에 여행정보제공 및 여행상품판매/지원	관광계연 예체능 계열
	Operator	예약/상담		
	특 판	특판영업		
		영업지원		
마케팅	마케팅	영업지원	소비자의 수요예측과 소비자 행동분석을 통하여 마케팅전략 수립 및 시장분석	관광계열 상경계열
		광고 및 촉진		
		영업관리		
	CRM	CRM 인프라구축		

온라인	E-BIZ 전략	E-BIZ 기획/운영	고객니즈, 시장조사, 통계자료를 바탕으로 한 서비스의 구축/개선 및 웹사이트 기획/구축	공학/ 상경계열
	E-BIZ운영			
	E-Commerce			
	웹디자인	웹디자인		
항공 사업부	항공관리	항공권관리	다양한 판매전략 및 마케팅을 통한 항공권의 예약/판매	관광계열
	항공판매 기획	기획/지원		
	항공카운터	항공권판매		
해외 사업 기획	해외사업 기획	해외사업 기획	시장조사, 경쟁사 분석 및 고객 프로모션을 기획/집행/관리	상경계열 관광계열
		상품판매 지원		
		해외사업부 업무지원		
	컨텐츠팀	여행정보 관리		
		업무지원		
	디자인팀	출판홍보물 디자인		
해외 사업	상품기획	상품기획/개발	철저한 시장분석을 통한 해외여행 상품 기획/개발 및 고객 프로모션 기획/집행/관리	관광계열
	특 판			
	항 공	항공영업/ 예약관리		
	마케팅	프로모션, 마케팅		
IT	기 획	기획/운영	업무효율성 증대를 위한 최적의 IT개발서비스와 원활한 전산서비스를 제공	공학계열
		지 원		
	개 발	시스템개발		
	관 리	서버관리		
		전산관리		
		유지보수		

(5) 복리후생

① **전세계를 내 품 안에** : 전 직원 모두에게 1년에 3~4번 해외 출장 기회를 부여하고, 입사 2년 이하의 직원들에게는 휴가를 쓰지 않고 해외여행을 할 수 있는 기회를 제공한다.

② **신나는 일터** : 각종 동호회(스키, 농구, 야구, 등산, 영화, 봉사활동 등)를 적극적으로 권장하고, 지원해주어 사원들의 삶의 질을 높이고, 사우애(社友愛)를 증진하여 신나는 일터로 만들어준다.

③ **학습하는 조직** : 항상 학습하는 조직문화를 만들어가기 위해, 하나투어의 직원교육 부문에 아낌없는 투자를 진행하고 있다. 사외교육비용, 전문안내원, 소양교육비용을 전액 지원하고 있으며, 직무/직책별 교육을 수시로 진행하고 있다.

④ **자아실현** : 배우는 직장/꿈을 실현하는 직장이 될 수 있도록 직원들에게 자녀학자금, 학원비, 체력달련비 등을 지급하고 있다.

⑤ 주5일제, 스톡옵션 부여, 콘도 회원권 제공 및 각종 경조금을 지원하여 사원들이 신바람 나게 일할 수 있는 터전을 제공한다.

(6) 채 용

① **모집** : 2008년도 상반기 공채 신입사원

② **근무지역** : 전지역[서울/인천/수원/안양/대전/천안/대구/울산/부산/청주/강릉/춘천/광주/순천/전주/창원/진주]

③ **접수방법** : 당사 홈페이지 온라인 입사지원서 작성

   ※ 기타 자세한 사항은 『채용FAQ』또는 온라인 입사지원서 『도움말』참조

④ **지원기간** : 2008년 02월 20일~2008년 03월 05일 24:00까지

⑤ **지원자격**
   • 학력에 따른 지원제한 없음(재학 중인 자는 08년도 8월 졸업예정자에 한함)
   • 영어, 일본어, 중국어 능통자 우대
   • 국가보훈 대상자 우대
   • 해외여행 결격사유가 없는 자

⑥ **모집인원** : 00 명

⑦ 채용절차

STEP.1	STEP.2	STEP.3	STEP.4	STEP.5	STEP.6
서류접수	서류합격자 발표	1차(팀장) 면접	1차 면접 합격자 발표	2차(임원) 면접	최종합격자 발표

⑧ 채용문의 : ㈜하나투어 인적자원관리팀(당사홈페이지 Q&A로 문의, 전화문의 사절)

⑨ 제출서류 : 온라인으로만 서류접수 가능

　　서류전형 합격자에 한하여 아래의 제출서류를 면접시 제출

　　• 최종학교 졸업증명서 및 성적증명서 각 1부

　　• 각종 자격증(소지자에 한함)

　　• 공인외국어 성적표(소지자에 한함, 최근 2년이내)

　　• 여권사본

⑩ 복리후생

　　• 개인역량에 따른 차등 연봉제 및 성과급제 시행

　　• 매년 전 직원에게 스톡옵션(주식매수선택권) 부여

　　• 입사 후 연 3~4회 해외출장 기회 제공(국외여행인솔자 자격증 소유자)

　　• 자녀 학자금 지원

　　• 사내 동호회 활동 지원

　　• 우수사원 포상제도 시행

　　• 잡쉐어링제도 시행 등

12.5.2. 모두투어네트워크

(1) 개 요

① 대표이사 : 우종웅 회장, 홍성근 CEO

② 설립일 : 1989년 2월 14일

③ 업종 : 여행도매업(국내 및 국제 알선, 항공권 및 패스 판매)

④ 종사원수 : 700여명(2008년 1월 현재)

⑤ 계열사 : 3개, 전국 27개 영업지점 해외 현지직영법인 및 사무소 : 4개소

⑥ 매출액 : 943억원

⑦ 주소 : 서울특별시 중구 을지로 1가 188-3 백남빌딩 5, 6, 7층

⑧ 대표전화 : 02) 728-8000

⑨ 팩스 : 02) 2021-7803

⑩ 홈페이지 : www.modetour.com

(2) 경영이념 - 화합과 전진

① 고객의 대한 헌신

모두투어는 항상 고객의 소리에 귀를 열고 있다. 고객 한분 한분의 목소리가 모투투어를 변화시키는 힘이며 근원이다. 고객이 원하는 상품을, 고객이 원하는 품질로, 고객이 원할 때 제공하는 것이 모두투어의 목표이다.

② 협력사 공존경영

지난 18년간 모두투어는 국내 수많은 여행사와 생사고락을 함께 하였다. 모두투어 성장에는 전국 고객거점의 여행사들의 땀방울이 있다.

③ 투명한 윤리의식

모두투어는 법규를 준수하고 투명한 경영원칙을 지키고 있다.

④ 행복한 사회를 위한 공헌

모두투어는 사회와 함께하는 기업이념에 따라 기업의 이윤이 기업내부 및 사회구성원 모두가 골고루 혜택을 누릴 수 있도록 다양한 사회복지 활동을 전개하고 있다.

⑤ 열정을 품은 인재

700여명의 식원이 모두투어의 기둥이며 근간입니다. 열정을 가득 안은 모두투어의 직원은 모두투어의 가장 큰 재산이다.

(3) 인재상

❙ 책임 있는 모두인

직원으로서 자신의 역할과 책임을 충분히 인식하고 최선을 다해 업무를 수행하며 책임 회피와 전가를 하지 않고 끝까지 목표를 완수하는 여행전문가의 자질을 함양합니다..

❙ 친화적인 모두인

상호존중을 바탕으로 동료 및 고객과의 협력기반을 형성하고, 협조 및 정보공유를 통하여 조직의 업무를 원활히 수행합니다.

❙ 회사를 사랑하는 모두인

회사의 소속감에 대한 자부심과 충성도가 높아 업무에 몰입하며 주인의식을 갖고 행동합니다.

❙ 유연한 사고의 모두인

과거의 생각과 방식을 고수하지 않고, 새로운 의견과 접근방법에 대해 개방적인 태도를 견지하고 도전과 변화에 유연하게 대처합니다.

(4) 전략 – 혁신, 스피드, 고객만족 경영실천

미래지향 목표 실현해 새로운 비상을 이룬다.

목표 실현을 위한 핵심가치를 '혁신과 스피드, 고객만족'으로 정하고 6가지 핵심전략으로 유통채널의 확대·공급 확보·서비스 혁신을 통한 경쟁력 강화·성과중심의 조직문화 구축·글로벌 네트워크 확대·신규 사업 개발을 뽑았다.

〈부서별 전략〉

① 상품기획본부

전세기 및 하드블럭 운영에 따른 효율성을 극대시키고 거점별 GSA를 획득해 사업을 확대한다. 또한 마이스토리 및 프리모드를 토대로 개별 자유여행의 트렌드를 선점시켜 나간다는 취지다. 지속적으로 운영했던 명품여행에도 비중을 둬 차별화된 상품도 다각적으로 공략할 방침인 것. 이외에도 현지지사를 설립, 확대해 전문인력과 피드백을 통한 마케팅은 물론 고객을 위한 양질의 콘텐츠를 확보할 계획이다.

② 영업본부

대형 유통업체와의 베스트 파트너 등의 영업채널을 확대시킨다.

특히 단순한 물량지원을 탈피하고 대리점 지원체계를 통한 영업의 효율성을 높여 기존의 단점을 보완, 개선한다는 설명이다. 또한 대리점과의 Co-Business 활성화를 통한 영업직무에 따른 역량 강화에도 힘쓸 방침이다.

③ 온라인/법인사업본부

고객접촉이 확대되는 추세에 따라 대고객 서비스 강화(서비스 매뉴얼 작성)에도 주력하고 제휴 비즈니스 및 법인영업도 확대·강화시켜 나간다는 취지이다.

④ 경영지원본부

정확한 경영정보의 생성 및 공유를 통해 효율적인 IR을 확립시키고 기업가치를 상승시킨다. 사업 확장에 따른 자금수요를 파악해 전략적인 투자유치에도 공략하게 된다.

또 조직의 감사활동을 강화하고 업무상 불합리성을 개선시킨다는 내용이다.

⑤ 전략기획본부(HR 및 조직운영부문)

우수인력의 확보 및 직원교육 강화, 합리적인 평가 및 보상체계를 구축해 업무환경을 개선시킨다. 이어 자산관리 시스템을 도입해 경비절감에도 주력할 계획이다.

⑥ 전략기획본부(마케팅/시스템지원 부문)

최대한 마케팅 효율성을 극대화시킨다는 것이 주 목적이다.

기존 마케팅 성과 측정 및 분석도 강화시켜 신규 마케팅 모델도 발굴한다는 취지이다.

재난 대비 시스템 구축(시스템 이중화 작업) 및 모두웨어3 개발과 ERP시스템을 구축해 효율성을 강화시킨다.

이외에도 웹 시스템의 지원을 강화시켜 다방면의 효과적인 성과를 누린다는 설명이다.

또 KMS(지식경영시스템) 구축, 성과중심의 조직문화 구축을 위한 BSC시스템을 마련할 계획. 또 서플라이어(Supplier) 시장 진출과 국내 및 인바운드 사업 등의 신규사업도 추진하고 글로벌 네트워크의 표준화된 CRM, 서비스를 제시할 전망이다.

(5) 채 용

① 모집 : 2008년도 상반기 공채 신입사원 모집
② 채용인원 및 조건
- 채용인원 : 00명
- 서류접수기간 : 2008년 2월 25일(월)~2008년 3월 27일(목), 18 : 00분 도착 분까지
- 채용부문 : 신입, 영업(본사 및 지점), 상품기획, 지원업무/경력, 상품기획, 법인사업

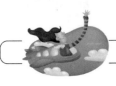

상품기획	동남아, 유럽, 중국, 미주 남태평양, 일본, 인도/아프리카 골프 JM 호텔 국내	항공데이터 분석/발권 개발/기획 해당지역 상품개발/관리/기획 등
영 업	서울 및 전국 영업지원	영업/대리점관리/지원/영업제휴지원
온라인/법인	온라인사업/법인사업	정보수집/홍보/이벤트/판촉/기획/ B2B영업/관리 등
전략기획	전략기획/홍보마케팅	환경분석, 예측/방안제시/경영전략 성과관리/사례분석/홍보/기획
경영지원	IR감사	투자유치/해외지사 및 제휴사 감사업무 등

③ 제출서류 및 접수방법

구 분	신입사원	경력사원
응시 조건	• 전문대졸 이상 • 외국어 회화 능통자 우대 • 병역필 또는 면제자, 해외여행 결격사유 가 없는 자	• 학력제한 없음 • 업계경력 2년 이상 • 병역 필 또는 면제자, 해외여행에 결격사 유가 없는 자
제출 서류	1. 입사지원서－사진필수(모두투어 입사 지원서양식 작성) 2. 졸업 또는 졸업예정 증명서 3. 성적증명서(2/3사항 최종면접 시 지참)	1. 입사지원서－사진필수(모두투어 입사 지원서양식 작성) 2. 졸업 또는 졸업예정 증명서 3. 성적증명서(2/3사항 최종면접 시 지참)
접수 방법	• 방문 또는 우편접수, E－mail접수(당사 신입사원용 지원양식)	• 방문 또는 우편접수, E－mail접수(당사 경력사원용 지원양식)

④ 전형방법 : 1차－서류심사 / 2차－면접

12.5.3. 롯데관광

(1) 개 요

① 대표이사 : 유동수, 김기병 회장

② 설립일 : 1974년 1월

③ 업종 : 일반여행업

④ 주요업무 : 외국인의 한국여행, 항공해운화물운송, 개발 및 기획, 국내영업

⑤ 자본금 : 50억원(자기 자본금)

⑥ 주요업무 : 내국인의 국내여행, 내국인의 해외여행, 전세버스 대여

⑦ 매출액 : 529억원

⑧ 영업소 및 대리점 : 전국 59개점(직영지점 10개-)

⑨ 해외협력업체 : 250개

⑩ 종사원수 : 489명

⑪ 주소 : 서울시 종로구 세종로 211 광화문빌딩 3층

⑫ 전화 : 1577-3000, 02) 733-0201

⑬ 팩스 : 02) 399-2430

⑭ 홈페이지 : www.lottetours.com

(2) 인재상

(3) 채 용

① 모집분야 : 해외여행사업본부

② 모집부분 : 패키지 사업부

 - 일본/중국/동남아/허니문/대양주/항공/간판사업/영업지점/영업지사(부산 · 대구 · 대
   전 · 광주지역)

③ 인원 : 팀장급/경력/신입 및 경력 00명

④ 지원자격 : 초대졸 이상(예정자) 졸업자

경력 최소 1년 이상

(해외 영업/FIT/항공 등 유경험자 우대)

외국어 가능자(영어 · 일어 · 중국어 등) 및 전공자 우대

오피스(워드 · 엑셀 · 파워포인트) 및 인터넷 활용 가능자 우대

적극적이고 긍정적인 자

⑤ 근무지역 : 서울

⑥ 근무형태 : 정규직

⑦ 연봉 : 당사 내규에 의함

⑧ 전형방법 : 온라인 접수(하단 롯데관광 홈페이지 입사지원서)

⑨ 제출서류 : 입사지원서이력서 및 자기소개서

(사진첨부, 이력서 상단 지원부문, 긴급연락처, 이메일, 희망연봉 기재필)

⑩ 주의사항 : 사진 첨부시 반드시 자신의 컴퓨터 C 드라이브에 저장 후 이력서에 붙임. 사진
이 첨부되지 않는 경우가 종종 있음(성장배경, 성격, 포부 및 기존취급업무와 경
력사항 등을 포함한 내용－상세히 기술).

⑪ 1차 합격자 추가 제출서류

최종학교 성적증명서(1차 합격자에 한함)

최종학교 졸업증명서(1차 합격자에 한함)

주민등록등본 1부(1차 합격자에 한함)

외국어능력 인증서(소지자에 한함)

자격증 사본 1통(소지자에 한함)

학교장 추천서(권장)

경력증명서 1부(경력직에 한함)

⑫ 기 타

※ 1차 서류(이력서, 자기소개서) 접수 시 이력서 상단에 기재사항 반드시 기재.

※ 1차 서류 접수시 이메일에 파일(워드 또는 한글)을 첨부하여 송부.

※ 입사지원서 外 그 밖의 서류는 1차 합격자에 한하여, 2차 면접 전에 제출.

※ 전화문의와 방문접수는 받지 않음.

※ 이메일은 1회만 접수.

※ 제출된 서류는 반환하지 않음.

12.5.4. 자유투어

(1) 개 요

① 대표이사 : 심양보

② 설립일 : 1994년 6월 25일

③ 업종 : 일반여행업(서울 39호)

④ 자본금 : 57억 800만원

⑤ 종사원수 : 233명

⑥ 매출액 : 347억원

⑦ 주소 : 서울시 중구 다동 88 동아빌딩 5, 6, 11층

⑧ 전화번호 : 02) 3455-8888

⑨ 팩스번호 : 02) 3455-8899

⑩ 홈페이지 : www.freedom.co.kr

(2) 기업이념

01 경영철학	고객서비스 제일주의 (고객보호헌장채택)	**경영철학** 고객 보호 헌장을 채택하여 고객을 위한 최고의 서비스를 최우선으로 생각한다.
02 경영지침	함께살자	**경영지침** 자유투어의 주주, 그리고 자유투어 임직원, 항공사 및 현지 랜드사 등 여행관련 업계, 더 나아가 주위의 불우한 이웃 등 모두가 함께 사는 세상을 만들어 나아간다.
03 사훈	아름답게 살자	**사훈** 여행을 통한 자기 계발 및 자아실현 실천 등 최선을 다하며 사는 모습이야 말로 진정 아름다운 삶의 모습이다.

(3) 인재상

화목한人, 열정적인人, 변화하는人, 서비스전문人, **꿈꾸는 이를 환영한다.**

(4) 인사제도 및 복리후생

① 인사제도

    ㉠ 실적평가, 다면평가, 승진적격평가 → 평가체계

    ㉡ 연봉제 실시, 성과급제 실시, 우수사원 포상 → 보상체계

    ㉢ Fam tour 및 인솔자 참가기회 제공, 사내 교육프로그램을 통한 직무교육, 외부교육 참가를 통한 직원능력 향상기회 제공 → 교육체계

② 복리후생

㉠ 주5일 근무제 및 연차휴가 실시－주5일 근무제 및 연차휴가제 실시로 직원 개개인이 휴식을 통한 재충전, 자기계발을 할 수 있는 기회를 제공하고 있다.

㉡ 상조회 운영－직원이 근간이 되어 조직된 상조회 운영으로 각종 경조사 시에 다양한 혜택을 지원하고 있다.

㉢ 동호회 지원－다양한 동호회 활동을 적극 지원하여 공통된 취미로 직원 서로가 단합할 수 있는 화목의 장을 마련하고 있다.

㉣ 휴양시설 지원－콘도 등의 휴양시설 이용기회를 제공하여 직원들이 여가시간을 보다 쾌적하게 보낼 수 있도록 적극 지원하고 있다.

㉤ 협력병원 운영－협력병원을 운영하여 직원 건강관리에 최선을 다하고 있으며, 이를 통해 다양한 혜택을 제공하고 있다.

(5) 직무소개

영업 OP	개인 및 법인고객을 대상으로 OUT-BOUND, IN-BOUND 단체여행, FIT여행 등의 여행상품과 항공권을 판매하는 업무를 주로 한다.
카운터	각 항공좌석의 체크 및 예약, 발권을 담당한다. TOPAS, ABACUS, WORLDSPAN, GALILEO 등의 예약시스템을 이용하여 전세계 각 지역 항공권을 예약, 판매한다.
관리부문	고객의 불편사항을 해소와 사내교육 전반을 담당하는 고객만족팀과 여권 및 각국 비자수속, 인사관리와 총무전반을 담당하는 기획총무인사팀, 온라인 및 오프라인 매체를 통해 효과적인 홍보활동으로 자유투어의 대외이미지 재고와 효과적인 판매방안 수립을 통한 영업력증대를 목표로 하는 마케팅팀이 있다.
재무회계	여행사 전반의 재무/회계/수납업무 및 정산업무를 담당하는 재무회계팀과 주식과 관련된 업무를 담당하는 IR팀이 있다.
T/C	T/C는 TOUR CONDUCTOR의 줄임말로 전문인솔자를 의미한다. 또한 다른 표현으로 T/E, T/G 등으로도 불린다. T/C는 실질적인 여행상품의 운영자로서 여행의 시작부터 끝까지 고객이 안전하고 즐거운 여행이 될 수 있도록 하는 역할을 수행한다. T/C의 역할은 출발이 확정된 고객에게 사전 확인전화부터 출입국수속 및 현지 호텔, 차량, 현지가이드 등 여행일정의 모든 부분을 책임지고 인솔한다. T/C의 지원자격은 문화체육관광부 지정 국외여행인솔자자격증 또는 관광통역안내사 자격증을 소지한 자에 한한다.
환승투어	인천국제공항 내에 위치하며 인천국제공항 환승객을 대상으로 짧은 일정의 인바운드 행사를 진행한다.

⑹ 채용제도

① 연 2회 공개채용 실시

우수한 인재확보를 위해서 연2회(춘계/추계) 정기공개채용을 실시하고 있다. 공개채용 시에는 여행업계 경력자뿐만 아니라 신입직원도 해당이 되며 서류전형, 임원면접 등을 통해서 채용을 실시한다.

② 경력사원 수시채용

우수한 인재를 확보하기 위하여 24시간 언제라도 그 문을 열어놓고 있다.

국내외 해당분야 경력자이거나 관련분야 분들이 주요 모집대상이며 온라인이력서를 제출하면 지원부분 및 회망직무와 관련된 채용소요 발생시 우선적으로 검토하여 채용전형을 실시하는 온라인 수시채용제도를 운영하고 있다.

③ 신입사원 수시채용

직무경험이 없는 우수한 인재확보를 위해서 항상 취업기회의 문을 열어놓고 있다. 직무경험이 없으신 분들이 주요 모집대상이며 온라인지원서를 제출하면 기본적인 자질을 검토한 후, 지원부분 및 희망직무와 관련된 채용요소를 종합하여 채용전형을 실시하는 온라인수시채용제도를 운영하고 있다.

④ 산학실습제도 운영

각 대학과의 산학협동을 통해서 방학기간 동안 본사 및 직영영업소의 실습교육을 실시하고 있다. 보다 충실한 여행업계의 인재를 육성하기 위해 매년 상반기/하반기 방학기간동안 대학과 연계하여 산학실습을 실시하고 있다.

채용방식	자유투어는 각 대학과의 산학협동을 통해서 방학기간 동안 본사 및 직영영업소의 실습교육을 실시하고 있다. 보다 충실한 여행업계의 인재를 육성하기 위해 자유투어에서는 매년 상반기/하반기 방학기간 동안 대학과 연계하여 산학실습을 실시하고 있다.
지원방식	공채 및 수시채용 모두 당사 소정양식의 온라인입사지원서를 통해 지원할 수 있으며, 우편, E-mail 및 본사방문을 통한 입사지원 접수도 병행하여 지원하실 수 있다.
채용분야	공지사항 및 채용부문을 참고해 주기 바란다. 또한 응시부문은 전형 시 가장 중요한 요소이므로, 필히 채용공고 내에 세부적인 응시자격 및 직무명을 확인하고 이에 맞추어 지원하여야 한다.
채용문의	채용관련 문의는 plandept@freedom.co.kr로 문의하면 성의껏 답변드리겠다.
기타사항	입사지원서상에 기재된 학력 및 경력사항 등의 기재사항이 허위임이 판명될 경우, 합격 및 입사를 취소할 수 있다.

(7) 채용절차

지원서 접수 → 서류전형 → 1차 면접 → 2차 면접 → 채용

서류전형	당사 소정의 양식에 맞춰 내용을 성실히 기재하고 이를 바탕으로 서류전형을 실시한다. 지원서 작성 시에는 희망하는 분야를 표시하고, 사진을 반드시 부착하여야 한다. 서류접수는 온라인지원, E-mail, 우편 또는 방문접수가 가능하며, 최종학교졸업증명서, 성적증명서, 공인어학성적표 등의 서류를 첨부하여야 한다. 우편 또는 방문접수 시 이력서는 반드시 당사 양식에 맞춰 기재하여야 한다. 서류전형 후 합격자 발표는 홈페이지를 통해 공지되며, 합격자에 한해 개별적으로 면접일정에 대해 통보한다.
1,2차 면접	1차 실무진 및 담당임원 면접, 2차 대표이사 면접으로 진행되며, 다면면접, 1:1면접 등의 방식의 면접진행이 있다. 주요 평가항목으로는 직무에 대한 기초지식정도, 문제해결능력, 어학능력, 창의력, 입사동기, 앞으로의 포부 등이며, 이를 통해 지원자의 인성/자질/능력 등을 평가한다. 합격자 발표는 서류전형과 동일하게 홈페이지를 통해 공지되며, 합격자에 한해 개별적으로 합격통지를 한다.

12.5.5. 온라인투어

(1) 개 요

① 대표이사 : 박혜원

② 설립일 : 2000년 1월 10일

③ 자본금 : 11억원(무차입경영)

④ 종사원수 : 150명

⑤ 주요사업 : 실시간 항공, 호텔검색 및 예약엔진 개발, 일반여행업 파생관광, 문화, 금융업, 여행 솔루션 및 소프트웨어 개발, 정보처리 및 전자상거래

⑥ 매출액 : 377억원

⑦ 주소 : 서울 중구 남대문로 2가 118번지 한진빌딩 9층

⑧ 전화 : 해외항공권 02-3705-8282, 해외항공 02-3705-8383, 국내여행 02-3705-8300

⑨ 팩스 : 02-3705-8111,8222

⑩ 홈페이지 : www.onlinetour.co.kr

(2) 비 전

세계 최고의 고부가 관광/문화기업으로 거듭날 것이다.

미래가 대한민국 관광·문화산업의 미래가 되게끔 하겠다는 야심찬 목표아래 대한민국 최고의 인재들이 모였다. 아직은 부족한 점도 많고 가야할 길도 멀게 느껴지겠지만, 한때 보잘 것없던 프로그램 개발용역회사–마이크로소프트가 IMB등 기라성 같은 공룡 기업들을 물리치고 세계 제일의 IT기업으로 성장하였듯, 온라인 투어 또한 최첨단 기술과 창의적 지식으로 무장하여 반드시 머지않은 미래에 세계 최고의 고부가 관광 · 문화기업으로 거듭날 것이다.

(3) 인사제도

온라인투어에서는 모든 직원의 효율적 임무수행을 위해 다방면으로 노력하며 개개인의 역량에 맞는 대우를 위하여 성과 및 역량관리 평가시스템을 갖추고 있다.

① 연봉 : 회사의 성장률과 물가상승률, 대외경쟁력 등을 고려하여 연간 성과평가를 바탕으로 개인의 연봉을 결정한다.

② 인센티브 : 영업본부는 팀별 매출계획 기준으로 그 외 부서는 전사 매출계획 기준으로 인센티브를 지급한다.

③ 수습기간 : 모든 신규 입사자의 업무습득능력과 역량을 판단하기 위해 3개월의 수습기간이 있다.

(4) 복리후생

① 연금보험 : 국민연금, 고용보험, 산재보험, 건강보험

② 경조사 지원 : 각종 경조금, 경조휴가제

③ 휴무 · 휴가 : 주5일근무, 연차(15일)

④ 여가지원 : 사내동호회 운영, 건강검진

⑤ 보상제도 : 인센티브제, 퇴직금, 우수사원 포상, 장기근속자 포상

⑥ 교육지원 : 다양한 교육지원제도 해외여행 기회 제공

(5) 채 용

온라인 투어의 지원서에는 장래의 포부와 가치관, 현재 사회를 보는 본인의 생각, 업무능력 등 자기 소개서에 이러한 것들을 적는 난이 있었는데, 직업의 특성상 단순히 업무능력의 뛰어남보다는 사람의 가치관과 개념을 더욱 중요시하고 긍정적 마인드를 가진 자인지를 판단한다.

① 채용방법 : 수시모집전형방법(공채의 경우 별도 공지)

② 1차 서류전형

　　온라인 입사지원(이력서 사진첨부 필수)

　　당사 양식의 입사지원서를 다운로드 받아 작성후 담당자 E-메일로 접수하기 바람.

　　메일 제목에 (신입 : [온라인투어 입사지원]지원부서-000, 경력 : [온라인투어 입사지원]지원부서000 -/경력0년차)를 명해주시기 바람.

　　담당자 E-메일: recruit@onilnetour.co.kr

③ 2차 실무면접(서류심사후 합격자에 한하여 개별통보)

④ 3차 임원면접(실무면접 합격자에 한하여 개별통보)

12.5.6. 여행박사

(1) 개 요

① 대표이사 : 신창연

② 설립일 : 2000년 8월 30일

③ 자본금 : 22억 2000만원

④ 업태 : 서비스, 부동산

⑤ 종목 : 여행알선업, 전대

⑥ 종사원수 : 약 300명

⑦ 매출액 : 157억원

⑧ 주소 : 서울시 구로구 구로3동 222-12 마리오타워 3, 6층

⑨ 전화 : 0707) 017-2100

⑩ 팩스 : 02) 6008-5717

⑪ 홈페이지 : www.tourbaksa.com

(2) 비 전

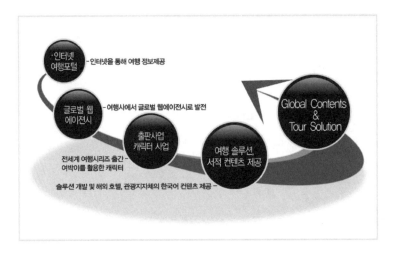

(3) 채 용

① **공개채용** : 부서별로 대규모의 인원이 필요한 경우(신입/경력)

② **상시채용** : 부서별/직무별로 수시로 실시(신입/경력) → 공개채용 및 상시채용 공고는 채용정보 및 공지사항을 통하여 확인할 수 있다.

③ **지원방식** : 온라인 지원(여행박사 이력서 이용)

④ **지원자격** : 학력제한, 성차별, 연령제한 없음.
　　　　　　　해외여행에 결격사유 없어야 함.
　　　　　　　병역기피사실 없어야 함.

⑤ **합격조건** : 일본어 또는 중국어가 가능한 사람, 여행박사의 상품과 회사정책 등에 대해 잘 이해하며 인터넷 시대에 앞서 나가는 사람, 여행박사 지점 어디로나 발령 나는 대로 움직일 수 있는 사람.

⑥ **가산점** : 어느 상황에서나 일본어와 중국어 구사가 유창한 사람, 운전·골프·스키·낚시에 대해 알고 할 줄 아는 사람, 글 잘 쓰는 기술, 사람 잘 사귀는 사람, 고정관념보다 깨는 생각을 실천할 수 있는 사람, 시키는 일만 잘하기보다는 "왜?"라는 의문부호를 많이 가지고 일을 만들어 가는 사람, 술도 잘 먹고 잘 노는 사람, 침묵하기보다는 나서기 좋아하는 사람, 가이드 끼가 있는 사람, 흡연자는 취업불가, 적어도 1년은 일에 미칠 수 있는 사람.

12.5.7. 넥스투어

(1) 개 요

① 대표이사 : 정영수

② 설립일 : 1999년 11월

③ 자본금 : 19억 8천만원

④ 종사원수 : 140명

⑤ 매출액 : 189억원

⑥ 주소 : 서울 서초구 서초동 1464-30 호혜빌딩 6~7층

⑦ 전화번호 : 02) 2222-6666

⑧ 팩스번호 : 02) 597-4849

⑨ 업무시간 : 월~금 9~18시, 항공부서(월~금) 9~17시 30분, 점심시간 13~14시

⑩ 홈페이지 : www.nextour.co.kr

(2) 소 개

넥스투어의 로고는 다음과 같은 의미를 담고 있다.

• 미래지향적 기업 & 고객중심기업 & 현지중심 글로벌 기업

• 여행전문가 & 고객만족지향 & 여행업계 리딩기업

• 세계지향적 글로벌 기업 & 세계적인 선두 시스템 보유

① 다음 세대의 여행! 즉 여행이 나가야 할 방향, 여행산업의 미래를 제시

　Next(다음)과 tour(여행)이 결합된 말로, 다음 세대의 여행, 여행이 나가야 할 방향을 제시하는 기업이며, 정보와 상품, 서비스의 문화 그리고 커뮤니티가 하나되어 여행문화와 여행 산업의 미래를 제시하는 원동력이 되는 기업으로 거듭날 것임을 의미한다.

② 글로벌 기업의 현지 중심화 - 한국고객중심

　넥스투어 브랜드 네임을 바꾸지 않고, 그대로 사용했다. 글로벌 기업의 한국 내 현지화 전략이라 할 수 있으며, 이는 글로벌 기업이지만, 한국 내에서는 한국 고객 중심으로 서비스하겠다는 의지를 담고 있다.

③ 트레블로시티와 모회사 – 자회사 개념에 앞서 트레블로시티와 파트너십 관계

세계적인 기업 트레블로시티를 주주로 가지고 있지만, 모회사와 자회사의 개념이 아닌 비즈니스 파트너 관계임을 말한다. 즉 넥스투어는 트레블시티를 통해 선진 시스템을 도입하고, 전 세계적인 네트워크로 뻗어나갈 수 있는 기회를 가지며, 트레블로시티는 넥스투어가 닦아 놓은 한국에서의 입지를 발판으로 글로벌 기업으로 한국 내에서 발돋움할 수 있는 계기가 될 수 있게 된다.

④ 고객의 여행을 위한 길잡이/여행전문가

별모양의 심벌은 예전에 별들을 따라 여행을 하던 때를 본보기로 삼은 것으로, 여행의 가이드 역할을 했던 '별'과 같이 넥스투어도 여행자들의 길잡이가 되어, 고객님의 여행을 위한 길잡이가 되겠다는 의지를 표명한다.

또한 고객을 위한 여행길잡이는 즉 넥스투어는 여행전문가이며, 고객의 만족을 지향함을 뜻한다.

⑤ 여행업계의 빛나는 불빛

별빛이 반짝이듯, 온라인 여행기업으로 새바람을 일으키고 있는 넥스투어를 상징한다. 또한 앞으로도 여행업계의 혁신적인! 빛나는 불빛과 같이 항상 신선하고 반짝이는 기업으로 고객들에게 리딩기업으로 기억될 것이라는 의지를 보여준다.

⑥ 전 세계 인구의 신뢰를 받는 글로벌 네트워크 기업

아시아태평양, 유럽, 캐나다 전 세계에 지사를 가지고 있는 미국 선두 온라인 여행사 '트레블로시티'의 한국지사로서 전 세계 인구의 신뢰를 받는 글로벌 네트워크 기업임을 나타낸다.

⑦ 전세계 기반의 정보 & 네트워크를 가진 기업

전 세계 기반의 정보와 네트워크를 가진 기업임을 나타낸다. 전 세계적으로 퍼져 있는 트레블로시티의 여러 지사가 보유하고 있는 정보들과 네트워크 망들은 모두 한국 트레블로시티인 '넥스투어'도 함께 공유할 수 있으며, 활용할 수 있는 분야이다. 따라서 전 세계 기반의 정보와 네트워크를 보유한 기업임을 나타내 준다.

⑧ 미국 선두 온라인 여행사 '트레블로시티'를 주주로 가진 선두적인 시스템과 정보 및 노하우를 공유하는 기업

지난 2월 트레블로시티의 간판 시스템이라 할 수 있는 실시간 호텔예약 시스템 'Net Rate Hotel Programme'을 도입해 국내 고객들을 위해 23,000여개의 호텔을 실시간으로 서비스를 하고 있다. 이 시스템을 통해 국내 고객들에게 가장 저렴한 호텔가격과 양질의 서

비스를 이용하기 쉽게 제공하고 있다.

이 외에도 앞으로 트레블로시티의 선진적인 시스템과 정보 그리고 여러 노하우들을 배우고 도입하여 한국의 고객에게 더 나은 서비스로 다가갈 것을 약속한다.

(3) 비 전

① MISSION(미션)

국내 최고의 여행컨텐츠 및 커뮤니티 서비스제공, 최고의 기술력, 최고의 상품 및 서비스 등을 기반으로 하여 Zuji에서 서비스를 제공받아 Asia Pacific Travel Portal이 되도록 노력하겠다.

② 비 전

Total Service를 통한 Travel Culture & Happy Life! 이것이 Nextour의 Vision이다. 전문화된 인력과 기술, 올바른 사업 마인드를 바탕으로 개인에게는 즐겁고 행복한 여행, 비즈니스맨에게는 전문적이고 편안한 여행이 될 수 있도록 통합 서비스를 제공한다.

(4) 채 용

고용구분	정규직
경력구분	경력
모집인원	00명
모집부문	경영, 기획, 사무/OP, 상담예약
마감일	수시, 채용시까지
근무지	서울
지원자격	해당경력 1~5년이상 경력자
Home Page	http://www.nextour.co.kr
모집요강(모집부문)	1. 전략기획 : 상품기획 및 항공기획 5년이상 경력자 2. OP 부문 : 일본 / 대양주 / 동남아 (해당경력1년이상인자, 일본지역은 일본어가능자 혹은 거주경험자우대) 3. 상담 DESK : 1년이상 경력자 (항공예약시스템 사용가능자, 계약직가능)
전형방법 및 제출서류	1. 전형방법 : 1차 서류전형 / 2차 면접 2. 제출서류 : 이력서 및 자기소개서 (경력중심)
기타사항 (담당자 연락처)	접수처 : terius@nextour.co.kr (메일만 접수 및 문의가능합니다)

12.5.8. 세중나모여행

(1) 개 요

① 회장 : 천신일, 대표이사 : 이회창

② 설립일 : 1995년 12월 07일(세중나모)

③ 자본금 : 85억원

④ 업태 : 일반 및 여행산업

⑤ 영업종목 : 국내 철도권 판매, 외국인 관광알선, 국ㆍ내외 신혼여행, 가족여행/기업연수/ 배낭여행, 여권 및 전 세계 비자수속 대행, 화물운송, 보관

⑥ 종사원수 : 517명

⑦ 매출액 : 700억원

⑧ 주소 : 서울 중구 태평로 2가 150 (삼성생명빌딩 19층) / 삼성프라자 지하 2층

⑨ 전화 : 1688-8286

⑩ 팩스 : 0303) 0303-8286

⑪ 업무시간 : 평일 09 : 00~20 : 00 토요일 09 : 00~19 : 00 일요일, 공휴일 09 : 00~19 : 00

⑫ 홈페이지 : www.tourmall.com

(2) 비 전

VISION 2010

① 고객에게 최상의 서비스, 최고의 가치를 지원하고 여행업계를 선도하는 글로벌 종합여행사.

② 영업이익 확대 : 1위 달성을 위한 핵심역량 확보, 패키지 매출확대 및 수익구조 개선, 미래 성장을 위한 신사업, 신상품 적극 발굴.

③ 경쟁력 강화 : 최고의 제품과 서비스 제공을 통한 고객가치 극대화, 브랜드 인지도 강화, 글로벌 역량 확보, 고객감동체제 확립.

④ 新 고효율 책임경영체제 확립, Vision 공유 및 주인의식 고취, 전문화, 성과주의 정착, 신 나는 직장 만들기, 신 모범 기업상 구현.

(3) 소 개

'세중나모여행'의 새로운 CI는 희망과 비저너블한 도약, 미래지향적인 개화의 이미지를 접목하여 표현함으로써 세중나모여행만의 가치를 지닌 새로운 심벌 마크를 탄생시켰다.

심벌 마크는 단순히 꽃으로 형상화된 기업의 역동성만을 보여주는 것이 아닌 세중기업의 5가지 경영철학 포지셔닝을 담고 있다.

- 사람을 가장 소중히 생각하는 기업=Human
- 쉼의 소중함을 아는 기업=Rest
- 풍요로운 세상을 함께 만들어 가는 기업=Richness
- 가치 있는 미래를 약속하는 기업=Future
- 새로운 전통과 문화를 창조하는 기업=Tradition

(4) 채 용

① 모집부문 : 대리점 영업/여행사 대상 영업
② 인원 : 경력직 00명
③ 근무지 : 서울, 부산
④ 응시자격 : 2년제대학 졸업(예정)자, 군필 또는 면제자, 관련 자격증소지자/전공 이수자 우대, 해당실무 2년 이상 경력자(사원, 계장, 대리, 과장급)
⑤ 모집기간 : 2008. 3. 14(금)~3. 31(월) 17:00까지
⑥ 구비서류 : 입사지원서(당사 소정양식) 1부, 자기소개서 1부
⑦ 접수방법
　• On line 접수−recruit@tourmall.com
　• Off line 접수−(우:100−813) 서울시 중구 서소문동 34번지 한화빌딩 3층 세중투어몰 대리점영업팀 장문석팀장 앞
⑧ 전형방법 : 1차 서류심사 → 2차 팀장면접 → 3차 임원진면접 → 최종합격자 통보
⑨ 문의처 : 02) 311−7250~3/051) 462−3322 대리점영업팀
⑩ 기타사항 : 주5일근무제 시행, 기본급+매월 개인실적 성과급 지급, 교통비 지원, 통신비 일부지원, 접수된 서류는 일체 개별 반환하지 않음.

12.5.9. 노랑풍선

(1) 개 요

① 대표이사 : 고재경

② 설립일 : 2001년 8월 13일((주)출발드림투어 설립)

③ 자본금 : 20억원

④ 업 종 : 국내외 여행정보 서비스 / 기업해외연수 기획 개발 / 국내외 여행상품 판매 / 금강
산 관광호텔 및 콘도예약 서비스 / 국내외 항공권 판매 / 여권 및 비자 발급대행 서비스

⑤ 종사원수 : 150명

⑥ 매출액 : 166억원

⑦ 주소 : 서울시 중구 서소문동 21-1 MIES빌딩 9,10F

⑧ 전화 : 02)774-7744

⑨ 팩스 : 02)774-3993

⑩ 홈페이지 : www.ybtour.co.kr

(2) 경영이념

① 고객만족 경영 : 전임직원은 준비된 서비스 정신을 바탕으로 고객에게 친절, 신속한 서비스
를 제공한다.

② 직원만족 경영 : 전임직원이 고객만족에 전념할 수 있도록 급여 및 복리후생에 힘쓴다.

③ 21세기 전략경영 : 21세기 대한민국을 대표하는 브랜드로 성장할 수 있도록 전략경영에 힘
쓴다.

(3) 사업영역

① 시장선도(여행분야의 글로벌 리더) - 국내외 여행상품을 통한 다양한 여행문화로 고객의
요구에 맞는 시장을 선도하여 여행문화의 글로벌화 실현.

② 고객선도(고객을 위한 최고의 가치 실현) - 회사 내외의 모든 시스템을 고객의, 고객에 의
한, 고객을 위한 시스템 정착을 통해 고객을 위한 최고의 신뢰경영 실현.

③ 경영선도(정도경영을 통한 국민기업) - 대외로 정도경영과 대내로 투명경영을 통한 미래의
성장동력 산업에 제1의 여행국민기업 실현(여기서 정도경영이란 올바른 길, 또는 정당한 도
리로 경영을 하겠다는 뜻).

(4) 비 전

① Global travel leader(세계적인 여행 리더)
② 인재개발, 육성과 기업가치 창조, 서비스 차별화 개발, 공익을 위한 사회환원
③ 직원만족 및 고객만족
④ 여행문화를 통한 삶의 질 향상

(5) 채 용

우수한 인재를 확보하기 위하여 상시채용 제도를 마련하고 있다. 주요 모집대상별 이력서를 제출하면 지원 부분 및 희망 직무와 관련된 채용 소요 발생 시 우선적으로 검토하여 채용 전형을 실시하고 있다.

① **상시 채용부문** : 신입/경력 TC(tour conductor), 신입/경력 OP(operator), 카운터, 기획, 관리, 홍보, IT(부서 불문), 전문인솔자
② **채용절차** : 서류전형 → 1차 개별 면접 → 2차 최종 면접 → 근무 통보
③ **이력서 접수방법**
   • e-mail 접수 : saloot@ybtour.co.kr
   • 우편 접수 : 서울시 중구 서소문동 21-1 MIES빌딩 10F 기획팀
④ **자격요건** : 각 전문대졸 이상, 해외여행에 결격 사유가 없는 신체 건강한 대한민국 남녀, 외국어 및 컴퓨터 능숙자 우대.
⑤ **복리/인재상**
   • Basic(기초, 기본) – 고객을 존중한다, 정해진 기준과 규율을 반드시 지킨다, 맡은 바 업무에 대해서 끝까지 책임을 지고 완수한다.
   • Innovation(혁신, 쇄신, 일신) – 내가 먼저 솔선수범 한다, 새로운 Idea와 도전정신으로 일한다, 공동의 목표에 초점을 맞춘다, 부서간 벽을 없앤다, 작은 것부터 실행한다, 즐겁고 활력 있는 조직을 위해 내가 먼저 앞장선다.
   • Professional(전문직의) – 프로정신을 지향한다, 매사에 자신감과 열정을 가지고 일한다, 자기계발로 자신의 경쟁력을 높인다, 성과와 효율의 관점에서 일한다, 국제화시대에 적합한 소양과 능력을 갖춰 업무의 전문가가 된다.

⑥ 인사제도

　　㉠ 벽 없는 수평조직 – 전사적 팀제 운영

　　　→ 직위의 상하 구분 없이 팀원 모두가 핵심구성원으로서 창조적으로 움직이는 조직 수직적 위계질서를 허물어 버린 노랑이 추구하는 자율관리형 조직이다.

　　㉡ 연공서열식 승진제도의 철폐

　　　→ 능력과 자격만 있다면 근무연한에 관계없이 발탁승진의 경로가 열려진 제도. 노랑은 신 능력주의 인사의 구체적 실현의지로 승진심사 때 연공서열 점수의 철폐를 단행하였다.

　　㉢ Global Standard(전 세계적 표준) 보상제도

　　　→ 경영실적을 직무와 성과중심으로 평가하는 조직문화를 구축, 철저한 능력 및 성과주의 보상체계로 선진형 인사체제를 실현하는 보상시스템.

　　㉣ 선진형 인사체제를 실현하는 보상시스템

　　　→ 연차휴가, 사우회 운영, 종합건강 검진 지원, 매월 우수 부서 성과급 지원, 주5일근무제, 리조트시설 이용, 장기근속 포상, 반기별 인센티브 지급, 경조휴가, 교육비 지원, 매월 칭찬사원 포상, 우수사원 표창.

⑦ 교육과정

　　㉠ 팀원 교육

　　　→ 내부교육 : 인재육성을 기초로 한 조직강화 혁신교육.

　　　→ 외부교육 : C/S(Cycles per second)교육을 통한 고객만족 최우선 교육.

　　㉡ 책임자교육

　　　→ 내부교육 : 문제점 분석 토의 및 교육을 통한 책임교육.

　　　→ 외부교육 : 리더십 교육 및 MBA(Master of Business Administration, 경영학석사) 위탁교육을 통한 관리자교육.

12.5.10. 인터파크투어

(1) 개 요

① 대표이사 : 박진영

② 설립일 : 2006년 12월 1일(독립법인 분할)

③ 자본금 : 25억원

④ 종사원수 : 91명

⑤ 회원수 : 970만명(일 평균 방문자 수: 5만 5천명)

⑥ 거래총액 : 8,947억원(오프라인 마진율: 20~30%, 온라인 마진율: 15%)

⑦ 매출액 : 1,284억원

⑧ 슬로건 : 싸니까, 믿으니까, 인터파크니까

⑨ 주소 : 서울특별시 서초구 서초동 1304-3 남서울빌딩

⑩ 전화 : 1588-3443

⑪ 팩스 : 02) 755-1074

⑫ 홈페이지 : http://tour.interpark.com

(2) 사업 분야

업계최고의 항공권 실적성장률을 바탕으로 '항공권 사업' 집중

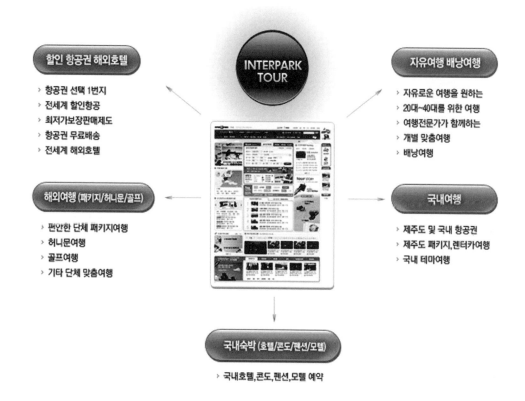

(3) 채 용

① 자격요건 : 학력 - 대학교졸업 이상, 우대전공 - 경영/경제, 연령대 - 28~35세

② 직무경험 및 요건사항 : 국내외 IR, 공시업무 총괄

③ 필요역량 : 재무 · 회계 분석능력, 산업분석 · 이해능력, 법령 및 규정 이해능력, 내외부 원활한 커뮤니케이션 능력

④ 자격/면허/외국어 요건사항 : IR/공시 유경험자, 원활한 영어회화 가능자 우대

⑤ 제출서류 : 입사지원서, 자격증/어학능력,

⑥ 전형절차 : 서류전형, 실무면접, 임원면접

⑦ 상시 채용

　㉠ 직무명 : 교육

직무설명	• 교육 니즈 평가, 교재준비를 포함한 적절한 프로그램의 개발, 다양한 교육 프로그램의 수행을 통하여 조직의 교육을 관리함.
필요역량	
자격증요건	• 교육프로그램의 전체적인 방향을 설정하고 관리함.

　㉡ 직무명 : 전략기획

직무설명	• 조직을 위한 장기전략 계획을 개발, 분석함. 가능한 시장, 경쟁, 기회, 상품 개발, 기타 비즈니스 기회 등에 대한 조사를 담당함.
필요역량	
자격증요건	

　㉢ 직무명 : 자금관리

직무설명	• 일일/월간 자금 및 은행업무를 조정, 요약, 검토하고 폭넓은 자금활동에 대하여 분석하고 대안을 제시함. 기업자산을 위한 자금개발 및 투자전략 지원을 담당함.
필요역량	
자격증요건	

　㉣ 직무명 : 홍보

직무설명	• 언론 취재에 대응하기 위하여 보도 자료를 작성하고 언론 및 언론인 관리를 함. 유관 단체와의 협조를 이루고 각종 홍보 행사를 진행함. 사내외 홍보 관련 취재를 하고 주요 기사를 수집함.
필요역량	
자격증요건	

　㉤ 직무명 : 총무

직무설명	• 부동산, 차량, 구매, 행사, 보안등의 관리를 수행하며 이에 파생되는 고정비를 관리한다. 내부 인테리어 및 배치를 수행한다. 회사의 인장과 각종 인허가 사항을 관리한다. 사무환경 개선을 위한 노력을 지속함.
필요역량	
자격증요건	

ⓑ 직무명 : 법무

직무설명	• 법률 문서의 준비를 지원함. 법률연구를 수행하고 법전, 판례, 매뉴얼 또는
필요역량	기타 출처에서 정보를 수집함. 필요시 외부 전문가에게 의뢰함. 타 부서에
자격증요건	대한 준법감시를 실시함. 특정 소송에 있어 회사를 대표함.

ⓢ 직무명 : 인사관리

직무설명	• 채용 및 선발, 이동/배치, 인사정보, 노사관계, 복리후생관리, 급여관리, 근
필요역량	태관리, 노무관리를 기획하고 관리함.
자격증요건	

ⓞ 직무명 : 재무회계

직무설명	• 회계기준에 따라 계정을 관리하고 재무제표를 작성함. 계정, 예산계획을 준
필요역량	비하고 회사 회계 정책 및 절차를 수행함. 법인세, 부가가치세, 원천세, 지
자격증요건	방세 등 제세 신고 및 납세를 관리함.

(4) 인사제도 및 복리후생

① 인사제도

인터파크에서는 모든 사원의 능력·자질 및 업무실적 등을 정기적·공개적으로 공정하게 평가하여 지속적인 역량향상을 도모하고 있으며, 인력관리 각 영역의 공정하고 효율적인 운영을 위하여 평가결과를 인사관리, 교육훈련 및 급여·관리 등의 기준자료로 활용하고 있다.

㉠ MBO(목표관리)

ⓐ 인터파크는 상하반기 평가기간별로 철저한 개인별 MBO수립을 통해 성과관리와 함께 평가의 객관성 확보를 도모하고 있다.

ⓑ MBO시행은 반기별로 연간 2회 이루어진다.

ⓒ 업적결과뿐만 아니라 평가기간 중의 업무성과 및 업무 수행과정을 동시에 관리 평가하며 이 결과를 바탕으로 평가를 시행하고 있다.

㉡ 보상제도

ⓐ 인터파크는 철저한 성과주의에 입각한 보상을 하고 있으며, 업계 최고의 대우를 지향하고 임직원들이 최고의 성과를 낼 수 있는 최적의 근무환경을 제공하고 있으며, 각자 직무에서 땀 흘려 이룬 값진 성과에서 충분한 동기부여가 되도록 총보상 관점에서 보상정책을 실현하고 있다.

ⓑ 개인의 연봉은 직급제 폐지로 근속연수, 경력, 학력에 따른 자동 급여 상승은 없으며, 철저하게 개인의 업적결과와 직무가치에 따라 전년도 성과 및 당해 연도 물가 상승분을 고려해 급여와 보상수준이 결정된다.

ⓒ 기준 연봉 외에 각종 인센티브제도 및 PS 등을 지급하며, 회사에 특별한 공헌을 한 임직원에게는 특별포상을 시행한다.

ⓓ 매년 초 전년도 전사 경영성과가 좋을 경우 초과수익의 일부분을 임직원에게 배분하는 PS제도를 시행하고 있으며, 이는 집단적 성과에 기초하여 지급액이 결정되는 변동적 보상제도이다.

ⓒ 직급, 호칭제도

기존의 연공서열 중심의 수직적 직급, 직위제도를 폐지하여 조직의 생동감을 높이고 있다. 이러한 수평적 조직문화를 통한 자유롭고 신속한 의사소통을 바탕으로 업계의 빠른 변화에 한발 앞서 나가고 있다.

② 복리후생

임직원들의 균형 있는 삶의 질 향상과 임직원 개개인이 자율에 의한 자기성장을 도모할 수 있도록 인터파크만의 고유한 복리후생 항목과 직원참여로 이루어지는 다양한 조직활성화 프로그램이 있다.

㉠ 선택적 복리후생 : 자기계발, 문화생활, 체력단련 등 개인별 다양한 복리후생 요구를 충족시키기 위해 분기별 운영.

㉡ 주 5일제 : 주40시간 도입에 따른 주 5일제시행 여가를 활용한 자기계발, 문화생활, 가정 친화 활동 등을 통해 인터파크인의 삶의 질을 높이고 재충전의 기회 제공.

㉢ 경조사 지원 : 연 1회 이상 직원의 각종 애경사에 대해 휴가 및 금전적 지원.

㉣ 체육대회 : 연 1회 이상 전 임직원을 대상으로 체육대회 실시.

㉤ 건강검진 : 연 1회 전 임직원을 대상으로 건강검진 실시.

㉥ 퇴직연금제 : 임직원의 노후보장을 위해 퇴직연금제 시행.

㉦ 직원할인제도 : 직원으로서 자긍심을 고취하고 애사심을 높이기 위해 인터파크 쇼핑몰 이용에 대한 할인혜택 부여, 동호회지원, 사원 상호간의 친목을 도모하고 자기계발의 계기를 부여하여 활기찬 근무 분위기를 조성하고자 사내동호회를 운영.

12.5.11. 오케이투어

(1) 개 요

① 대표이사 : 심재혁

② 설립일 : 1998년 2월

③ 자본금 : 96억원

④ 사업분야 : 일반여행업외

⑤ 종사원수 : 약 300명(국내 상근직원기준)

⑥ 주소 : 서울 종로구 인사동 대일빌딩 14층, 15층

⑦ 전화 : 02) 3705-2200

⑧ 팩스 : 02) 6234-0525

⑨ 홈페이지 : www.oktour.com

(2) 소 개

1999년 9월 국내에서 세 번째로 닻을 올린 도매여행업체이다. 오케이투어는 현재 국내 약 1만여 여행사, 4백여 프렌즈(전문팜매점)에 여행상품을 공급하고, 행사를 위탁받아 실시하고 있으며, 국내 약 80만 여행 소비자가 오케이투어를 통하여 더 넓은 세상으로의 첫 걸음을 내딛고 있다.

(3) 복리후생

① 근무 및 휴가제도

• 2005년부터 주5일 근무제를 시행하고 있다.

• 입사 1년 후부터 매년 15일간 연차휴가 및 매 2년마다 1주일씩 추가하여 연차휴가를 지원한다.

② 체력단련 및 교육, 취미생활 지원비 제공

• 휘트니스 학원, 각종 취미활동에 대한 장려차원에서 전 직원에게 동일한 금액으로 지원하고 있다.

③ 각종 경조사비 제공 및 사내 동호회 지원
- 관혼상제례에 따른 각종 경조사비를 사우회 및 회사 차원에서 사규에 명시된 금액으로 제공한다.
- 사내 동호회활동 장려를 위하여, 소정의 금액을 매월 지급한다.

④ 해외 출장기회 부여
- 입사 후 모든 직원에서 1~3회의 해외출장 기회를 부여한다.
  (단, 고객인솔 출장은 인솔자자격 취득 후부터 가능하며, 1년 미만은 국내 인솔과 팸투어만 가능)

⑤ 4대 보험 및 건강검진
- 의료보험, 고용보험, 국민연금등 4대보험 및 연금과 매 2년마다 법정 정기검진 기회가 부여된다.

⑥ Stock Option 제공(예정)
- 신입직원에게도 근로의욕 고취를 위하여 약정된 금액의 자사주식매입권을 부여한다.

(4) 채 용

2008년 공채 20기 신입/경력사원 채용 공고

① 모집분야 : 영업직/사무직(상품, 경영지원부서)
② 근무지역 : 본사 및 전 지사
③ 자격요건 : 신입 및 경력 무관하며, 학력제한 없음
   (단, 재학중인 자는 08년도 8월 졸업예정자에 한함)
④ 접수방법 : 온라인접수, 우편접수, 방문접수, 이메일접수 [hongjinpal@oktour.com]
⑤ 제출서류 : 이력서, 자기소개서, 졸업(예정)증명서, 성적증명서
   ※ 이력서, 자기소개서는 당사 양식으로 제출하시기 바랍니다.
⑥ 서류마감 : 2008년 4월 3일 18시까지
⑦ 채용일정계획

접수기간	서류합격자 발표	1차(팀장)면접	2차(임원)면접	최종합격자 발표	출근일
3월17일 ~4월 3일	4월 8일	4월 11일	4월 16일	4월 21일	4월 28일

㉠ 채용절차 : 서류전형 – 필기시험 – 실무진면접 – 임원진면접 – 최종합격

   ⓛ 필기시험 상식 25문 : 옌 캐나다의 수도

                                  환율이 높으면 발생하는 문제

                                  발해에 대한 설명으로 맞지 않은 것?

   ⓒ 필기시험 영어 25문 : 옌 다음 중 의미가 다른 한 가지는?

                                  지문 독해 주제파악

                                  중문해석

   ⓔ 한국어 영어 인터뷰 : 옌 지원동기(왜 여행업에 종사하려 하는지?)

                                  관광전공자들에게 여행전문용어 질문(IATA, KATA)

                                  거주지역 및 출퇴근거리에 대한 질문

                                  존경하는 인물

                                  졸업이 늦어진 이유

                                  미국에서 서울로 콜렉트콜로 전화하고 싶다(영어)

                                  한강에서 오케이투어 찾아오는 방법 설명(영어)

12.5.12. 참좋은여행

(1) 개 요

① 대표이사 : 윤대승

② 설립일 : 1998년 9월 2일

③ 자본금 : 13억 5천만원

④ 종사원수 : 140명

⑤ 매출액 : 82억원

⑥ 주소 : 서울시 중구 서소문동 21-1 MIES빌딩11층

⑦ 전화 : 1588-7557 02) 2188-4000

⑧ 팩스 : 02) 599-3111

⑨ 홈페이지 : www.verygoodtour.com

(2) 소 개

① 기업이념

  1999년 창립된 참좋은여행(주)은 '고객만족'이라는 경영이념으로, 세계 어느 곳이든 고객이 만족하는 여행을 위한 제반 서비스를 제공한다. 여행의 신경영을 추구하는 참좋은여행(주)은 최고의 인재양성과 상품에 대한 전문성을 기반으로, 여행상품을 제공하며 선진화된 여행문화 창조를 주도한다.

② 경영이념

  • 고객만족경영(Customer Satisfaction Management) : 전 임직원은 준비된 서비스정신을 바탕으로 고객에게 친절, 신속한 서비스를 제공한다.

  • 직원만족경영(Staff Satisfaction Management) : 전 임직원이 고객만족에 전념할 수 있도록 급여 및 복리후생에 힘쓴다.

③ 사업영역 : 여행정보 서비스, 기업 해외연수 기획, 개발, 국내/해외 여행상품 판매, 호텔 및 콘도예약 서비스, 국내외 항공권 판매, 전세기 기획 및 운항, 여권 및 비자발급 대행 서비스

(3) 채용정보

모집부분	업 무	자격요건
공항근무 직원채용	당사 출국인원 샌딩 업무 (수속 및 서비스 업무)	• 신입/경력 • 학력 : 전문대졸 • 나이 : 22세 (1986년)~34세(1974년) • 외국어 가능자 우대 / 타 업종 근무자 우대

① 전형방법 : 서류전형 후 면접

② 제출서류 및 기타 : 이력서, 자기소개서, 담당자－02) 2188－4146/017－427－8514, 홈페이지 : www.verygoodtour.com, FAX : 02－2188－4139, 회사주소 : 서울 중구 서소문동21－1 MIES빌딩 11층

12.5.13. 투어2000

(1) 개 요

① 대표이사 : 양무승

② 설립일 : 1999년 2월 22일

③ 자본금 : 31억원

④ 업태 : 서비스업

⑤ 업종 : 국외 및 국내여행 알선업, 여행상품기획업, 기타 상기사업의 부대사업 일체

⑥ 종사원수 : 150여명

⑦ 사업범위 : 국내외 여행알선업, 항공권 매표 대행업, 여행상품 기획업, 관광지개발업, 호텔 예약업, 위 상호에 관련된 부대사업

⑧ 매출액 : 83억원

⑨ 주소 : 서울특별시 중구 무교동 95번지 어린이재단빌딩 3F (주)투어2000

⑩ 전화 : 02) 2012-2000/국내여행 : 2021-2070/할인항공권문의 : 2021-2250

⑪ 팩스 : 02) 318-0056

⑫ 홈페이지 : www.tour2000.co.kr

(2) 소 개

2000가지 여행의 즐거움을 창조하는 투어2000는 기존의 획일화된 여행 패턴에서 벗어나 알차면서도 실속 있는 관광 및 여행을 제공해 취향에 맞는 여행컨설턴트 마케팅을 적극적으로 구사하고 있다.

① 여행의 감동을 만드는 전문가들이 모여서 설립했다.

여행사에서 다년간 경험 쌓은 여행 전문가들이 모여 만든 새패턴의 전문여행사입니다.

② 솔직하고 투명하다.

고객께 정직하고 솔직한 정보를 주고 저가상품은 왜 저가인지, 고가상품은 왜 고가인지 고객 스스로 판단하고 결정할 수 있도록 도와드립니다.

③ 공익을 추구한다.

이익추구만 급급하지 않고 한국 복지재단과 함께 소년 소녀 가장돕기/무의탁노인돕기/결

식아동돕기등 사회환원합니다.

④ 고객과 같은 마음으로 서비스 제일주의를 추구한다.

(3) 채 용

1차 서류전형 → 2차 임원면접 → 3차 최종면접

새로운 건강한 여행문화를 창조하는 (주)투어2000에서 21C 여행업계를 선도할 능력있는 인재들을 채용한다.

① 고용형태 : 정규직/경력직 모집

② 채용분야 : 경력 및 간부사원

③ 모집인원 : 0명 (해외여행 PKG 및 상용법인)

④ 응시자격 : 여행사 근무경력 3년이상, 학력무관(외국어 능통자 및 보훈대상자 우대)

　　　　　　　단, 해외여행 결격사유 없는 자

⑤ 제출서류 : 이력서 및 자기소개서

⑥ 지원방법 : 온라인 입사지원서 등록을 통해 지원, 메일접수(recruit@tour2000.co.kr), 우편접수

⑦ 우편접수 : 서울특별시 중구 무교동 95번지 어린이재단 B/D 3F (주)투어2000여행사 인사 /총무팀

⑧ 면 접 : 서류합격자 한정 개별통보 후 면접 실시

12.5.14. 여행사닷컴

(1) 개 요

① 사업자 법인명 : (주)앤드아이

② 대표이사 : 엄기원

③ 설립일 : 2001년 3월 25일

④ 자본금 : 유상증자(12억1천3백만원) 총 자본금 18억원

⑤ 종사원수 : 200명(상근 종사원)

⑥ 사업종류 : 여행지원 서비스업/여행사, 무역, 쇼핑, IT

⑦ 업태 : 서비스

⑧ 매출액 : 72억원

⑨ 주소 : 서울시 중구 충무로 1가 24-1 명동밀리오레빌딩 9층

⑩ 전화 : 1600-6000

⑪ 팩스 : 02) 6363-7922

⑫ 홈페이지 : www.good.co.kr

(2) 소 개

01 전략목표

· 지속적인 마케팅을 통한 여행사닷컴 전문브랜드화
· 명실상부한 온라인 여행업계 선두로의 자리매김
· 전국적 판매망을 지닌 홀세일 업체로의 도약

02 전략과제

· 고객만족과 충성고객 확대
· 온/오프라인 대리점, 제휴사 확충
· 2010년 경상이익, 시장점유율, 여행객 송출 업계 0위 도약

(3) 채 용

① 인재상

하나! 성실과 인내력이 있는 뚝심 있는 사람

둘! 모든 고객이 내 가족이라 생각하고 정성을 다하는 사람

셋! 의연한 마음으로 일을 즐길 수 있는 사람

넷! 조직에 애정을 가지고 배려하는 인간미를 가진 사람

다섯! 자신의 일에 프로의식을 가지고 최선을 다하는 사람

여섯! 목표를 명확히 하고 미래를 향해 준비해가는 사람

일곱! 윗사람을 공경하고 아랫사람을 챙길 줄 아는 됨됨이가 된 사람

② 채용절차

서류전형 ⇒ 필기전형 ⇒ 면접전형(1차) ⇒ 면접전형(2차) ⇒ 건강검진

③ 팀별 채용안내

분 류	주요업무	모집요강
여행팀	• 철저한 시장분석을 통한 해외여행 상품 기획/개발 및 고객 프로모션기획/집행/관리	• 성장속도는 빠르고 불평은 적은 사람 • 행동으로 옮기는 것은 빠르고, 말은 적게 하는 사람 • 다른 사람을 격려하는 일은 앞장서고, 찬물을 끼얹는 일을 하지 않는 사람
홍보팀	• 언론홍보, 기업 및 브랜드광고, 사회공헌사업, 사내커뮤니케이션 활동	• 사물의 내면을 들여다보는 일은 꼼꼼히 하고, 겉으로만 판단하지 않는 사람 • 칭찬은 후하고 실수는 감추어 주는 사람
컨텐츠 개발팀	• 업무효율성 증대를 위한 최적 IT 개발서비스와 원활한 전산서비스를 제공 및 웹사이트 기획/구축	• 사물의 내면을 들여다보는 일은 꼼꼼히 하고, 겉으로만 판단하지 않는 사람 • 칭찬은 후하고 실수는 감추어 주는 사람

12.5.15. 현대드림투어

(1) 개 요

① 대표이사 : 그룹회장 정몽근, 대표이사 이도형

② 설립일 : 1995년 1월(2006년 4월 3일 (주)현대백화점 H&S 여행사업부문 분할 독립)

③ 자본금 : 10억원

④ 등록업종 : 일반여행업, 항공권판매, 보험대리점업

⑤ 종사원수 : 175명

⑥ 매출액 : 185억원

⑦ 계열사 : (주)현대백화점, 한무쇼핑(주), 현대쇼핑(주), (주)현대 DSF, (주)e-현대백화점, (주)현대 F&G, (주)지-네트, (주)USF1, (주)호텔현대, (주)현대H&S

⑧ 주소 : 서울특별시 마포구 도화동 541

⑨ 전화 : 1544-7755 02)723-2233

⑩ 팩스 : 02) 3014-2496

⑪ 홈페이지 : www.hyundaidreamtour.com

(2) 비전과 목표

① 목표 : 고품격 여행 · 레저문화의 창조

② 고객감동의 모습 : 고객 (고객의 행복, 고객과의 쌍방향 여행정보 공유), 협력사 (깨끗한 회사, 상생 기반구축, 지원의 공유, 공동창출)

③ 기업의 만족 모습 : 가족화 (세계화 기업, 국내최고의 선진종합여행 기업)

④ 사회 기여모습 : 명경영, 공약연계 마케팅, 신뢰받는 기업, 여행문화 메세나

⑤ 구성원 만족모습

- 최고의 경쟁력 : 동일직급 · 직무 최고의 능력 요구, 적성에 맞는 업무부여/직무만족, 보상만족

- 최고대우 : 경쟁사 최고수준, 공평하고 합리적인 평가 및 보상

(3) 인재상

" 21C 를 선도하는 여행 전문가 "

현대드림투어는 21세기 고품격 여행사로 거듭나기 위하여
능동적 경영, 창의적 경영, 효율적 경영의 목표아래
전 임직원이 공유하고 실천하는 인재상을 확립하고 있습니다.

01 **국제적 감각을 갖춘 프로 서비스인**
세계화에 부응하는 국제감각고 세련된 매너

02 **사회적 책임을 다하는 윤리인**
균형잡힌 사고와 건전한 가치관으로 기업의 사회적 책임 실천

03 **자율과 팀웍을 중시하는 조직인**
자기만의 세계를 끊임없이 추구하되 항상 조직과의 조화 추구

(4) 복리후생

① 생활안정지원

- 대출금지원(주택자금, 공상조 대출)

- 자녀학자금 지원(유치원, 중 · 고 · 대학교)

- 선물지급(창립기념일, 명절)

- 명절 귀향여비, 하계휴가비 지급

- 직원 이사비용 지원

- 개인경조휴가 및 경조비 지원

- 중식 제공

② 여가레저지원 : 동호회 지원, 휴가 및 휴양시설 운영

③ 의료·위생지원 : 연1회 전 직원 건강진단 실시

④ 장기 근속자 우대 : 7년 이상 장기근무자 포상

(5) 채 용

채용전형 절차

입사지원서 접수 〉 서류전형 〉 면접전형 〉 합격자발표 〉 신체검사

① 응시 자격

- 전문대졸(예정자 포함) 학력소지자

- 해외여행에 결격사유가 없고 남자는 병역기피사실이 없어야 함

- 서비스 기본자질을 갖춘 자

② 지원방법

- 당사 홈페이지에서 입사지원서 다운로드 후 작성

- 접수방법 : 이메일접수 dreaminsa@hmall.com

③ 지원서 작성 시 유의사항

- 입사지원서 사진첨부, 기재사항을 빠짐없이 작성

- 외국어 점수는 2년 이내의 것만 유효

- 입사지원서 허위사실 기재 시 합격취소 가능

- 입사지원서 외 구비서류 항목 및 제출일자는 별도 통보

④ 우대사항 : 국가보훈 대상자, 관광관련학과 전공자 및 동업계 경력자, 어학능통자(영어·일어·중국어 등), TC 자격증 소지자 및 항공교육 수료증 소지자, 기타 전산능력 우수자

(6) 인사제도

주식회사 드림투어는 학력, 연령, 성별 등 개인의 인적 요인에 따른 차별 없는 능력주의 인사를 기본원칙으로 하여 다양한 인사제도를 도임하여 실시하는 한편의 모든 직원들이 가

족처럼 화합하는 기업 문화 속에서 신명나게 일할 수 있도록 제도적 지원을 아끼지 않고 있다.

① 직급체계

직급은 6단계(사원→주임→대리→과장→차장→부장급)로 운영되고 있으며 직책(팀장, 파트장등)과 분리되어 운영됨으로써 보상 및 직책수행을 위한 자격요건의 성격을 갖고 있다.

② 전환배치

입사 후 개인능력/희망에 따른 정기/수시 전환배치를 실시함으로써 개인의 경력개발 지원.

③ 평 가

인재육성, 성과창출을 목적으로 실시되며 평가내용은 업무수행능력을 평가하는『역량평가』. 성과창출에 대한 공헌도를 평가하는『기여도 평가』등으로 구성되어 있습니다. 그리고 평가의 공정성, 객관성 확보를 위하여 현장 설문조사, 인터뷰를 통하여 성공적인 업무수행에 결정적 영향을 끼치는 평가항목을 추출하고 있으며, 평가결과는 승진, 전환배치, 교육 등을 위한 기초자료로 활용된다.

④ 승 진

과거의 인사평가, 승진소요연한, 포상, 징계의 획일적 심사기준을 과감히 탈피하여 인재육성을 목표로 어학능력, 직무능력, 사내활동 등의 각종 사내경력사항을 심사항목으로 반영하고 있다.

⑤ 임금체계

회사의 경영성과에 입각하여 개인의 능력과 업적에 상응하는 임금체계를 도입하여 회사에 대한 자부심 고취 및 풍요로운 생활영위를 위하여 업계 최고수준의 임금체계를 유지하고 있다.

⑥ 커뮤니케이션

『인간존중경영』, 『참여경영』, 『투명경영』을 위하여 각종 간담회, 직원사기조사(Morale Survey), 자기신고제도, 노사협의회 등을 정기/수시로 개최하여 회사의 정책 및 경영상황을 설명하고 직원들의 건의사항을 청취하여 경영에 직접 반영하고 있다.

12.5.16. 레드캡투어

(1) 개 요

① 구회사명 : 범한여행

② 대표이사 : 심재혁

③ 설립일 : 1977년 2월

④ 기업형태 : 코스닥, 외부감사법인

⑤ 자본금 : 33억원

⑥ 종사원수 : 본사 및 국내외 10여개 사업장 240여명 근무

⑦ 업종 : 호텔, 관광, 여행, 항공

⑧ 주업종 : 일반 및 국외 여행사업

⑨ 부업종 : 자동차 임대업

⑩ 매출액 : 712억원

⑪ 주소 : 서울시 종로구 관훈동 198-42 관훈빌딩

⑫ 전화 : 02) 2001-4500

⑬ 팩스 : 02) 2001-4640~3

⑭ 홈페이지 : www.redcaptour.com

(2) 전 략

국내 제1의 여행사 No.1 Travel Company

전략과제	핵심역량	공유가치
·패키지 사업의 활성화 ·도전적인 조직문화 정착 ·Partnership 구축 ·여행 전문 인력의 확보/활용	·상품기획/상담 능력 ·Brand Power 확보능력 ·여행정보 시스템 구축/운용 능력	·TOP 정신 (일등정신) - Trust(신뢰) - Openness(열린마음) - Passion(열정)

(3) 채 용

구 분	모집분야		인 원	응시 자격	학 력
경력직	개별/전문 여행부문	전문여행 그룹	0명	• 테마, 트레킹 여행담당 경력 3년 이상	4년제 대졸이상
	개별여행 그룹		0명	• 개별(자유)여행담당 경력 3년 이상	
	회계부문		0명	• 중견기업 이상 회계업무담당 경력 5년 이상 (대기업 경력자 우대) • 경영, 회계학 전공자 우대	
	대리점영업 부문		0명	• 대리점영업 경력 5년이상	전졸이상
	IT 부문		0명	• JAVA, JSP 개발 경력 4~5년(전산실 근무) • 정보처리기사, 프레임워크 사용자(스트럿츠, 스프링 등) 우대	
	카운터부문		0명	• 카운터 경력 3년 이상	
신입직	경영기획부문		0명	• 4년제 대학교 이상 기졸업자 및 졸업예정자	4년제 대졸이상

① 제출서류
- 이력서(사진첨부, 상단에 응시부문 표기, 연락처 기재)
- (경력중심)자기소개서
- (경력증명서) 및 (어학)자격증 사본(소지자에 한함 / e-mail접수 시 스캔하여 첨부)
- 이력서 및 자기소개서는 당사 홈페이지(www.redcaptour.com)상의 입사지원서 양식을 다운로드하여 사용하기 바람.
- 홈페이지 하단 Redcap 소개 → 채용정보 → 입사지원서 다운로드

② 전형방법
- 1차 : 서류전형(합격자에 한하여 개변통보)
- 2차 : 면접전형

③ 제출처 : 서울특별시 종로구 관훈동 198-42 관훈빌딩 5층 우)110-300 ㈜레드캡투어 인사총무팀 담당자(☎ : 02) 2001-4757 / e-mail : insa@redcap.co.kr)

④ 기타사항
- 제출서류의 비밀을 보장하며 일체 반환하지 않음.
- 응시원서는 우편, E-mail 또는 당사 방문 접수가 가능.

12.5.17. 세계투어(에버렉스)

(1) 개 요

① 구회사명 : 호도투어

② 대표이사 : 전춘섭

③ 설립일 : 1994년 3월 25일

④ 자본금 : 12억 8천만원

⑤ 종사원수 : 110명

⑥ 매출액 : 52억 7천만원

⑦ 주소 : 서울특별시 중구 서소문동 21-1 MIES B/D 3F (에버렉스)

⑧ 전화 : 02) 6900-9000

⑨ 팩스 : 02) 6900-9091

⑩ 홈페이지 : www.segyetour.com

(2) 사업소개

세계투어는 특화된 해외 골프 여행사업과 국내 테마 여행사업을 바탕으로 해외여행사업과 국내여행사업에 주력하고 있으며, 스포츠마케팅과 연계한 숙박관련 사업과 국제회의기획사업을 성공적으로 진행해왔으며, 앞으로도 중심사업을 진일보하고 있다.

또한 렌터카사업과 온라인 컨텐츠사업을 지속적으로 발전시켜 나가고 있다.

(3) 채 용

① 인사관리

'관리자 워크숍', '중소기업 학습조직화 사업', '전직원 CS교육' 등을 전개하고 있으며 이를 토대로 새로운 경영문화와 서비스마인드 구축, 복리후생시스템 개편 등을 꾀하고 있다.

직원 서비스 마인드를 함양하고 고객에 대한 서비스의 질을 높이기 위해 지난달 2회에 걸쳐 CS교육 프로그램을 운영했다. 국내 유수의 전문 서비스 강사를 초빙해 진행된 이번 교육에서는 '전화를 통한 고객응대', '고객의 니즈에 맞는 맞춤 서비스 제공' 등 고객서비스와 관련된 내용은 물론 '효과적인 사내 커뮤니케이션 기술' '전문적 관리자 마인드 함양' 등 기업 내 조직문화 관련 교육도 실시됐다.

한국산업인력공단이 시행하는 '2008 중소기업 학습 조직화사업 대상기업'으로 선정되기도 했다. 이에 따라 세계투어는 앞으로 3년간 학습조 활동지원, 학습공간 구축, 학습네트워크를 위한 컨설팅, 지식공유시스템 구축 등 10개 사업에 대해 지원받게 된다.

② 채용정보

- 외국인관광사업부 OP = 호도투어 외국인관광사업부에서 OP 직원모집
- 일본어 가능자와 PC 사용 능숙자 우대
- 22~24세의 여자 지원 가능
- 이력서와 자기소개서를 작성해 이메일(heart0011@hanmail.net)로 접수
- 신입 · 경력 구분 없음. 4월 7일 마감. 02) 6900-9193

12.5.18. 한진관광

(1) 개 요

① 대표이사 : 권오상

② 설립일 : 1961년 8월 23일

③ 자본금 : 84억원

④ 종사원수 : 240명

⑤ 사업내용 : 일반여행업, 국제회의 기획업 등

⑥ 매출액 : 285억원

⑦ 주소 : 서울 중구 소공동 51번지 한진 빌딩 신관 5층

⑧ 전화 : 02) 726-5500

⑨ 팩스 : 02) 752-3882

⑩ 홈페이지 : www.kaltour.com

(2) 사업소개

① 한진관광 상품의 특징

- HEART+JOY+SINCERITY ⇒ H. J. S
- HEART : 고객에게 감동을 주는 한진관광 여행상품
- JOY : 고객에게 즐거움과 기쁨을 선사하는 여행상품

• SINCERITY : 불필요한 여정을 최소화하고 알찬 여정만을 구성한 믿고 신뢰할 수 있는 여행상품

㉠ 철저한 사전 조사를 통해 고객의 기호에 맞는 상품개발과 서비스로 고객감동 실현

㉡ 풍부한 경험과 노하우를 지닌 여행 컨설턴트의 여행상담과 정보제공

㉢ 정확하고 신속한 항공 및 현지 수배를 통한 완벽한 행사 진행

㉣ 상품 및 서비스 모니터링을 통한 품질 개선

② 해외여행의 다양한 브랜드

국내 최초의 해외 패키지여행 브랜드로서 높은 서비스 품질과 실속 있는 여행을 선사하는 해외여행 브랜드와 일반 여행상품과 차별화된 최고급 명품여행의 기회를 드리는 해외여행 브랜드로 구성되어 있다.

③ 최고의 고객만족도를 자랑하는 해외여행 브랜드

신뢰성 높은 공신력과 전통을 바탕으로 한 KALTOUR는 국내 최초의 해외 패키지여행 브랜드로서, 최고의 인기를 자랑하는 한진관광의 대표적인 여행상품이자 여행업계의 새로운 지평을 연 해외여행 상품 브랜드이다.

㉠ 다양한 고객의 욕구를 반영한 고품격 신상품 개발

㉡ 여유로운 일정으로 고객의 취향에 맞는 다양한 상품 제공

㉢ 풍부한 경험을 지닌 여행전문가를 통한 컨설팅업무

㉣ 상품품질과 서비스를 정기적인 보완으로 서비스 개선

㉤ 어느 여행상품과 비교할 수 없는 품격 높은 서비스 제공

④ 외국인 국내관광

매년 증가하는 방한 외국인 관광객들을 위한 상품개발 및 여행서비스의 기획과 행사안내를 통하여 외국인에게 진정한 한국의 미를 알리는 민간외교의 첨병 역할을 하고 있다.

㉠ 품질 높은 서비스와 다채로운 한국 여행정보 제공

㉡ 다년간의 풍부한 경험을 가진 우수한 통역안내사 보유

㉢ 다양한 관광 상품개발 및 고객 맞춤형 SVC 제공

⑤ 국제회의 용역업(professional convention organizer)

국내 대형 여행사중 유일하게 국제회의기획업을 시작, 국내 최고의 컨벤션업체로서 발돋움하였으며, 컨벤션산업 발전에 많은 기여를 하고 있다.

㉠ 컨벤션 기획사로서의 조건과 인프라 구축

ⓛ KNOW-HOW를 가진 우수한 전문인력 보유

ⓒ 국제회의 참가자들에 대한 등록, 수송, 관광, 숙박, 제반 서비스 등 완벽한 행사 진행

(3) 채 용

① 모집부문 및 응시자격

모집부문	인 원	구 분	자격조건 및 근무조건
콜센타 상담원	00명	경력 신입	• 전문학사 이상 학위 취득(예정)자 • 여행사 업무 경력자, 예약, 콜센타 상담직 경력자 우대 • 병역 필 또는 면제자로서, 해외여행에 결격사유가 없는 분 • 근무조건 : 주5일 근무, 4대 보험, 경조금 지급 　　　　　　고정급＋판매 인센티브 　　　　　　교육기간 중에는 교육수당 별도 지급 ※ 판매실적이 우수한 분께는 해외여행 및 포상 실시
회 계	0명	신입	• 전문학사 이상 학위 취득(예정)자 　(관광 관련 전공자 및 외국어 가능자 우대) • 경력사원 : 해당 업무 1년 이상 유경험자 • 병역 필 또는 면제자로서, 해외여행에 결격사유가 없는 분
인바운드(일본)	0명	경력	

② 전형절차

　㉠ 1차 : 서류전형(당사 소정양식)

　ⓛ 2차 : 면접전형

③ 제출서류

　㉠ 입사지원서 1부(소정양식)-본 공지사항 첨부파일

　ⓛ 최종학교 졸업증명서 및 경력증명서 각 1부(경력)

　ⓒ 자격증 사본 1부(해당자에 한함)

　㉣ 최종학교 성적증명서 1부(신입)

④ 원서교부 및 접수

　㉠ 교부 및 접수기간 : 2008. 4. 5(토)~2008. 4. 11(금)까지

　ⓛ 교부 및 접수장소 : 서울시 중구 소공동 51 한진빌딩 신관 5층 경영관리팀

⑷ 인재상

"즐거운 직장생활, 서비스정신을 실현할 수 있는 곳"

무한경쟁의 열린 시대 속에 관광선진국 진입의 첨병으로서 창조와 신념의 정신으로 성실히 자신의 책임을 실천하는 인재를 필요로 한다.

⑸ 인사제도

채용에서부터 공정하고 객관적인 능력주의를 지향한 채용제도를 도입하였으며, 신입사원의 교육과 충분한 개인별 면담을 거쳐 본인의 희망과 적성을 고려하여 부서배치를 실시하고, 승진기회에서도 남녀차별을 두지 않는 공정한 인사관리제도를 도입하고 있다.

승진대상에는 남녀 및 군대경력에 대한 차별이 없다.

직 위	대 리	과 장	차 장	부 장
최소승격연한	4	5	5	5

⑹ 복리후생

복리후생은 모든 임직원의 삶의 향상을 최고의 목적으로 자녀교육지원, 각종 휴가제도, 노후생활 지원을 위한 연금지원 등을 실시하고 있다.

① 성과급은 노동조합과 협의해 목표이익 달성시 연 1회 지급한다.
② 근무연수 인센티브는 10년(동남아), 20년(미주), 25년(유럽) 근속자에게 부부동반 해외여행을 실시한다.
③ 학원지원비는 외국어 학원 수강자에게 1년 동안 학원비의 50%를 지원한다. 금액은 제한이 없다.
④ 체력단련비는 연2회 상하반기에 각각 4만원을 지급한다.
⑤ 자녀학자금은 중학생의 경우 자녀수에 제한 없이 학비전액을 지원한다. 대학생은 3자녀까지 학비를 지원한다.
⑥ 생수지원은 차장급이상 직원에게 월 3만원 상당의 생수를 지원한다.
⑦ 보육비는 만 6세까지 취학 전 자녀를 가진 여직원에게 월7만원을 자녀수에 제한없이 지원한다.
⑧ 배우자 출산 시 축하금 5만원과 3일 유급휴가를 지급한다.

12.5.19. 비티앤아이(BT&I: Business Travel & Incentive Tour)

(1) 개 요

① 대표이사 : 송경애

② 설립연도 : 1987년 8월 1일(20년 이상의 기업체전문 여행서비스 경험)

③ BTI 가입연도 : 1996년(현재 국내 최초로 글로벌 네트워크 서비스 도입)

④ HRG와 파트너십체결 : 2006년(2006년 HRG로 변경됨)

⑤ 투어익스프레스 인수합병 : 2007년(온라인여행사 '투어 익스프레스' 인수합병)

⑥ 2007년 매출액 : 77억원(항공권 매출액 1,623억원)

⑦ 직원수 : 242명(여행전문 컨설턴트-117명, 인센티브 레저팀-94명, 관리시스템 개발-16명, 서비스 기획, 마케팅-15명)

⑧ 사업내용 : 기업체 전문 여행업무-65%, 미팅, 인센티브-30%, 개인-5%

⑨ excellent track record : 20년 동안 무사고 서비스 기록(출장 및 인센티브 투어)

⑩ 주소 : 강북사무실 서울시 중구 무교동 95번지 어린이재단빌딩 10층

　　　　강남사무실 (135-932) 서울시 강남구 역삼동 820-8 신선빌딩 4층

⑪ 전화 : 02) 3788-0000, 02) 3480-0000

⑫ 팩스 : 02) 6442-5600, 02) 6442-3400

⑬ 홈페이지 : www.btnikorea.com

(2) 기업이념

① Client-focused 고객 중심 : 우리는 항상 고객을 최우선으로 생각한다. 고객이 100% 만족할 수 있도록 고객중심의 서비스 문화를 시행하고 있다.

② Honest 정직 : 우리는 정직하다. 정직과 도덕성을 바탕으로 고객에게 믿음과 신뢰를 주는 탄탄한 유대 관계를 맺기 위해 최선을 다하고 있다.

③ Outstanding 최상의 서비스 : 우리는 고객에게 최상의 서비스를 제공한다. 고객감동 서비스를 위해 최상의 서비스와 솔루션을 제공하고 있다.

④ Innovative 혁신 : 우리는 항상 변화와 혁신을 추구합니다. 주변 기업환경과 고객의 변화에 빠르게 대응하기 위해 새롭고 혁신적인 솔루션을 추구한다.

⑤ Committed 헌신 : 우리는 고객을 위해 헌신한다. 스스로 업계 최고가 될 수 있다는 자신감

을 갖고 고객과 동료를 위해 최선을 다한다.

⑥ Experts 전문가 : 우리는 최고의 여행전문가이다. 풍부한 역량과 숙련된 직원들 그리고 넘치는 열정을 바탕으로 최상의 서비스를 제공한다.

(3) 채 용

학력이나 어학 점수 등의 정형화된 입사기준 없이 수시로 경력과 신입직원을 채용

모집분야	주요업무	자격요건	우대사항
영 업	• 법인영업/고객사관리 • 기업고객 영업상담	• 상용여행사 유경험자 또는 신입 • 제안서작성 및 진행경력자 또는 신입	• 법인영업 유경험자
인센티브	• 단체행사기획/상담	• 외국어 가능자 • 단체행사 진행 경력자 또는 신입 • MS-Office 능통자	• Topas/Abacus 경험자
항공 카운터	• 항공권 예약/발권	• Topas, Abacus, Galileo 등 CRS 유경험자	• Topas/Abacus 경험자
글로벌 /마케팅	• 글로벌마케팅 • 홍보업무	• 외국어능통자 • MS-Office 능통자 • Topas/Abacus 경험자	• 여행사 유경험자
경영/관리	• 회계/정산 • 인사/총무 • WEB개발/System개발	• 여행사 관리업무 유경험자 • 더존 ERP 사용 경력 및 신입 • 컴퓨터 유지보수 경력 또는 신입 • Web 개발 유경험자	• 관련 자격증 소지자

자료 : 2007년 내국인 관광객 송출실적 상위 30위 여행사 홈페이지를 참고하여 재구성

12.6 여행사의 필기시험

여행사가 채용을 실시하는 필기시험은 일반적으로 일반상식과 인·적성검사 등 2가지로 결정된다. 즉 일반상식과 적성검사가 입사시험의 2대 영역인 셈이다(白石弘幸, 2002).

이 가운데 일반상식 테스트에 대해서는 각사가 자사에서 만든 예상시험문제를 가지고 있는 게 보통이다. 인·적성 검사는 외부에서 만든 프로그램을 사용하여 검사를 실시한 후 검사결과를 통보받아 참고한다.

12.6.1. 소수정예주의의 채용

오늘날 모든 여행사들이 조직이 슬림화를 통해 구조조정을 하고 있다. 즉 경제가 침체되고 있는 한편으로 경쟁이 격화되고 있는 기업현실 속에서 어떤 여행사도 소수의 사원에 의한 효율적 경영을 지향하지 않으면 안 되는 상황에 처해 있다.

그러한 경향을 반영하여 신입사원 채용에 있어서의 자세도 소수정예주의가 되어 연고나 학력 중시에서 실력중시·필기시험의 성적 중시로 바뀌어 가고 있는 추세이다.

오늘날 채용선발에서는 일하는데 필요한 소양이나 지식을 몸에 익히고 있는지, 몸에 밴 잠재능력의 여부가 중요한 체크사항이다.

물론 내정을 받은 다음 면접을 훌륭히 소화하는 것도 필요할 것이다. 그러나 채용선발이 능력지향이 되어 있는 오늘날 어떤 업무라도 업무를 하는 가운데 필요한 업무지식이나 직무능력을 몸에 익히고 있는지의 여부, 혹은 그것을 이후에 몸에 익혀나갈 잠재적인 능력을 겸비하고 있는지의 여부가 일반상식 테스트 및 적성검사에서 매우 중요하게 보고 있는 점이라고 할 수 있다. 내정을 받기 위해서는 이들 필기시험에서 고득점을 올리는 것도 또한 중요하다.

12.6.2. 질문하고 있는 내용이 실질적으로 같은 문제도 많다

이와 같이 내정을 받기 위해서는 일반상식 테스트와 인·적성검사에서 고득점을 올리는 것이 매우 중요하다. 단지 일반상식 테스트와 인·적성검사 중 출제형식이 다소 다른 것처럼 보여도 그 내용은 실질적으로 거의 같은 문제가 적지 않다는 것이다.

각 여행사에서 만든 일반상식 테스트에서도 최근에는 기술식 문제가 줄고, 선택식 문제가 늘고 있는 관계로 출제형식 면에서도 양자의 유사성은 점점 높아지고 있다고 할 수 있다.

12.6.3. 합격라인은 뒤로 갈수록 높아진다

기업 가운데는 연중 수차례 필기시험을 실시하는 곳이 적지 않다. 이 경우 상반기에 실시하는 필기시험과 하반기에 실시하는 필기시험은 같은 것일까?

일반적으로는 뒤에 실시하는 시험일수록 합격커트라인이 높아진다고 할 수 있다. 채용기간 전반에는 각사는 채용인원을 확보한다는 의식이 강하기 때문에 합격기준도 높게 적용하지 않을 가능성이 크다. 그러나 어느 정도의 내정이 끝난 하반기 시험에서는 "좋은 신입직원

이 있는 경우에만 내정한다"는 의식이 강하게 작용하고 있기 때문에, 합격기준도 높아지게
마련이다. 채용인원을 충분히 확보한 단계에서는 추가로 이원을 선발할 필요가 없는 것이
다. 따라서 조기에 지망할 것을 적극적으로 권유한다.

12.6.4. 회사 설명회 후에 실시되는 곳도 있다

필기시험을 실시하는 타이밍은 여행사에 따라서 천차만별이나, 회사설명회(세미나) 날에
필기시험을 실시해버리는 곳도 있고, 필기시험일정을 인터넷 홈페이지에 알려, 회사설명회
와는 별도로 필기시험을 실시하는 여행사도 있다.

어떤 경우이든 독자 여러분은 회사설명회 날에 필기시험을 치를 각오로 임하는 것이 좋
다. "오늘은 설명회, 설명회를 들으러 갈 뿐"이라고 생각하기보다 설명회 종료 후 인 · 적성
검사, 일반상식 테스트가 있을 것이라는 생각을 가지고 준비하는 편이 시험성적이 좋게 나
올 것이기 때문이다.

(1) A여행사 필기시험의 예 – 시험과목 : 상식 25문제 / 영어 25문제(문법 · 독해 · 작문)

① 필기시험 상식 25문 : 예 캐나다의 수도

환율이 높으면 발생하는 문제

발해에 대한 설명으로 맞지 않은 것?

② 필기시험 영어 25문 : 예 다음 중 의미가 다른 한 가지는?

지문 독해 주제파악, 중문해석

③ 한국어, 영어 인터뷰 : 예 지원동기(왜 여행업에 종사하려 하는지)

관광전공자들에게 여행전문용어 질문(IATA, KATA)

거주지역 및 출퇴근거리에 대한 질문

존경하는 인물

졸업이 늦어진 이유

미국에서 서울로 콜렉트콜로 전화하고 싶다(영어)

한강에서 오케이투어 찾아오는 방법 설명(영어)

⑵ B여행사 채용문의(FAQ)

① △△투어의 복리후생제도는 어떠한 것이 있습니까?

△△투어는 능력주의 평가를 바탕으로 개인역량에 따른 차등 연봉제 및 성과급제를 실시하고 있으며, 매년 전 직원에게 스톡옵션(주식매수 선택권)을 부여하여 모두가 회사의 주인이라는 동기부여와 함께 경영성과가 전 직원에게 잘 분배될 수 있도록 하고 있습니다.

② 정기 공채와 수시 채용의 차이점은 무엇입니까?

정기공채는 현재 연 2회 상반기와 하반기로 나뉘어 실시되고 있으며, 당사의 중장기 인력수급 계획에 따라 신입사원을 선발하는 것을 목적으로 하고 있습니다.

수시채용은 신입/경력직에 관계없이 당사의 인력충원 필요여부에 따라 인재를 선발하여 적재적소에 배치하는 것을 목적으로 하고 있습니다.

③ 우대받을 수 있는 자격이나 다른 사항이 있습니까?

여행업 특성상 외국어(영어, 중국어, 일본어 등) 능통자, 관광통역가이드 자격증 소지자는 우대합니다. 또한 국가보훈대상자는 관계법령에 의거하여 우대합니다.

④ 어학성적은 어떻게 반영됩니까?

어학성적에 따른 지원제한은 없습니다. 그러나 업종의 특성상 어학능력은 채용의 주요한 판단기준이 되며, 탁월한 어학능력은 가점사항이 됩니다. 개인별 어학능력은 TOEIC점수 기준으로 산정되며, 이와 더불어 면접시 실시되는 영어 인터뷰를 통해 외국어능력을 종합적으로 평가하게 됩니다.

또한 영어 이외의 중국어, 일본어, 독어, 불어, 스페인어 등의 제2외국어는 취득의 난이도, 희소성, 필요성 등과 개인별 어학능력 심화도를 고려하여 평가됩니다.

⑤ 합격하기 위한 가장 주요한 요소는 무엇이 있습니까?

△△투어는 대한민국을 대표하는 여행사인 만큼, 여행업에 적합한 서비스 마인드와 글로벌 마인드를 충분히 갖추고 있는지의 여부를 주요한 판단기준으로 삼고 있습니다.

⑶ C여행사 면접시험 문제

여행사가 인기 직종이 됨에 따라 필기시험은 점차 사라지고 있다. 왜냐하면, 하나투어의 경우 2007년 하반기 신입사원 공개채용에서 12,000여명의 지원자가 몰려 80명을 공개채용하여, 경쟁률이 68대 1을 기록하였다. 또한 서류 접수도 온라인 접수방식으로 전환하여 1, 2차 면접을 시행하였다. 모두투어도 2007년 하반기 신입사원 공개채용에서 80명 모집에

4,500명이 몰리며 56.1대 1의 경쟁률을 기록하여 실질적으로 필기시험을 치룰 수 없는 상황이 되었으며, 이와 같은 추세는 앞으로 계속될 전망이어서 면접시험에서 승패가 좌우된다고 해도 과언은 아닐 것이다.

① 1차 서류전형
  • 보유한 능력, 자질, 자격 등에 대한 평가
  • 자기소개서는 면접시 면접 자료로 활용되므로 성실히 정확하게 작성

② 2차 실무면접
  • 4~5인으로 구성된 팀장면접으로 응시자 단체 면접형식으로 진행
  • 직무관력, 전자공식, 문제해결 능력, 어학능력 평가

③ 3차 임원면접
  • 4~6인으로 구성된 임원면접으로 단체 면접 형식으로 진행
  • 회사에 임하는 자세나 동기, 패기, 창의력 평가(영어테스트 포함)

④ 면접기출문제
  • 본인의 단점 2가지
  • 남들을 재밌게 만들었던 기억
  • 인생에서 가장 아쉬웠던 순간
  • 상사가 비합리적인 업무를 시킨다. 어떻게 해결할 것인가?
  • 세계 3대 신용평가기관
  • Unesco가 무엇을 하는 곳인가요?
  • 당신에게 천만원이 주어지면 어디에 쓰실 건가요?
  • 여성으로서 팀장이 된다면 장점은 뭐라고 생가가하나요?
  • Visa가 무엇인가?
  • 전직 및 전공에 대하여
  • 여행 장소 중 가장 기억에 남는 곳
  • 10년 후 계획

⑷ D여행사 입사지원서 예

입 사 지 원 서

사진부착	성 명	한 글					1지망	2지망
		영 문				희망부서		
		E-Mail				희망지역		
		지원구분				희망연봉		만원

보훈대상여부	현 주 소	
	거 주 지	
	주민번호	전화번호	핸드폰

학 력 사 항	입학년월	졸업년월	학 교	전 공	기타사항	병 역	제대구분	
			고등학교		주간( ),야간( )		입 대 일	
			대학		주간( ),야간( )		전 역 일	
			대학교		주간( ),야간( )		계 급	
			대학원		주간( ),야간( )		면제사유	

성 적	구 분	1학년	2학년	3학년	4학년
	1학기				
	2학기				
	전학년	/ 4.5 기타			

외 국 어	외국어명	검증기관	점 수	등 급
		꼭 기입요망		

연 수	해외연수기간	국가(장소)	연수목적

자 격 / 면 허	종 류	취득일자	발 행 처

경 력 사 항	근 무 기 간	근무월수	직 장 명	직 위	직 무	근 무 내 용

가 족 사 항	관계	성 명	연령	학력	직 장 명

기 타 사 항	종 교		결혼여부	
	취 미			
	특 기			
	신 장		혈액형	
	시 력	좌	우	
	부모생존	부( ), 모( )		

주거형태		부동산		만원	동 산		만원	가족월소득		만원

자 기 소 개 서(Ⅰ)

1. 자신의 성장과정 :

2. 본인 성격의 장단점 :

3. 교내외 서클활동 :

자 기 소 개 서(II)

지원서

4. 지원동기 및 특기사항(경력사항) :

5. 모두투어 네트워크에 대해서 알게 된 경위와 내용을 써 주시오.

6. 입사 후 포부 :

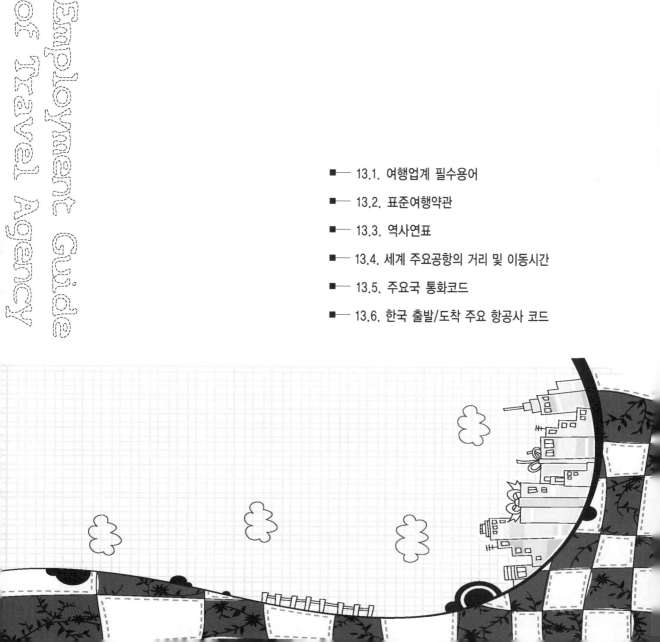

Chapter **13**

부 록

Employment Guide of Travel Agency

부 록

13.1 여행업계 필수용어

13.1.1. 국어(가~하)

- 국제민간항공기구(International Civil Aviation Organization) : 세계 민간항공의 평화이고 건전한 발전을 도모하기 위하여 1947년에 발족한 국제연합 전문기구로 항공기, 승무원, 통신, 공항시설, 항법 기술면에서의 표준화와 통일이 주요 업무이며, 2007년 3월 현재 189개국에서 가입하고 있다.

- 국제항공운송협회(International Air Transport Association) : 항공운송 발전과 제반 문제 연구, 안전하고 경제적인 항공운송, 회원업체 사이의 우호증진 등을 목적으로 하며, 국제 항공운임 결정, 항공기 양식통일, 연대운임 청산 등을 주요 활동으로 한다.

- 그린사업체 : 여행불편 등 민원이 발생하지 않는 사업체에 대해 지도 점검을 제외하는 혜택을 주는 제도.

- 그리니치 표준시(Greenwich Mean Time) : 영국의 그리니치 천문대를 지나는 경도 영(0)도의 그리니치 자오선을 기준으로 한 시간. 세계의 모든 지방시와 관측에 쓰는 표준시의 기본이 된다. 우리나라 표준시와 9시간의 차이가 있다.

- 그룹리더(Group Leader) : 보통 여행사의 단체인솔자를 일컫는 경우가 많으나, 기업의 보상여행(Incentive Tour), 특수목적단체의 장(長)을 일컫는다.

- 기브어웨이(Give Away) : 참여자에게 상품을 제공하는 텔레비전이나 라디오 프로그램. 또

는 라디오나 TV의 퀴즈 프로그램에 붙어있는 상품. 기브어웨이는 서비스품, 판촉물, 상품 이라는 뜻을 가지고 있다.

- **기업인 여행카드**(ABTC) : 별도의 입국 비자 없이 공항 내 전용 수속 레인을 통해 신속한 출·입국이 보장되는 카드이다.

- **게스트하우스**(Guest House) : 여행자용 숙소.

- **노쇼**(No Show) : 여행자가 예약취소를 하지 않은 상태에서 나타나지 않음.

- **다이내믹 패키지**(Dynamic Package) : 고객이 인터넷 등에서 항공이나 호텔 등 여행소재를 선택하면 할인요금으로 여행일정이 설정되는 패키지투어. 공실·공석정보도 실시간으로 확인할 수 있다. 미국의 익스피디어(Expedia)여행사는 이 다이내믹패키지투어로 급성장했다.

- **데스티네이션**(Destination) : 여행목적지. 나라, 지방, 도시 어느 것도 해당됨.

- **디메리트**(Demerit) **표시** : 상품의 결점이나 주의사항을 상품의 포장이나 표찰(標札:label) 등에 표시하는 것.

- **땡처리 항공권** : 일명 마감임박항공권이라고도 한다. 이는 여행사에서 패키지여행상품을 위해 미리 구입했던 항공권이 생각보다 판매되지 않아 당일 빈 좌석으로 완전히 손해를 보느니 싸게라도 팔아 수익을 보전하기 위해서 내놓은 항공권이다.

- **로드팩터**(Load Factor) : 항공기가 보유하고 있는 승객 수송률 또는 화물탑재 용량에 대하여, 실제로 탑승한 승객 혹은 화물 수송량을 일컫는다.

- **리테일러**(Retailer) : 판매를 전문으로 하는 소매상

- **리피터**(Repeater) : 반복여행자를 말함. 몇 번이나 반복하여 특정 여행사를 이용하는 경우는 특히 중·장년층에게 많다.

- **마일리지**(Mileage) : 한 항공사의 비행기를 계속 이용하여 일정 거리를 여행하는 경우 보너스로 일정거리의 항공권을 무료로 주는 항공사의 판매촉진 프로그램이다.

- **모집형 기획여행** : 여행사가 점포에 비치되어 있는 여행팸플릿이나 신문광고 등으로 모집되어 있는 여행. 여행목적지나 일정, 현지에서의 여행내용, 이용 항공기, 숙박호텔 등이 미리 결정되어 있다.

- **무료수하물 허용량**(Free Baggage Allowance) : 요금을 받지 않고 운송되는 일정량의 수하

물, 일반적으로 F/C요금 지불 여행자는 30kg , E/Y요금 지불여행자는 20kg, 태평양 노선 여행자는 2개 정도의 짐을 무료로 운송할 수 있다.

- **무료인원(Complimentary)** : 판매를 목적으로 특정 고객에 대하여 요금을 받지 않는 것. 일반적으로는 15명 당 1명이 무료처리 된다. 무료처리기준은 각 약관(Stipulation)에 의한다.

- **무사증체류(TWOV)** : Transit Without Visa, 무사증 단기 체류의 준말이며 관광자가 규정된 조건하에서 입국사증 없이 어떤 나라에서 입국하여 짧은 기간동안 체류할 수 있는 제도를 말한다.

- **방사선여행** : 여행의 중심이 될 만한 곳을 거점으로 숙박을 하면서 주변지역을 여행하는 것으로 기존의 여행이 매일 숙박지 이동에 따른 번거로움과 시간의 낭비가 있는 데 반해 이 여행은 주변지역의 집중탐구라는 장점이 있다.

- **브로슈어(Brochure)** : 여행촉진을 위한 유인선전물을 뜻하는 불어(佛語)로서 영어의 팸플릿(pamphlet)에 해당한다.

- **브랜드(Brand)** : 특정한 매주(賣主)의 제품 및 서비스를 식별하는 데 사용되는 명칭 · 기호 · 디자인 등의 총칭.

- **비에스피(BSP)** : Biliing Settlement Plan, 항공권료 은행정산제도. 즉 항공사나 숙박기관 등이 당해 쿠폰을 여행업자가 지정하는 은행에 징수를 의뢰하여 정산하는 것이다.

- **비자면제 프로그램(VWP)** : 미국법에서 지정된 요건을 충족하고 미국 정부에서 지정한 국가 국민에게 최대 90일간 비자없이 관광 및 상용목적에 한하여 미국을 방문할 수 있도록 허용하는 제도를 의미한다.

- **사진 전사시스템** : 2005년부터 적용된 사진 전사(轉寫·Digital Printing) 방식으로 제작된 신여권 발급시스템. 사진 전사방식은 사진을 여권에 부착하지 않고 레이저 또는 화학처리 방식 등을 이용해 복사하는 것. 이번 시스템은 또 장차 눈동자의 홍체나 얼굴형, 지문 등으로 신원을 확인하는 '생체여권' 시대에 대비, 기본 환경도 동시에 갖추게 된다.

- **서플라이어(Supplier)** : 항공사나 호텔 등 소위 여행소재를 보유한 회사를 말함.

- **선주문 여행** : 선주문(preorder)여행은 여행자 스스로 여행 전반에 관한 계획 · 일정을 잡고 여행사에 의뢰, 적합한 항공편 · 호텔과 여정에 따른 비용을 산출해 떠나는 여행.

- **선택관광(Optional Tour)** : 여행일정상에 포함되어 있지 않은 여행을 의미한다. 주로 패키지투어의 자유행동 시간에 별도의 여행계획을 현지에서 만들어 현지모집·참가하도록 하는 여행을 말한다.

- **솅겐조약(Schengen Agreement)** : 유럽지역의 EU연합국 국민에 대해서 자국민과 똑같이 취급하며, 별도의 여권 심사 없이 국경을 통과할 수 있도록 한 협정이다.

- **수주형 기획여행** : 여행지나 여정에서부터 항공권, 숙박시설 등을 여행자 스스로의 희망에 의해서 자유롭게 조립하고 여행사가 부품을 조달해 주는 여행.

- **스켈톤 투어(Skeleton Tour)** : 왕복항공권, 숙박비, 공항/호텔 간 송영 등 기본일정만 포함하고 기타 여행일정은 자유의사에 의해 실시하는 여행.

- **스톱오버(Stop Over)** : 연결 항공편을 이용하고자 하는 승객이 항공회사와의 사전 예약을 통해, 출발지와 목적지의 중간 기착지에서 체류하는 것.

- **시즈널리티(Seasonality)** : 계절에 따른 가격의 차이. 항공요금이나 여행요금은 연말연시나 여름휴가기간 등 손님이 많은 시기에는 요금이 오르나 비수기에는 요금이 싸진다.

- **시아이큐(CIQ)** : Customs, Immigration, Quarantine(세관, 출입국 심사, 검역)의 약자로 출국, 또는 입국시 공항에서 관할관서가 행하는 체크 대상 항목

- **시테스(CITES)** : 멸종위기에 처한 야생동식물종의 국제거래에 관한 협약. 일명 워싱턴협약.

- **아이아타(IATA)** : International Air Transport Association의 약어로서 1945년 4월에 아바나에서 결성되었다.

- **아이아타 대리점** : IATA의 독자기준(자산요건 등)에 의해 입각하여 승인된 여행사(점포).

- **아타카르네(ATA carnet)** : 아타(ATA)협약 가입국간에 일시적으로 물품을 수출입 또는 보세(保稅)·운송할 경우, 이에 필요한 통관서류나 담보금 대신 이용하는 증서.

- **아포스티유(Apostille) 확인** : 한 국가의 문서가 다른 국가에서 인정을 받기 위해서는 문서의 국외사용을 위한 확인(Legalization)을 받아야만 한다. 일반적으로 문서가 사용될 국가가 자국의 해외 공관에서 영사확인이라는 이름으로 문서 확인을 해 주고 있다.

- **약관(Stipulation)** : 계약의 당사자 일방이 정형적인 계약의 내용을 미리 정하여 놓은 계약 조항.

- **어드민피** : 대한항공에서 도입한 어드민 피(Administration Fee)부과제도는 매표 미보고, 신용카드 반송사례(Charge Back)를 포함한 모든 ADM 발행 사례와 ADM 재심건을 제외한 모든 ACM(Agent Credit Memo) 사례에 벌금을 부과하는 제도. 발권대리점(여행사)들의 행정상의 오류에 대한 일종의 범칙금 성격의 제도이다.

- **어코모데이션(Accommodation)** : 호텔 등의 숙박시설이나 객실설비를 말함.

- **얼라이언스(Alliance)** : 기업간 제휴나 연대. 특히 항공사끼리의 제휴관계에 사용된다. 스타 얼라이언스나, 원 월드 스카이팀 등 복수의 얼라이언스그룹이 존재하며, 항공사의 세계전략상 중요한 열쇠가 되어 있다.

- **업무방문(Technical Visit)** : 본래 Industrial Tourism의 하나로서 산업관광으로도 번역되며, Technical Tourism, Technical Tour, Technitour로도 사용되고 있다. 공장견학이라는 용어로도 사용되고 있으나 단순히 일정의 일부로서 공장견학을 포함시키는 것이 아니라 각종 산업시설, 작업장, 제조공정 등을 하나의 관광대상(tourist attraction)으로서 관광객에게 판매하는 관광객유치정책이다.

- **에드온(Add-on)** : 관문도시와 해당도시 사이에 설정된 부가운임을 말함(해당국가의 통화로 계산됨).

- **에어온리(Air Only)** : 여행일정중 항공권만을 필요로 하는 경우를 말함. 물론 숙박만 필요로 하는 경우 호텔온리라고 함.

- **에이젠시 커미션(Agency Commission)** : 대리점이 직접 판매한 항공권이나 화물운송 계약에 대해 항공사가 지급하는 소정의 수수료

- **에이티알(ATR) 여행사** : ATR이란 Air Ticket Request의 약어이며, 여행사가 담보능력의 부족으로 항공권을 자체적으로 보유하지 못하고 여행자로부터 요청받은 항공권을 해당 항공사의 발권카운터에서 구입하는 여행사.

- **에코투어(Eco-Tour)** : 환경 피해를 최대한 억제하면서 자연을 관찰하고 이해하며 즐기는 여행방식

- **에프아이티(FIT)** : Foreign Independent Tour의 약자로 해외에의 개인여행을 의미하나, 일반적으로 여행사를 통하지 않고 개인여행을 하는 경우를 지칭하고 있음.

- **엔도스먼트**(Endorsenment) : 배서(背書) 또는 이서(裏書)라고 한다. 즉 어떤 탑승예정 구간에 대해서 항공권상의 특정 항공사를 여행자 본인의 의사 또는 당해 항공사의 사정에 의해서 타 항공사로 변경할 때에 원래 예정되어 있던 항공사가 행하는 절차이다.

- **여정관리** : 기획여행에서는 당초의 기획대로 여행이 실시되도록 여행사가 여정을 관리할 의무를 진다. 결과적으로 현지에서 여행관련 트러블이 발생하는 경우 등에서도 여행사는 가능한 한 대체조치를 취하지만 관리 불능인 경우에는 금전적 해결로 이루어지는 경우도 있다.

- **여행의 4요소** : 여행의 4요소란 여행의 근간이 되는 것으로 즉 ① 견(見, 볼거리), ② 식(食, 먹을거리), ③ 매(買, 살거리), ④ 체험(體驗, 체험할 거리) 등 요소를 갖추어야 한다는 것이다.

- **여행일정보증제도** : 여행행사 진행 중 일정변경사항에 대해 여행요금 일정률의 보상금 지급에 대한 사항을 규정한 것으로 여행개시전 최고 2.5%에서 여행개시 후 최고 5%까지 변경보상금을 지급해야 한다고 규정하고 있다. 이는 여행사가 실시하는 주최여행의 실시에 대한 책임을 지도록 하여 완전무결한 여행서비스의 제공을 목적으로 한 것이다.

- **여행자수표**(Traveler's Check) : 해외여행자가 여행 중에 현금 대신 사용할 수 있는 수표. 주로 해외여행자의 여비 휴대의 편의를 도모하고, 현금을 지참함으로써 생기는 위험을 방지하기 위하여 사용하는 수표이다.

- **영업보증금** : 여행사가 사업을 영위할 때, 국가 또는 지자체에 맡기도록 의무화되어 있는 공탁금.

- **예약보증금**(Deposit) : 선수예약금이라고도 한다. 객실예약 또는 부대시설의 예약을 위해 고객이 미리 지급하는 선급금으로서 호텔측에서는 선수금이 된다. 다른 말로는 신수보증금이라고 한다.

- **예약재확인**(Reconfirmation) : 좌석(객실)의 예약을 재확인.

- **예치품**(Bond) : 여행자가 그 휴대품을 입국시 세관에 일시 보관시키는 물품.

- **오거나이저**(Organizer) : 그룹여행 등에서 그 그룹을 조직하기 위해 중심적 역할을 담당했던 단체나 개인.

- 오버부킹(Over Booking) : 판매 가능한 좌석(객실) 수를 초과하여 예약을 접수 받는 상태.

- 오퍼레이터(Operator) : Tour Operator, Land Operator의 약칭으로 소위 현지수배업자 (일명 지상수배업자)를 말함.

- 오픈조(Open Jaw) : 항공기에 의해 왕복으로 이동할 때, 도착지 공항과 다른 공항에서 탑 승하는 것.

- 오픈티켓(Open Ticket) : 예약이 되어 있지 않은 항공권을 말함.

- 워싱턴조약 : 멸종우려가 있는 야생동물의 보호를 목적으로 국제간의 상행위를 규제한 조 약이다. 동·식물뿐만 아니라 박제와 모피, 상아 등 가공제품도 규제대상이 되고 있다.

- 위탁(수탁)판매 : 여행사 A가 기획한 여행상품을 여행사 B가 판매하는 것. A는 위탁판매 B는 수탁판매가 된다.

- 유니트(Unit)상품 : 항공편과 현지관광 등의 지상수배를 조합한 상품. 여행도매업자나 지 상 수배업자가 여행사에게 판매한다. 여기에 여행사는 자사의 브랜드를 붙여 고객에게 판 매한다. 실제로 많은 여행사의 상품은 타 여행사로부터 구입한 유니트 상품이 많다.

- 유레일(Eurail) 패스 : 유레일패스는 정해진 기간 동안 주행거리와 승차 횟수에 관계없이 자유롭게 유럽의 가맹국(17개국) 내에서 기차여행을 즐길 수 있는 값싸고 편리한 승차권으 로서 유럽 철도 균일주유권(均一周遊券).

- 유류할증료 : 유가 인상분에 대한 요금이 징수되는 것을 의미하는데 여기에는 항공수요, 환율, 유가 등이 있다. 2004년 이후 항공수요와 환율은 대체적으로 항공업체에게 유리한 방향으로 전개되어 왔으나, 항공업체의 단기 투자심리에 영향을 크게 주는 유가 변수가 큰 변동성을 가지고 움직임에 따라 항공업체 주가 상승에 걸림돌로 작용해왔다. 이는 매 출원가에서 연료비가 차지하는 비중이 상대적으로 높은 항공업체들 입장에서는 유가 상승 세가 부담요인으로 작용해왔기 때문이다.

- 유치품 : 세관 통관시 일정한 자격을 갖추지 못하여 보세창고에 압수된 물품.

- 위탁수하물(Checked Baggage) : 항공사에 등록시킨 수하물. 이 수하물은 항공사의 짐칸에 실리기 때문에 목적지에 도착하고 나서 찾을 수 있다.

- 이디(E/D)카드 : Embarkation/Disembarkation Card, 출입국기록카드.

- **이탈자(Deviater)** : 단체여행단의 일원으로 참가했다가 개인적 사정에 의해 단체에서 이탈하는 사람을 지칭한다. 예컨대 일행과는 다른 항공편으로 출국한다거나 단체와 다른 식사를 한다거나 하는 경우이다.

- **이티켓(e-Ticket)** : 종래의 항공사는 탑승일, 탑승구간 등이 항공권 용지에 프린트되어 그 프린트된 항공권이 유가증권으로 인정되어 있었으나, 그것을 모두 전자화하였다. 즉, 시스템상으로 관리한 항공권. 이티켓 구입자가 크레디트카드나 일정표 등을 제시하면 종이 탑승권이 발행된다. 장점으로는 여행지에서의 항공권의 도난에 신경을 쓰지 않아도 된다는 점이다.

- **인보이스(Invoice)** : 지급청구서. 즉 대금을 지급하지 않은 매수인에 대하여 대금의 지급을 청구하거나, 약속한 기한이 도래했는데도 지급의무를 이행치 않을 경우에 지급을 요구하는 서류이다.

- **인센티브투어(Incentive Tour)** : 기업이나 단체가 판매촉진의 일환으로서 실시하는 보상(報償)여행. 예컨대 연간 일정한 영업성적을 거둔 판매원들을 여행에 초대하여 다음 연도의 영업확대에 동기부여하는 것.

- **인하우스(In-House)** : 해외나 국내에 다수의 거점을 가지는 등 업무출장 기회가 많은 기업이 그룹 내에 설립한 여행사.

- **저가항공사** : 경기불황에 따른 항공수요 감소에 따라 기존항공사와 요금차별을 통한 경쟁력강화를 모토로 설립한 항공사.

- **전쟁보험료** : 전쟁보험료는 평상시 부과되는 기본 전쟁보험료와 전쟁위험지역 및 전쟁지역을 운항하는 선박에 부과되는 추가 전쟁보험료로 구분되며 런던전쟁보험자협회에 의해 결정된다고 한다. 요즘 항공사들은 모두 전쟁보험료를 추가로 징수하고 있다.

- **지에스에이(GSA)** : General Sales Agent, 판매총대리점. 일정지역에 있어서의 영업활동 일체를 특정기업에서 위탁받아 운영하는 것이 일반적임.

- **차터(Charter)** : 항공편의 대절·전세를 말하는 것으로 여객·화물·우편을 대상으로 한다. 차터의 주를 이루는 것이 여객차터로 다양한 형식으로 분류된다.

- **취소료(Cancellation Charge)** : 예약된 좌석(객실)을 사용하지 아니한 것에 대하여 부가되는 요금

- 카타(KATA) : Korea Association of Travel Agent의 약어로서 한국일반여행업협회

- 캐리어코드(Carrier Code) : 항공사를 2문자 또는 3문자 형태로 알파벳으로 표시한 것. 예 대한항공(KE, KAL) 아시아나(OZ, AAR)

- 커넥팅타임 인터벌(Connection Time Interval) : 최소 연결 필요시간 (Minimum Connecting Time), 각 공항마다 다르므로 관광일정 작성 시 유의하여야 한다.

- 커미션(Commission) : 항공권이나 호텔의 숙박, 패키지투어 등의 판매에 대해서 지급되는 수수료.

- 컨설팅(Consulting) : 소비자의 막연한 여행의욕을 인터뷰 등을 통해 끌어내 여행지나 시기, 현지에서의 계획 등 구체적인 여행계획을 정리하여 제안해 가는 것.

- 코드쉐어(Code Share) : 복수의 항공사가 동일편에 서로 다른 편명을 붙여 자사의 좌석으로서 판매하는 것. 단일항공사에 의한 노선운항에 채산성이 없을 경우에 사용된다.

- 크루즈(Cruise)투어 : 보통 숙박장소와 음식을 준비한 비교적 큰 위락 선박여행

- 킥백(Kick Back) : 판매환급금. 일반적으로는 일정 판매기간의 판매액에 따라 항공사에서 여행사에 지급되고 있다.

- 태리프(Tariff) : 운임ㆍ요금표. 특히 항공운임의 경우 각종 운임마다 적용조건이 달라, 이를 알기 어려우므로 판매담당자 필독사항이 되어있다. 태리프에는 2종류가 있는데 하나는 Confidential Tariff이고, 다른 하나는 Published Tariff이다. 전자는 비밀요금표를 의미하는 것으로서 주로 여행사간에 이용되고 있으며, 후자는 일반 여행자에게 매스컴 등을 통해 알리는 요금표.

- 통과여행자(Transit Passenger) : 다른 목적지로 가기 위한 통과 목적만으로 입국하는 통과 관광자.

- 투어 코디네이터(Tour Coordinator) : 여행인솔자의 이미지를 바꾸려고 이렇게 부르고 있다. 실제 인솔자의 역량 하나로 여행의 성패가 나뉜다.

- 티씨(TC) 일괄신고제 : 여행사의 상품을 이용하여 단체로 해외여행을 할 때 출국시 국외여행 인솔자(TC)가 단체여행의 인적사항을 기재하여 세관직원에게 확인받은 단체여행자일괄신고서에 입국시 신고대상 물품 유무 등을 표시하여 제출하면 사전에 정보분석이나

X-Ray 검사에 의해 검사대상으로 선별되지 않는 한 휴대품검사를 생략하고 단체여행자 전용통로로 신속하게 통관시키는 등 간편한 세관 통관 서비스를 제공하는 제도이다.

- **패신저 서비스 쿠폰**(Passenger Service Coupon) : 항공기 연결편을 이용하는 승객들에게 공항에서 식사는 음료 등을 제공하기 위해 지급된 쿠폰.

- **팸**(FAM)**투어** : Familiarization Tour의 약어. 관광기관 항공사 등이 여행업자 보도관계자 등을 초청하여 여행루트나 관광지, 관광대상 등을 시찰시키는 판촉목적의 여행.

- **펙스**(PEX)**운임** : 사전구입형 특별할인항공운임. 21일 전이나 40일 전 등 빨리 사면 살수록 할인율이 커지는 상품이 많다.

- **픽스**(FIX)**티켓** : 탑승하는 모든 편을 예약할 필요가 있는 항공권을 말함. 예약변경은 할 수 없지만 제약이 있는 만큼 가격은 저렴.

- **하드블럭**(Hard Block) : 항공사가 성수기의 좌석을 판매하면서 비수기 좌석을 구입을 강요하는 제도로서 일종의 끼워팔기 정책의 일환이다.

- **행사최저인원** : 패키지투어가 실제로 진행되기 위해 필요한 투어 참가자수. 특히 인솔자 동행 투어에서는 인솔자에게 들어가는 경비를 여행대금으로 메우기 위해 8~15인 등으로 최소출발인원이 설정되어 있는 경우가 많다.

- **홀세일러**(Wholesaler) : 패키지투어나 항공권 등 다른 여행사에 대하여 상품을 도매하는 업무형태. 특정의 전문영역을 가지지 않은 소규모 여행사는 통상적으로 항공사 등의 직접적인 거래관계가 없기 때문에 이러하나 홀세일러를 통해 항공권 등을 구매한다.

- **휴대수하물**(Hand Carry Baggage) : 기내에 가지고 들어갈 수 있는 수하물. 부피와 수량에 제한이 있다.

13.1.2. 영어(A~Z)

• AAA(American Automobile Association) : 미국 자동차연합, 보험 프로그램, 응급 도로서비스, 여행계획을 제공하는 회원모임.

• AACI(Airport Association Council International) : 국제공항회의협회.

• AAR(Association of American Railroads) : 미국 철도연합, 여행협동조합으로 각종 여행 프로그램 안내 및 여행지 소개를 담당한다.

• ABA(American Bus Association) : 미국 버스연합, 여행동업조합으로 여행지 호텔·콘도 안내를 담당한다.

• ABC World Airways Guide : 항공회사의 정기편 시간표.

• ABOA(American Bus Operators Association) : 미국버스운영자협회.

• ABTA(Association of British Travel Agents) : 영국여행업자협회.

• ABTB(Association of Bank Travel Bureaus) : 여행사 연합은행으로 여행객을 위한 금전 편리성을 제공하며 여행지를 안내하는 역할을 한다.

• AC(Air Carrier) : 정기 또는 부정기적으로 상업상의 여객과 항공화물 지원업무에 이용되는 항공기.

• AC(Air Craft) : 항공기.

• ACAP(Aviation Consumer Action Project) : 항공(비행기)에 대한 소비자행동계획, 비행기 승객의 이익과 더 높은 수준의 비행기 안전, 소비자 권리 보호를 옹호하는 비영리 조직체로 서비스 불만처리도 하는 곳.

• Accepting Controller : 항공기의 관제를 담당하기에 가장 인접한 항공교통 관제소.

• Accommodation : 넓은 의미로 숙박시설을 말하며 호텔, 모텔, 펜션 등을 Traditional Accommodation이라고 말하며, 유스호스텔, Recreation Home, 오두막집, 방갈로, 캠프장의 Cabin 등은 Supplementary Accommodation이라고 한다.

• Accompanied Baggage : 항공사에서의 고객의 휴대수화물.

• ACL(Allowable Cabin Load) : 항공기의 객실 및 화물실에 탑재 가능한 최대 중량으로서

이·착륙시의 기상조건, 활주로의 길이, 비행기의 총 중량 및 탑재 연료량 등에 의해서 영향을 받는 허용 탑재량.

- ACM(Air Credit Memo) : 여행사에서 발권 시 실수로 해당요금보다 비싸게 발권함으로써 해당금액보다 많은 금액이 항공사에 입금된 것을 발견했을 때 차액반환청구 신청하는 것.

- ADM(Air Debit Memo) : 항공사에서 지정한 요금보다 여행사에서 싸게 발권함으로써 BSP에 항공요금보다 적게 입금되었을 때 그 차액을 여행사측에 입금시킬 것을 청구하는 것.

- Active Member : 여행단체의 회원 중 정회원을 말한다.

- ACTO(Association of Caribbean Tour Operators) : 카리브해 여행운영자연합을 말한다.

- ACTOA(Air Charter Tour Operator of American) : 미국 전세비행기 여행경영자 모임을 말한다.

- Actual Flying Time : 항공기의 실제 비행시간.

- Actual Gross Weight : 항공기에 탑재한 실제 총 중량.

- AD(Agent Discount) : 여행사 관할 항공사 지점에 여행사가 대리점계약을 맺고, 항공사에서 계약을 체결한 여행사에게 항공권에 대해서 대리점 할인을 해 주는 것.

- Add-On : 관문도시와 해당도시 사이에 설정된 부가운임.

- Additional Charge : 항공사에서 항공요금의 변동, 호텔에서 호텔요금의 변동, 여행사에서 여행상품 요금의 변동 등으로 인해서 고객에게 추가로 요구하는 추가요금.

- Administration Area : 항공기 임대를 목적으로 행정과 관리를 위하여 설정된 모든 지상 공간과 시설·관제탑·정비시설·물품보관소·주차장·기내식 시설 등을 포함한다.

- Admission Fee(= Cover Charge) : 여행객이 지급하는 여행지의 입장료.

- Adult Fare : 항공사에서 성인운임으로 만 12세 이상 승객에게 적용되는 국제선 항공운임.

- Advance Deposit : 여행사나 호텔에서 고객들에게 예약과 동시에 받는 선수금 또는 예약금. 통상적으로 Deposit이라고 불린다.

- Advance Payment : 고객이 여행상품에 대해서 사전에 선불로 여행비를 지급함으로써 특별할인 운임이 적용되는 것.

- Adventure Tourism : 여행사에서 모험관광.

- Advertised Tort : 여행사가 고객을 상대로 여행상품에 대해서 주도권을 가지고서 행하는 주최여행 또는 모집여행.

- AFTA(Australian Federation of Travel Agents) : 호주 여행업자협회.

- Agency Commission : 여행사가 여행소재공급업자(Principal)와 판매대리점 체결 후 판매로 인한 공급업자가 여행사에게 주는 소정의 수수료. Comm이라고 불린다.

- Agency List : 관광관련 대리점 목록.

- Agency Representative : 관광관련 사업체의 대리점 대표.

- Agency : 일반적으로는 대리인을 두고 말하나 여행사에서는 IATA에 가입한 항공권 판매대리점, 화물운송대리점.

- Agents Contact : 관광사업체에서 대리계약.

- Agent : Travel Agent나 Travel Agency 또는 여행업자.

- Agricultural Tourism : 농촌관광, 고객에게 농장체험 등을 제공하는 관광.

- AH&MA(American hotel & Motel Association) : 미국 호텔, 모텔 연합.

- AIOD(Automatic Identification of Outward Dialing) : 호텔에서 손님이 외부로 거는 전화의 자동 확인.

- Air Cargo : 항공사에서 항공화물.

- Air Side Waiting Area : 공항에서 승객이 비행기를 타기 위해서 기다리는 공간으로 공항 대기지역.

- Air Tariff : 항공요금표.

- Aircraft Departure : 공항에서 항공기 출발.

- Airline : 정기적인 국제항공 업무를 제공하고 운영하는 모든 항공수송기업.

- Airport Code : 세계 각 국의 공항 고유의 공항코드. 3Letter Code로 사용된다.

- Airport Notice : 항공사에서 승객에게 알리는 공항안내.

- Airtel : Air+Hotel을 줄인 단어로 고객이 간단한 업무상의 출장으로 외국에 나갈 때 또는 도착지에서 늦은 비행기로 도착하는 승객들을 위해서 공항 근처에 숙박시설 을 갖추고서 고객에게 항공과 숙박을 함께 판매하는 것.

- Allied member : 여행단체의 회원 중 준회원.

- Alternative Tourism : 여행사에서 대체관광.

- American Breakfast : 계란요리가 곁들여진 아침식사로 과일, 주스류, 시리얼, 음료, 계란, 빵 종류 등을 제공한다.

- American Plan : 호텔에서 객실요금에 3식의 식사요금이 포함되어 있는 숙박요금제도.

- AMEXCO(American Express Company) : 세계최대의 여행업자.

- ANTA(Australian national Travel Association) : 오스트레일리아 국립여행연합.

- Approach : 고객을 상대로 한 영업 면에서는 교섭을 시작한다는 의미이며 항공사에서는 항공기가 공항에 착륙할 때의 진입.

- Arrival Notice : 항공기의 도착통보.

- Arrival Time : 항공사에서는 비행기의 공항도착시간을 말하며, 호텔에서는 고객이 호텔에 도착한 시간.

- ARTA(Association of Retail Agents) : 미국의 여행소매업자.

- Association of Group Travel Executives : 단체여행 경영자연합.

- ASTA(American Society of Travel Agents) : 1931년 2월에 창설된 조직단체로서 여행업 자들 간의 상호 공동이익을 도모하고 동 협회회원을 비롯한 각 호텔산업체, 여행업체, 운 송기관 등 상호 불공정한 경쟁을 배제함으로써 관광, 호텔, 여행서비스 의 향상을 기하는 데 목적을 가지고 있는 미주여행업협회.

- ATAA(Air Transport Association of America) : 1936년에 설립한 미국 항공운송협회.

- ATR(Air Ticket Request) Agent : 여객대리점 중 담보능력의 부족으로 항공권을 자체적으 로 보유하지 못하고 승객으로부터 요청 받은 항공권을 해당 항공사 발권 카운터에 서 구입 하는 여행사대리점

• Attendant : 여행객의 동반자.

• Attract : 여행사에서 여행자를 유치하는 것.

• Average Length Of Stay : 여행객의 평균 체재일수.

• Baby Bassinet : 항공기 객실 앞의 벽면에 설치하여 사용되는 기내용 유아요람.

• Back To Back Charter : 항공기의 왕복을 연속하여 전세를 내는 것.

• Back to Back : 여행사에 의해서 주선되는 호텔 단체여행객의 도착과 출발이 계속적으로 일어나 check in과 check out이 이어져 객실이 항상 판매되는 것.

• Back Up System : 장비나 전송사의 오류를 찾아내어 고치는 여러 가지 정교한 기술이 결합 되어 있는 시스템.

• Baggage Allowance : 승객이 항공기에 짐을 붙일 때 수화물 허용량. 개수 제도(Piece system)와 무게 제도(Weight system)로 나뉘며, 미주구간의 경우 2개(Piece), 기타구간의 경우 일등석(F:First Class)은 40kg, 이등석(C:Business Class)은 30kg, 보통석(Y: Economy Class)은 20kg이다.

• Baggage Declaration Form : 여행자가 출·입국시 휴대품 신고서 또는 통관수속을 위한 신고서.

• Baggage Down(= Baggage Collection) : 호텔에서 고객의 check out시 고객의 요청에 따라 벨맨이나 포터가 고객의 가방이나 짐을 로비까지 내려다 놓는 것.

• Baggage Insurance : 수화물 분실이나 파손 등을 대비한 보험.

• Baggage Net : 호텔에서 손님의 가방을 모아두고 도난방지를 위해 씌워두는 망.

• Baggage Claim Tag(= Luggage Claim Tag) : 여행자가 항공으로 화물을 부치고 나서 항공사 측으로부터 받게 되는 것과 호텔 로비에서 잠시 짐을 보관할 경우에 호텔측으로 부터 받게 되는 위탁수화물표.

• Baggage Through Check in : 당일 항공편으로 여행일정이 끝나지 않고 접속 항공편을 이용하는 여행자(항공기를 갈아타는 여행자)의 경우 수화물을 최종목적지까지 부치는 것.

• Ballroom : 호텔에서 대연회장.

• Banquet Room : 호텔이나 식당의 연회장.

• BCA(Baggage Claim Area) : Baggage Claim Tag을 소지하고 목적지에 도착한 승객이 자신의 수화물을 회수하거나 사고 수화물에 대한 클레임을 제기하는 장소로 수화물 인도장.

• Behind : 제3국에서 상대국으로 가기로 되어 여객이나 화물 및 우편물을 자국의 공항으로 운송해서 상대국으로 운반할 수 있는 배후운송의 자유.

• Beyond : 제3국으로 가는 여객이나 화물 및 우편물을 상대국의 영역에서 탑재하고 내릴 수 있는 이원의 자유.

• Bill Of Fare : 차림표, 메뉴로 식당에서 제공하는 음식목록.

• Black List(= Cancellation Bulletin) : 주로 호텔에서 불량거래자의 명단.

• Block Seat : 관광사업체에서 예비좌석.

• Blocked-off Charter Flight : 항공기를 전세 내는 것.

• Block : 항공기의 좌석, 여행사의 여행상품 등을 일괄적으로 묶어서 예약하는 것을 Block 이라고 하며, 여행사가 항공사와 호텔 등.

• Boarding Bridge : 승객의 승/하기 때 터미널과 항공기의 연결하는 탑승교.

• Boarding House : 일반적으로 하숙집, 기숙사를 칭한다. 여행자를 대상으로 하는 숙박시설을 의미하는 말로 호텔보다 시설이나 서비스의 내용이 간소한 것을 뜻하며 그런 점에서는 Inn에 가깝다.

• Boarding Pass(= Gate Pass) : 탑승권이라고 말하며, 공항에서 탑승수속 시 항공권과 교환하여 여행자에게 주는 탑승표로서 비행기의 편명, 여행지 성명, 좌석번호, 목적지, 탑승시간, 탑승게이트 등이 적혀져 있다.

• Boatel : 최근 미국에서 생긴 Boat를 타는 사람들의 숙소.

• Booking(= Reservation) : 항공사나 여행사에서 항공좌석의 예약 등.

• Boom : 항공사나 여행사에서 고객들이 몰릴 때 쓰는 표현으로 인기.

• Botel : Boat를 이용하여 여행하는 관광객이 주로 이용하는 숙박시설로서 보트를 정박시킬 수 있는 부두나 해변 등지에 위치한 호텔.

- Boundary Lights : 공항이나 착륙지역의 경계를 한정하는 등화.

- BP(Bermuda Plan) : 방 가격에 미국식 아침식사가 포함된 호텔숙박.

- Bring Back : 자국으로 오는 여객의 화물이나 우편물을 상대국의 영역에서 탑재할 수 있는 것.

- Brochure : 여행사나 호텔에서 일반적으로 광고나 선전목적으로 만들어 고객에게 주는 소책자.

- BSP(Billing Settlement Plan) : 다수의 항공사와 다수의 여행사간에 발행되는 항공권 판매에 대한 제반업무를 간소화하기 위하여 항공사와 여행사 사이에 은행을 개입시켜 해당 은행이 관련 업무를 대행하는 은행정산제도를 말하며, 우리나라의 경우 IATA에서 한국외환은행에 업무를 이관하여 처리하고 있다.

- BT(Block Time) : 항공기가 비행을 목적으로 출발공항에서 움직이기 시작해서 다음 목적지에 착륙하여 완전한 정지를 할 때까지의 구간시간.

- Budget-mind Tourist : 여행경비에 마음을 쓰는 여행객으로 돈이 넉넉하지 못한 여행객.

- Bus Boy : 식당에서 웨이터를 돕는 접객보조원으로 식사 전후 식탁정돈 및 청소를 주업무로 하는 식당종업원.

- Business Traveller : 업무상 해외로 나가는 업무여행자.

- B & B(Bed and Breakfast) : 토속적으로 운영되는 호텔형식에서 아침식사를 지역적 전통음식을 제공하고 가정적인 분위기를 창출하는 숙박형태.

- CAB(Civil Aeronautics Board) : 미국의 민간항공위원회.

- CAB(Civil Aviation Bureau) : 항공국.

- Cabin Crew : 기내에서 여객의 서비스를 담당하는 직원.

- Cabin Service : 항공기내에서의 각종 서비스.

- Cabotage : 한 국가내의 상업적인 운송규제.

- Camp On : 호텔에서 객실 또는 구내의 각 부서로 전화연결 시 통화중일 때 캠프 온을 작동하고 잠시 기다리도록 하면 통화 중이던 전화가 끝났을 때 자동적으로 연결되어 통화할 수 있는 시스템.

- Cancellation Charge : 예약취소에 따라 손님이 지급하는 비용.

- Captain : 운항 중 필요한 모든 상황을 파악하여 그 항공기의 안전운항은 물론 승객, 승무원의 안전을 위한 절대적인 권한과 책임을 가지고 있는 기내 최고책임자로서 기장이라고 함.

- Car Sleeper Train : 자동차와 여행자를 동시에 실어 나르는 열차.

- Cargo Agent : 항공사를 대리하여 송화인으로부터 화물을 접수하고 화물운송량을 발급하여 운송료를 받도록 허가된 대리점으로 항공사로부터 일정한 수수료를 지급받는다.

- Cargo Compartment : 항공기의 수화물 보관소를 말하며 화물전용기에서는 상부 화물실과 하부 화물실을 가리키며, 여객기에서는 객실하층에 설치되어 있는 화물실.

- Cargo : 항공사에서 화물.

- Carrier Open Ticket : 여행자가 출발할 때에는 대한항공을 이용했으나 귀국할 때에는 항공사의 제약을 받지 않고 이용할 수 있는 항공권.

- Carrier : 항공회사.

- Catering : 항공기에 식품류를 조달 및 탑재하는 것.

- CCA(Caribbean Cruise Association) : 카리브해 크루즈협회.

- CCA(Convention on International Civil Aviation) : 국제항공운송협정.

- CD(Cut off Date) : 호텔에서 예약자가 행사를 하기로 약정한 지정된 날짜.

- Certification of performance : 선박의 바다 항해허가서.

- Chambermaid(= Housemaid) : 호텔의 객실담당 여종업원.

- Charter Flight : 항공사에서 고객의 요청에 의해서 Deposit을 하여 항공사로부터 비행기를 대절하는 전세항공기.

- Check In : 공항의 탑승수속, 호텔의 숙박수속.

- Chef : 호텔이나 식당의 주방장.

- Child Fare : 항공사에서 유아운임으로 만 2세 이상 만 12세 미만의 승객에게 적용되는 국제선 항공운임을 말하며, 통상적으로 성인운임의 75%를 적용한다.

• Children's Play Room : 공항 내에 마련되어져 있는 어린이 놀이터.

• Cigar Stand : 공항이나 호텔 내의 담배판매대.

• CIQ(Customs Immigration Quarantine) : 국외 출·입국시 승객과 수화물에 대한 정부기관의 확인 및 관리절차로 세관, 출입국심사, 검역.

• City Excursion : 여행자의 시내 구경 또는 시내 여행으로 City Sightseeing이라고도 한다.

• City package : 도시를 관광하는 패키지투어로 여행사가 운송수단, 숙박, 관광을 모두 알선함.

• City Tour : 도시관광으로 대개 자동차로 이동하며 가이드가 안내함.

• Claim Check : 물건을 맡겼을 때 인수증으로 Check 또는 Claim Tag.

• Class : 항공사에서 항공좌석의 등급.

• Client : 고객.

• Cloak Room : 호텔에서 숙박객 이외의 손님의 휴대품을 맡아 두는 곳으로 현관부근, 식당, 연회장 입구 등에 설치되어 있다.

• Closed Dates(= Full Date, Full House) : 호텔에서 객실이 모두 만실이어서 판매가 불가능한 일자.

• CMP(Custom Made Package) : 고객참여형 관광상품.

• Co-Pilot(= First officer) : 비행 중 기장을 보좌하며 기장의 업무를 대행하는 조종사로서 비행업무 중 항상 기장의 조작을 주시하고 항공교통의 관계 기관과의 무선교신을 담당하며, 기장의 조작이 안전운항에 영향을 줄 정도로 위협하다고 판단될 때는 시정을 건의하여 항공기의 안전운항을 위해 기장을 보좌하는 부기장.

• Company Account : 항공회사가 지상에서 여행자의 숙박비 등을 부담하는 것을 말한다.

• Complaint : 손님의 불편사항.

• Complimentary on Food : 호텔에서 무료제공음식.

• Complimentary on Room : 호텔에서 고객에게 객실만을 무료로 제공하는 것.

- Complimentary Service : 항공사에서 통과여객에 대하여 지상에서 머무르는 시간 동안에 무료로 제공하는 우대서비스.

- Complimentary : 호텔에서 손님에게 객실 및 식음료를 접대 및 판매촉진을 위해서 무료로 제공하는 것.

- Concierge : 여성, 남성의 Door Keeper이다.

- Conditions of Carriage : 운송약관을 말하며, 항공권 발행에 의하여 여행자와 항공사간에 체결한 계약이며, 여행자와 운송 항공회사가 된다.

- Conductor Free : 호텔에서 일정한 수의 객실을 사용하는 단체고객 중 한사람에게 무료로 객실을 제공하는 것.

- Conference Call : 외부에서 걸려온 전화로 객실 또는 구내 각 부서로 연결해서 통화할 때 사용되는 통화로서 세 사람 이상의 통화가 한 번에 가능한 것.

- Conference Center : 큰 회의장을 갖춘 건물.

- Confirmation Slip : 확정서, 예약확인을 증명하는 문서.

- Confirmed Reserved Space : 예약장소 확인.

- Confirmed Ticket : 항공사에서 예약 확정된 항공권.

- Conjunction Itinerary : 여행전체가 연결되어 있는 일정.

- Conjunction Ticket : 한 권의 항공권의 기입 가능한 구간은 4개구간(4 Coupon)을 여행할 때에는 한 권 이상의 항공권으로 분할하여 기입한다. 이들은 일련의 항공권을 말하며, 각각의 항공권 상에 다른 항공사의 항공권 번호를 기입하는 섯.

- Connecting Flight : 연결항공편, 여행 중 비행기를 갈아타는 편.

- Connecting Passenger : 연결 승객, 여행 중간지점에서 한 항공편에서 내려서 다른 항공편으로 갈아타는 승객.

- Connecting Point : 공항에서 항공기와 항공기간에 연결되는 연결지점.

- Connecting Room : 호텔의 객실과 객실 사이에 연결된 문이 있으며 서로 열쇠가 없이 객실 내에서 드나들 수가 있어 가족여행이나 단체여행에 편리한 여행.

- Connection Time Interval : 여객의 여정에 연결편이 있을 때 연결지점에 도착하여 다음 목적지까지 가기 위한 연결항공편을 갈아타는데 필요한 시간.

- Consul General : 총영사.

- Consulate : 비자를 발급 받을 수 있는 기관으로 영사관.

- Consul : 비자를 발급해 주는 사람으로 영사.

- Contractor : 계약자 또는 하청업자.

- Cork Age Charge : 호텔에서 손님이 식당이나 연회장 이용시 술을 별도로 가져 올 경우 글라스, 얼음 등을 서비스로 제공해주고 판매가의 30~50% 정도를 받는 요금.

- CP(Continental Plan) : 유럽에서 일반적으로 사용되는 제도로 객실요금에 아침식사대만 포함되어 있는 요금 지불방식.

- Credit Limit : 신용한도.

- CRS(Computerized Reservation System) : 항공사가 사용하는 예약전산시스템으로 단순 예약 기록의 수록·관리뿐만 아니라 각종 여행정보의 자료를 수록하여 정확하고 광범위한 대고객 서비스를 가능하게 해주며 항공사 수입을 극대화시킬 수 있는 컴퓨 터 예약시스템.

- CRT(Cathode Ray Tube) : 컴퓨터에 연결되어 있는 전산장비의 일종으로 TV와 같은 화면과 타자판으로 구성되어 있으며, 메인 컴퓨터에 저장되어 있는 정보를 즉시 디스플 레이 해보거나 필요시 Input도 할 수 있는 것.

- CT(Circle Trip) : 전 여정을 계속 항공편으로 이용하여 최초 출발지로 다시 돌아오는 여정 중 왕복여정의 개념으로 간주되지 않는 여정을 말하며 일주 여정이라 한다.

- Cultural Tourism : 문화관광.

- Customs Declaration Form : 여행자가 출·입국 시 통관물품을 작성하기 위한 세관신고서.

- Customs Inspection : 여행자의 통관물품에 대한 세관검사.

- Customs Officer : 여행자의 출·입국 시 물품을 검사하는 세관사 또는 세관원.

- CXL(Cancellation) : 항공좌석이나 여행상품의 예약 취소.

- Daily Menu : 식당의 전략메뉴라 할 수 있는 식단으로 매일 시장에서 나오는 특별재료를 구입하여 조리의 기술을 최대로 발휘하여 고객의 식욕을 자극할 수 있는 메뉴.

- Daily Pick Up Guest : 호텔에서 당일 예약을 원하는 고객은 예약실에서 처리하는 것이 아니라 일반적으로 호텔 프론트에서 당일의 객실상황을 파악하여 판매 가능한 객실을 예약 없이 방문하는 고객에게 판매하는데, 이러한 판매 가능한 객실을 당일에 구매하는 고객.

- Damages : 손해배상금을 말하며, 여행 중에 여행자에게 또는 여행자로부터 당하는 손해.

- Day Excursion : 당일에 돌아오는 여행으로 Day Trip이라고도 함.

- Day Rate : 호텔에서 주간 객실료를 말하며, 호텔의 객실을 낮 시간 동안 사용한데 대한 할인요금.

- Day Tripper : 당일 여행자.

- Day Use : 호텔의 객실사용 시간요금으로 24시간 미만의 투숙객 혹은 이용객에게 시간별로 부과하는 객실료.

- Day Workers : 주간 근무자.

- DBC(Denied Boarding Compensation) : 해당 항공편 초과예약이나 항공사 귀책사유로 인해 탑승 거절된 승객에 대한 보상제도.

- DCS(Departure Control System) : 공항에서의 여행자의 탑승수속 및 탑승관리업무의 전산화 시스템.

- DD(Don Not Disturb)Card : 호텔의 투숙객 손님이 종업원의 출입을 제한하는 표시로 방 바깥문에 걸어두는 표시.

- DDD(Direct Distance Dialing) : 직접 다이얼 통화.

- Deadline : 최종기한, 마감시간이란 말로 여행의 모집기한이나 운임, 발권 등의 기한에 쓰인다.

- Delay : 항공기의 지연.

- Delivery : 배달. 여행업계에서는 여행자를 어느 지점부터 어느 지점에 이송하는 것, 여행 자에게 항공권이나 서류를 전달하는 것

- Demand : 수요, 소비자가 사려는 관광제품의 양

- Departure Tax : 공항에서 출국하기 위해서 납부하는 출국세.

- DEPO(Deportee) : 합법 또는 불법을 막론하고 일단 입국한 후 관계 당국에 의해서 강제로 추방되는 승객.

- Deposit Reservation : 관광사업체에 예약 후에 지급하는 예약보증금.

- Deposit : 여행사가 항공사로부터 좌석의 확보를 위해 미리 예치하는 예치금.

- DEST(Destination) : 항공권 상에 표시된 여정의 최종 도착지.

- DET(Domestic Escorted Tour) : 국내 패키지여행 안내.

- DFS(Duty Free Shop) : 면세점을 말하며, 공항에서 CIQ를 통과하면 위치해 있다.

- Did Not Arrive : 예약했던 고객이 호텔에 나타나지 않는 경우와 예약 후 전화로 취소하는 경우를 말한다.

- Dining Car : 철도사업의 부대사업으로 기차여행객을 대상으로 열차의 한 칸에 간단한 식당 설비를 갖추어 간단하고 저렴한 식사를 취급하는 식당.

- Direct Flight : 비행기의 직행 또는 목적지까지 중간에 경유해서 비행하는 것을 말한다.

- Distance : 여행이 거리 또는 교통기관의 노선거리.

- DIT(Domestic Independent Tour) : 국내 포함 여행의 국내여행으로 일체를 미리 지급하고 하는 여행.

- Diversion : 목적지의 기상 불량 등으로 다른 비행장에 착륙하는 것으로 목적지 변경.

- DM(Direct Mail) : 공급업자 측에서 보다 많은 고객유치 및 고객관리를 위해서 가정, 회사, 각종 사회단체 등에 내용물을 첨부하여 우편물로 발송하는 것.

- Domestic Fare : 항공사에서 국내운임.

- Domestic Tourism : 국내(국민)관광.

- Domestic Tour : 내국인의 국내여행.

- Domestic : 항공사에서 국내선.

- Double Booking(Duplicate Booking) : 여행자들이 항공좌석이나 여행상품의 이중(중복)예약을 말하며, Dup라고 불린다.

- Double Occupancy : 호텔에서 객실에 두 사람이 투숙하는 것.

- Down Grading : 등급을 변경. 항공사나 호텔의 사정에 의해서 예약 받은 것보다 좌석이나 객실을 상위 등급에서 하위등급으로 변경하는 것.

- Dry Charter Flight : 승무원을 포함하지 않고 항공기만을 전세 내는 것.

- E/D(Embarkation/Disembarkation)Card : 출입국기록카드.

- Early Arrival : 호텔에서 예약한 일자보다 일찍 호텔에 도착한 고객.

- EATA(East Asia Travel Association) : 동남아시아의 관광진흥을 목적으로 하여 설치된 공동 관광선전기관으로 동아시아지역 8개국의 관광기관이 협력 제휴하고 공동선전을 행하기 위한 기관으로서 1966년에 발족하였다. 회원은 대만, 홍콩, 한국, 마카오, 태국, 싱가포르, 일본이며 사무국은 도쿄에 있다.

- Economy Class : 항공등급으로 보통석.

- Embargo : 항공사가 특정 구간에 있어 특정 여객 및 화물에 대해 일정기간 동안 운송을 제한 또는 거절하는 경우를 말함.

- Embarkation Tax : 외국으로 나갈 때 지급하는 출국세.

- Emergency Exit : 호텔에서 화재나 긴급한 상황이 발생했을 때에 피해 나갈 수 있도록 만들어 놓은 비상구.

- ENDS(Endorsement) : 항공회사간의 항공권의 권리를 양도하기 위한 배시.

- Entrance Fee : 여행자가 여행지를 관광할 때 내는 입장료.

- Entry Visa : 여행자가 외국에 들어갈 때 제시하는 입국 비자.

- Escorted Tour : 단체여행객을 보좌하는 인솔자가 있는 여행.

- ETA(Estimated Time of Arrival) : 비행기의 예정도착시간.

- ETD(Estimated Time of Departure) : 비행기의 예정출발시간.

- Excess Baggage Charge : 항공사에서 초과수화물에 대한 요금.

- Excess Baggage : 항공사에서 무료 수화물 허용량을 넘은 초과수화물.

- Exchange Rate : 환율.

- Excursion Fare : 특별할인요금.

- Excursion : 당일여행.

- Expired Ticket : 국제 항공권의 유효기간을 초과한 항공권.

- Extension Visa : 여행자의 연장비자.

- Extra Flight : 비행기의 임시항공편.

- Extra Section Flight : 항공사에서 정기편 이외의 부정기편.

- FAA(Federal Aviation Administration) : 1958년 8월 1일 미국 내에 설치된 조직으로 항공기재, 공항, 항공관제 등 운항에 관련된 감독을 실기하는 미국 연방 항공청.

- Familiarization Fate : 호텔에서 가족 숙박객을 위하여 객실, 식음료 등을 할인한 요금.

- Family Hotel : 저렴한 가격의 가족단위 숙박형태로 공동 취사장이나 가족단위의 개별 취사시설을 갖추고 옥내·외 운동시설을 갖춘 가족호텔.

- Family name : 여행자의 성(姓).

- Family Plan : 호텔에 부모와 같이 객실을 사용하는 14세 미만의 어린이에게 적용되는 제도로 Extra Bed를 넣어주고 요금은 징수하지 않는다.

- Fare Adjustment : 항공사에서 운임 정산.

- Farm and Ranch Tour : 농장여행.

- FBA(Free Baggage Allowance) : 무료 수화물 허용량.

- FDR(Flight Engineer) : 비행자료 기록장치.

- Fees : 여행지의 입장료.

- Final Itinerary : 최종 여행일정으로 여정 안의 단계부터 행선지를 결정하고 항공에 출발·도착시간과 호텔 예약, 버스 예약 등 모두 결정하고 최종적으로 정해진 여정.

- First Class : 항공사에서 일등석.

- First Name : 여행자의 이름(名).

- FIT(Foreign Independent Tour) : 개인으로 움직이는 여행 및 여행자로서 원래는 개인 또는 소수인. 현재는 외국인 개인 여행자.

- Flight Attendant : 항공사에서 접객승무원.

- Flight Coupon : 항공권의 일부로서 여행자가 탑승하는 구간을 표시하는 것이며 탑승수속 시 공항에서 탑승권과 교환되는 것

- Flight Meals : 항공사에서 기내식.

- Flight Number : 항공편.

- Flight Operation : 항공사에서 비행기의 운항.

- Flight Portion : 항공사에서 고객의 탑승구간.

- Flight Time : 항공사에서 비행시간.

- FNPL(Fly Now Pay Later) Plan : 항공사에서 운임 후불제.

- FOC(Free Of Charge) Ticket : 항공사에서 제공되는 무료 항공권.

- Follow Up : 여행사에서 여권, 비자 등의 수송업무에 대해서 계속해서 업무가 추진되는 상황을 재확인 할 때 쓰인다.

- Forward Seat : 항공기내에서의 앞쪽의 좌석.

- FP(Full Pension) : 하루 세끼 식사가 포함된 호텔요금.

- Fragile Tag(Sticker) : 고객이 물품보관소에 수화물을 보관한 경우에 깨지고 부서지기 쉬운 물품의 취급에 주의를 요하는 표지.

- Fragile : 공항에서 수화물 탁송 시 깨지기 쉬운 수화물에 붙이는 꼬리표.

- Free Pick Up Service : 호텔에 투숙하는 손님에 한하여 차량제공, 마중 등을 무료로 제공하는 서비스.

- Free Sale Agreement : 타 항공사의 좌석상황에 관한 정보의 교환 없이 사전에 약정된 조건에만 부합되면 승객에게 해당 항공편에 대한 좌석예약을 즉석에서 해 줄 수 있도록 항공사간 체결한 상호협정

- Free Tax Items : 면세상품.

- Frequent Guest : 관광사업체에서 단골고객.

- Frequent Travelers : 항공사에서 상용여행자.

- Full Booking : 관광사업체에서 예약이 꽉 찼음(만원).

- Full Charge : 관광사업체에서 정상요금.

- F&B(Food and Beverage) : 호텔에서 식음료.

- Galley : 항공기내의 주방.

- Gap : 여행자의 여행일정 중 항공 이외의 교통수단을 이용하여 여행하는 부분.

- Gate Lounge : Immigration을 통과한 공항내의 탑승구로 여객대합실.

- Gateway : 한 국가 또는 지역의 첫 도착지 또는 마지막 출발지의 관문.

- Gate : 승객이 비행기를 타기 위한 탑승구.

- GD(General Declaration) : 항공기 출항허가를 받기 위해 관계기관에 제출하는 서류의 하나로 항공편의 일반적 사항, 승무원 명단과 항공기 운항 상의 특기사항이 기록되어 있다.

- GIT(Group Inclusive Tour) : 단체포함 여행. 사전에 일체 경비를 지급하는 단체여행.

- Give Away : 판매촉진을 위한 경품 등의 무료 판촉물.

- GMT(Greenwich Mean Time) : 영국 런던 교외 그리니치를 통과하는 자오선을 기준으로 한 그리니치 표준시를 0시로 하여 각 지역 표준시와의 차를 시차라고 한다.

- Go Show Passenger : 만석 혹은 요금상의 제한 등에 의하여 예약할 수 없는 여행자가 만약 좌석이 생기면 탑승하려고 공항 탑승수속 카운터에 대기하여 좌석상황에 따라 좌석을 배정받게 되는 잠재적인 유상승객.

- Grand Master Key : 호텔의 전 객실을 다 열 수 있는 열쇠.

- Grand Tour : 기간이 더 길거나 상대적으로 호화로운 여행.

- Gratuity : 팁, 봉사료.

- Grill : 일반적으로 일품요리를 취급하며 아침, 점심, 저녁의 구별 없이 영업을 하며 값도 저렴한 식당.

- Ground Arrangement : 지상수배.

- Group Fare : 항공사에서 항공요금을 정할 때 단체요금.

- Group Leader : 여행사에서 단체인솔자.

- Group Planner : 단체여행 안내책자.

- Group Ticket : 단체로 형성된 티켓.

- Group Travel : 여행사에서 단체여행.

- Group : 단체관광객.

- GSA(General Sales Agent) : 국외에서 자사의 판매활동이 충분하지 않을 경우 다른 항공사 혹은 대리점을 지정하여 대리점에 대한 지도 및 홍보선전활동, 정부와의 교섭창구를 위임한 총판매 대리점.

- GT(Ground Time) : 한 공항에서 어떤 항공기가 Ramp-in해서 Ramp-out하기까지의 지상체류시간.

- GTR(Government Transportation Request) : 공무로 해외여행을 하는 공무원 및 이에 준하는 사람들에 대한 운임할인 및 우대서비스로 공무항공여행 의뢰.

- Guest Control File : 관광사업체에서의 고객관리.

- Guest Cycle : 고객 행동주기. 도착, 숙박, 출발 등의 고객의 일련의 행동.

- Guest House : 여행자용 숙소로 저렴한 요금과 간단한 시설이 갖추어져 있는 숙박업.

- Guide Book : 여행안내 책자로 숙박지, 교통, 식당 등의 관광정보가 소개된 책자.

- Guide Tour : 여행사에서 안내하는 여행.

- Guide : 여행을 안내하는 안내자.

- GW(Gross Weight) : 항공기에 탑재 가능한 총 중량.

- Hand Carry Baggage : 기내에 가지고 들어갈 수 있는 휴대 수화물을 말하며, 파손의 우려가 있는 것, 귀중품 등 의탁하지 않고 여행자 자신이 기내에 가지고 들어갈 수 있는 수화물을 말하며 부피와 수량에 제한을 받는다.

- Health Resort : 건강을 위한 보양관광지.

- Health Tourism : 보양관광을 말한다.

- High Season : 여행사나 항공사, 호텔에서 성수기.

- Highway Hotel : 자동차여행자를 대상으로 한 고속도로변에 있는 숙박시설.

- Hijacking : 항공기 납치.

- Home Catering : 출장파티.

- Honeymoon Package : 신혼여행 패키지.

- Hospitality Industry : 환대산업.

- Host Carrier : 자기네 컴퓨터 예약시스템을 여행사 직원에게 판매하는 항공사.

- Host Country : 관광 수용국.

- Hostel : 도보나 자동차여행자를 위한 값이 싼 숙박시설.

- Host : 여행사에서 여행의 주최자 또는 주인.

- Hotel Voucher : 호텔숙박권.

- House Phone : 호텔의 로비 등에 놓여있는 구내전용 전화.

- HST(Hiper Sonic Transport) : 초음속여객기.

- IACA(International Association of Civil Airport) : 국제민간공항협회.

- IATA(International Air Transport Association) : 항공운송 발전과 제반문제 연구, 안전하고 경제적인 항공운송, 회원업체 사이의 우호증진 등을 목적으로 하며, 국제항공운임 결정, 항공기 양식통일, 연대운임 청산 등을 주요 활동으로 하는 국제항공운송협회로 1945년 4월에 아바나에서 결성되었다.

- ICAO(International Civil Aviation Organization) : 세계 민간항공의 평화적이고 건전한 발전을 도모하기 위하여 1947년에 발족한 국제연합 전문기구로 항공기, 승무원, 통신, 공항시설, 항법기술면에서의 표준화와 통일이 주요 업무이며, 2007년 3월 현재 189개국에서 가입하고 있는 국제민간항공기구이다.

- ICTA(Institute of Certified Travel Agents) : 여행업자의 전문적 직업으로서의 중요성을 강조하고 그 지위를 높이기 위해 미국 미시간 주립대학에 설립되어 있는 공인 여행업자 회의.

- ID(Identification) Card : 개인 신분증.

- IHA(International Hotel Association) : 국제호텔협회.

- Immigration Control : 출입국에 대한 통제.

- Immigration : 공항에서의 출입국 심사.

- In Flight Service : 항공사에서의 기내서비스.

- In Room Beverage Service Systems : 호텔의 객실 내 음료서비스 시스템.

- Inadmissible Passenger : 사증 미소지자, 여권 유효기간 만료자, 사증목적 외 입국자 등 입국자격 결격사유로 입국이 거절된 자.

- Inbound : 여행사에서 외국인의 국내여행.

- Incapacitated Passenger : 승객 육체적, 의학적 또는 정신적 상태가 비행편의 탑승 · 하기 대나 비상대피 및 Ground Handling시에 일반승객에게는 제공되지 않는 개인적인 도움을 필요로 하는 승객.

- Include : 총 여행경비에 여행조건들이 세부적으로 명시되어 포함되는 것.

- Independent Charter Flight : 정기편 외의 항공기를 전세 내는 경우.

- Independent Hotel : 단독경영 호텔.

- Individual Tourist : 개인여행자.

- Infant Fare : 항공사에서 유아 운임으로 만 2세 미만의 국내선 또는 국제선 항공운임.

- Insurance Surcharge : 승객이 항공권 구입시 항공요금에 포함되는 전쟁보험료.

- Interline Point : 여객이 연결지점까지 여행한 항공사와 다른 항공사 비행편으로 계속 여행하려는 경우, 해당 비행편을 갈아타려고 예정한 장소.

- International Date Line : 국제날짜 변경선.

- International Driving Permit : 국제운전면허증.

- International Passenger Manual : 국제선 여객판매, 운송 및 관련업무를 수행하는 데 필요한 제반 업무처리 절차 및 규정을 수록한 규정집.

- IT(Incentive Tour) : 여행사에서 보상여행.

- IT(Inclusive Tour) : 미리 수배된 포괄 일주여행으로 항공운임, 호텔, 식비, 여행비 등이 정해져 판매되는 패키지 투어.

- Itinerary Change : 항공여정이나 여행상품의 일정변경.

- Itinerary : 여객의 여행 개시부터 종료까지의 GAP을 포함한 전 구간.

- IUOTO(International Union of Official Travel Organization) : WTO의 전신인 국제관광연맹.

- IYHF(International Youth Hostel Federation) : 국제유스호스텔연맹.

- JATA(Japan Association of Travel Agent) : 일본여행업협회.

- JNTO(Japan National Tourist Organization) : 일본관광진흥청.

- Jockey Service(=Valet Parking) : 호텔의 현관서비스의 일종으로 호텔에 고객의 차가 도착하면 직원이 직접 운전하여 전용주차장에 주차해 주는 서비스.

- Joint Operation : 항공사간에 영업효율을 높이고 모든 경비의 합리화를 도모하기 위해 항공사간에 공동운항을 행하는 것.

- JTB(Japan Travel Bureau) : 일본 최대의 여행사인 일본교통공사.

- Junior Suite : 호텔 내에 응접실과 침실을 구분하는 칸막이가 있는 큰 객실.

- Junket : 공금으로 하는 호화유람여행.

- KE Portion : 항공사의 여정에서 대한항공 구간.

- KE Share : 대한항공과 또다른 항공사가 제휴로 한 지역을 공동 운항할 때 좌석에 대한 대한항공의 몫.

- Keep Room : 호텔에서 손님에 의해 이미 예약되어 있는 객실.

- Key Rack : 호텔에서 각 객실의 열쇠를 넣어 두는 상자.

- Key Tag : 호텔에서 열쇠의 분실 방지와 보관, 분리를 위해서 열쇠를 묶는 끈이 장치.

- KTO(Korea Tourism Organization) : 한국관광공사

- Land Arrangements : 여행자가 외국의 여행목적지에 도착해서 그 나라를 떠날 때까지의 사이에 tour operator나 여행업자에 의해서 제공되는 모든 수배 및 서비스.

- Land Operator : 여행의 관광목적지(현지) 지상수배를 전문으로 하는 업자.

- Layover : 일시적인 체류.

- Local Agent : 여행을 가고자 하는 행선지의 여행업자.

- Local Time : 현지시간

- Lodging Business : 숙박업.

- Long Distance Call : 시외전화 혹은 국제전화.

- Lost and Found Office : 공항이나 호텔에서 손님의 분실물 습득 및 신고센터.

- Lost : 분실

- Lounge : 국내도 외국도 아닌 비행기를 타기 직전에 대기하는 장소.

- Luggage : 수화물.

- MAA(Motel Association of America) : 미국 모텔연합.

- Make Up Room : 호텔에서 청소가 완료된 방

- MCT(Minimum Connecting Time) : 어떤 공항에서 연결 항공편에 탑승하기 위해 소요되는 최소한의 시간으로 최저 연결소요시간.

- Meat and Assist : VIP, CIP 또는 특별취급이 필요한 승객에 대한 공항에서의 영접 및 지원 업무.

- Meeting Service : 공항에서 승객의 출입국에 대한 제반업무의 서비스.

- Mini Cruise : 단거리 주유 유람선.

- Minimum Stay : 최소 체류기간.

- Minimum Tour Price : 최소 여행경비.

- MIP(Most Important Person) : VIP보다 한 단계 더 중요한 고객.

- Miss Connection : 항공사의 고객이 최종목적지까지 가기 위해서 중간에 비행기를 갈아타야 하나 여러 가지 사정에 의해서 연결편을 놓침.

- Missing : 공항에서 수화물의 분실사고.

- Money Exchange : 여행경비의 환전.

- Motion Sickness : 비행기 멀미, 차멀미, 배 멀미 등 탈것의 멀미.

- Motor Coach : 관광객이 이용하는 대형버스.

- Motor Hotel : 모텔과 유사하지만 보다 더 호화스러운 시설을 갖추고 이는 숙박시설.

- MPM(Maximum Permitted Mileage) : 항공사에서 최대 허용마일 수.

- Multiple Airport City : 두 개 이상의 공항이 있는 도시.

- Multiple Visa : 복수용 사증으로 그 나라에 일정기간 내라면 몇 번이라도 입/출국할 수 있는 사증.

- Name Change : 성명변경.

- National Tourism : 내국인의 국내여행으로 국민관광.

- Net Fare : 항공료나 여행상품의 가격에서 수수료를 뺀 원가.

- Net : 순익, 가산액이나 수수료를 제외한 실제비용.

- No Flight : 항공편이 없음.

- No Show : Mis-connection 이외의 이유로서 여객이 예약의 확약된 좌석을 취소를 하지 않고 확약된 편에 탑승하지 않는 것.

- No Smoking Industry : 관광산업을 말할 때 굴뚝 없는 산업이라고 한다.

- No Tax Card : 국내에 거주하는 외교관 및 그 가족에게 국내법에 인정하는 외교 면세혜택을 받기 위해 외교통상부 장관이 발급한 증명서로 면세카드.

- No Visa : 외국을 여행할 때는 목적에 따라 비자를 받아야 하나, 비자없이 통과할 수 있는 무사증.

- Non Endorsable : 항공사에서 Carrier, 여정, 예약, 시간 등의 변경 불가.

- Non Revenue Passenger : 무임 탑승 여행자.특별히 무료로 여행할 수 있도록 계약된 사람들로서 대부분 항공사 직원들이 많이 이용한다.

- Non Smoking Area : 공항내의 지역에서 금연구역.

- Non Stop : 목적지까지 중간 경유지 없이 비행하는 것.

- Non Passenger : 여객 정상편도 적용운임의 25% 미만을 지급한 승객으로 무상 승객.

- Normal Fare : 비수기 이외에 적용되는 보통요금.

- Not Good For Passage : 운송을 위해서는 유효한 것이 아님을 표시한 것.

- Notice To Airman : 운항에 관련된 요원이 적시에 필수적으로 알아야 하는 항공관련 시설, 서비스절차 혹은 위험 등의 시설, 현황, 변경 등의 항공고시.

- Notice : 알림 또는 주의사항.

- NRC(No-Record) : 승객이 예약이 확약된 티켓을 제시하였으나 항공사 측에서 예약을 받은 기록이나 확약된 예약기록이 없는 상태.

- Number of Guests : 호텔에서 하루에 객실 이용 인원.

- OAA(Orient Airlines Association) : 1966년에 설립되었으며, 사무국은 마닐라에 있으며, 동남아지역 항공사가 가입하고 있으며 이 지역 내 항공운송상의 모든 문제에 대 해 협의, 해결을 담당하는 아시아 항공연합.

- OAG(Official Airline Guide) : 전 세계의 국내, 국제선 시간표를 중심으로 운임, 통화, 환산표 등 여행에 필요한 자료가 수록된 간행물로 항공안내서.

- Obligatory Service : 항공사의 잘못으로 인해 항공기가 정상적으로 운항되지 못할 경우 승객에게 필수적으로 제공되어야 하는 의무 서비스.

- Occupied : 호텔에서 손님이 현재 객실을 사용 중임.

- Off Season : 관광사업체에서 비수기.

- Official Tour : 공무상으로 떠나는 공무여행.

- OJT(Open Jaw Trip) : 일주 또는 왕복여정으로 출발지가 같고 목적지에 있어서 항공기를 사용하지 않고서 두 지점 간을 이용하는 여행을 말하며, 또는 출발지와 기착지가 다른 여행으로 각기 왕복운임을 쓸 수 있는 여행.

- On Line City : 항공기가 정기적으로 운항하고 있는 노선 또는 도시.

- One Way : 편도를 말한다.

- Open Ticket : 승객이 여행일자나 탑승항공사가 결정되지 않은 상태에서 여행구간만 확정된 경우에도 항공권 발행이 가능하며, 이 경우 발행되는 항공권의 예약란에 Open이라고 기재해야 하며 승객이 해당구간을 여행하고자 할 경우에 예약을 하고 이용하는 항공권.

- Optional Tour : 임의관광으로서 미리 정하지 않고 필요에 따라 선택하는 관광.

- Oral Declaration : 세관검사 시 서면으로 휴대품 등에 대해서 신고하는 일이 없이 세관직원의 물음에 구두로 답하는 것만으로 끝내는 검사제도.

- Organized Tour : 단체여행.

- Organizer : 특정의 단체여행을 조직하거나 참가자를 모집하는 조직자.

- ORGN(Origin) : 항공권 상에 표시된 전체 여정의 최초 출발지.

- Orientation : 여행출발 전이라든가 최초의 목적지 있어서 여행업자가 여행자를 위해 여행에 관해 설명하는 것.

- Outbound Traveler : 해외여행자.

- Outbound Tour : 내국인의 외국여행.

- Outbound Travel : 해외여행.

- Over Charge : 객실 사용기간 초과요금, 즉 체크아웃 시간을 기준으로 하여 일정시간을 초과함에 따라 적용되는 요금이다.

- Over Collection : 부당한 사유에 의해서 부과하는 과징금.

- Over Flight : 예정된 항로에서 중간지점에 멈추지 않는 항공편.

- Over Night Stay : 1박하는 것으로 Part Day에 대응하는 용어이다.

- Over Stay : 예약상의 체류기간을 초과하여 체류를 연장하는 손님.

- Over-Weight Baggage : 항공사에서 초과화물.

- Overland Pass : 그 나라의 출입국 관리법에 기본을 두고서 배로 그 나라를 방문하는 외국인에 대해 그 배가 그 나라의 다른 항에서부터 출발할 때까지의 사이에 관광을 위하여 육로를 여행할 것을 희망하는 경우에 신청에 의하여 발급되는 통과상륙 허가서로 비자를 취득하고 있지 않더라도 일정기간의 체재가 허가된다. 단, 그 배는 입국관리 당국으로부터 사전에 관광선의 지정을 받는 것이 통례이다.

- Overnight Bag : 작은 여행용 가방.

- PAC(Passenger Agency Committee) : IATA에 가입한 여객 대리점 위원회.

- Package Tour : 여행사가 주최가 되어 여행출발일, 기간, 요금, 교통, 숙박, 관광, 식사 등의 일체의 경비를 포함한 여행.

- Paid Call : 요금통화신청자 지급 통화.

- Paid : 요금의 지급이 끝난 상태.

- Participation Tourism : 고객이 직접 참여하는 참여관광.

- Passenger Coupon : 항공권의 마지막 장으로 영수증 역할을 하는 쿠폰.

- Passenger Fare : 항공사에서 여객운임.

- Passenger List : 항공사에서 탑승객의 명단.

- Passenger Load Factor : 항공사에서 승객의 좌석이용률.

- Passenger Space : 여행자가 탑승할 수 있는 좌석.

- Passenger Ticket & Baggage Check : 운송 증표류란 여행자 및 항공사간에 성립된 계약 내용을 표시하고 항공사의 운송약관 및 기타 약정에 의하여 여객운송이 이루어짐을 표시하는 증서로 발행된 각각의 구간에 관련하여 승객의 운송 및 해당 승객의 위탁수화물의 수송에 대한 증표.

- Passport : 외국으로 여행하는 자국인 또는 자국에 있는 외국인에게 신변보호를 위하여 정부가 발행해 주는 국외여행용 신분증명서. 여권의 종류에는 외교관여권, 관용여권, 일반여권, 여행증명서가 있다.

- PATA(Pacific Area Travel Association) : 태평양지역의 여행촉진을 위하여 항공회사, 교통기관, 호텔, 관광업자, 대리점 등에 의하여 설립된 협회.

- PAX(Passenger) : 여행객의 인원수를 말할 때 사용된다.

- Payload : 실제로 탑승한 승객, 화물, 우편물 등의 유상 탑재량.

- Peak Period : 관광사업체에서 성수기.

- Peak Use Period : 고객이 관광사업체를 이용 시 성수기 이용기간.

- Permanent Guest : 호텔에 장기 체류객.

- Pick Up Service : 여행업자가 공항으로 여행자를 마중 나가는 것.

- PIR(Property Irregularity Report) : 승객이 자신의 수화물에 지연, 분실, 파손, 부분분실 사고발생 시 항공사에 사실을 알리기 위해 작성하는 수화물 사고보고서.

- Point of Interest : 여행의 볼 만한 곳.

- Powder Room : 호텔에서 여성용 화장실.

- Pre-Assignment : 고객이 도착하기 전에 예약실에서 특별히 요청된 고객을 위하여 예약당시 객실을 지정하거나 당일 도착예정 고객을 위하여 프론트 데스크 직원이 업무의 편의를 위하여 도착 전에 객실을 배정하는 사전 객실배정.

- Pre-Convention Tour : 회의 전 여행으로 회의의 개최이전에 근처에 있는 여행지를 구경하고 회의개최지에 도착하도록 계획되어 만들어진 여행

- Pre – Payment : 고객이 여행상품 구입시 여행사에 미리 지급하는 선지급.

- Prepaid Commission : 선지급에 대한 수수료.

- Promotional Fare : 항공사에게 판매촉진을 위한 요금.

- Published Fare : 항공회사의 여행자 요금표에 공시되어 있는 여행자 요금.

- Quad : 호텔객실 형태로 4인이 이용할 수 있는 객실을 말한다.

- Quotation Sheet : 여행사에서 여행경비의 견적서.

- Rack Rate : 항공사에서의 항공요금과 호텔에서 책정한 객실의 기본 공표요금.

- Rate Assignment : 관광사업체에서의 요금책정.

- Rate : 각종의 운임, 요금, 율 등.

- RCFM(Reconfirmation) : 여행 도중 어느 지점에서 72시간 이상 체류할 경우 항공편 출발 72시간 전까지 계속편 및 복편 예약을 탑승예정 항공사에 예약 재확인.

- Re-Entry Permit : 재 입국허가로 우리나라에 체재하고 있는 외국인이 한번 출국하였다가 다시 우리나라에 들어오는 경우에는 입국관리사무소에서 이 수속을 하여야 한다. 통상 출국에 앞서서 미리 받고서 나갔다가 돌아오는 것.

- Rebate : 공급업자가 판매대리점에게 수수료에 대해서 판매장려금으로 지급해 주는 제도.

- Receipt : 고객에게 주는 영수증.

- Registration Card : 호텔에 손님 도착시 작성하는 양식으로서 손님이 직접 성명, 숙박예정 일수, 성별, 국적, 주소, 회사명 등을 기록하는 카드.

- Repeat Guest : 단골고객, 즉 여행 업자에게 다시 방문하는 손님.

- Repeater : 관광사업체에서 반복여행자.

- Replacement : 승객이 항공권을 분실하였을 경우 항공권 관련사항을 접수 후 항공사에 해당 지점에서 신고사항을 근거로 발행지점에 확인 후 항공권을 재발행해주는 것.

- Rerouting : 본래의 운송장에 기록된 여정, 운임, 항공사, 기종, 비행편, 유효기간 등을 변경하는 것을 여정변경이라고 한다.

- Reservation Center : 관광사업체에서 모든 예약에 대해서 총괄, 관리하는 예약센터.

- Routing : 여정. 처음 지점에서 행선지까지 승객이나 화물의 이동이 연속되는 항공편.

- RTPA(Rail Travel Promotion Association) : 철도여행촉진연합.

- RTW(Round The World) : 항공사에서 세계일주.

- Rush Periods : 일반적으로 다른 시간대보다 많은 고객들이 밀어닥치는 때.

- R&R(Rest and Recreation) : 휴양휴가.

- Safari Tour : 야생동물의 여행.

- Schedule : 여행사에서의 여행일정이나 항공사에서의 항공스케줄, 호텔에서의 숙박일의 일정.

- Seaport Hotel : 항구호텔은 선박이 출발하고 도착하며 정박하는 항구부근에 위치하고 있으며, 여객선이나 크루즈를 이용하는 선객과 선박에서 근무하는 승무원 및 선원들이 주로 이용하는 호텔.

- Seasonal Rate : 동일한 제품과 서비스에 대해 계절에 따라 가격의 변동을 허락하는 차별 요금제도.

- Seat Plan : 항공기 운항 중 특별 서비스가 요구된 사항.

- Second Class Hotel : 숙박업에서 2급 호텔.

- Security : 호텔 내·외부의 절도와 파괴행위로부터 종사원과 고객을 안전하게 보호하는 경비.

- Sell and Report Agreement : 항공사간 약정된 비행편에 한하여 구간별로 해당편의 예약상황을 상호 교환, 유지함으로써 해당 편 예약 요청시 좌석 가능 여부를 확인 처리하도록 할 수 있는 항공사간의 협정.

- Sending : 여행업자가 여행자의 출발을 위해서 공항 등으로 전송하는 것.

- Service Charge : 여행상품 이용 시 봉사료.

- Simplification : 출입국 수속의 간소화 등에 사용된다.

- Status : 좌석예약상태를 기입하는 난.

- Supper : 늦은 저녁식사나 야참 또는 저녁 정찬으로 지정되는 저녁식사.

- TC(Traveler's Check) : 여행자수표는 여행자가 가지고 다니면서 쓰는 자기앞 수표와 같은 것이다. 여행자가 직접 현금을 지참하여 심적 위협을 느끼지 않도록 현금과 같이 사용할 수 있도록 했으며, 이것은 하나의 수표로서 현금을 주고 매입할 때 서명을 해서 사용하기 때문에 다른 사람이 사용하거나 위조를 할 수가 없게 되어 있다.

- Take off : 비행장에서 출발하여 비행을 개시하는 일의 동작.

- Tariff : 항공사에서 각종의 운임, 요금, 관세 등.

- Technical Visit : 여행 이외의 목적, 즉 시찰목적으로 하여 방문하는 것.

- TAT(Tourism Authority of Thailand) : 태국정부 관광청.

- Taxi Way : 항공기가 활주로에서 정비격납고, 주기장까지 원활하게 이동할 수 있도록 마련된 통로.

- Temporary Visitor : 여행자를 장기체재자와 단기체재자로 나누어 단기체재자에 대해서는 여러 가지의 편의를 주려고 하는 생각에서 Temporary Visitor라고 하는 말이 사용되게 되었다.

- Terminal hotel : 종착역이나 터미널에 위치한 호텔.

- Ticket : 표, 승차권, 항공권, 입장권 등.

- TIM(Travel Information Manual) : 여행정보책자.

- Time Difference : 국가와 국가 사이 지역과 지역 간의 시차.

- Toll Free Telephone Lines : 호텔에서 여행사 직원이나 호텔의 단골고객을 대상으로 서비스하는 무료 전화.

- Tour Conductor(TC) : 국외여행인솔자. 여행자의 여행에 동행해서 현지의 여행에서 운영에 있어서 필요한 일체의 업무를 수행하는 자.

- Tour Guide : 여행자가 현지에 도착하면 그 지역의 일정에 대해서 안내하는 자.

- Tour Operator : 여행사에서 수배를 전문적으로 행하는 자.

- Tourist Attraction : 관광대상으로 관광객의 관심을 끄는 것.

- Tourist Bureau : 관광객 안내소 또는 여행업자를 말한다.

- Tourist Hotel : 관광객의 숙박에 적합한 구조 및 설비를 갖추어 이를 이용하게 하고 음식을 제공하는 자동차여행자 호텔, 청소년 호텔, 수상관광호텔 등의 숙박시설 등.

- Transfer : 승객이 최종목적지까지 가기 위해서 중간기착지에서 비행기를 갈아타는 것.

- Transient : 단기로 머무는 여행객.

- Transit Visa : 여행객의 통과사증.

- Travel Agency : 여행사는 항공사의 가장 중요한 유통경로이며, 일개 항공회사의 지점, 영업소만으로는 판매망이 불충분하여 항공회사는 무수히 많이 설립되어 있는 여행사를 판매대리점으로 지정하여 고객유치활동을 하는 여행사.

- Travel Documents : 여행상의 필요서류로 일반적으로는 여권, 비자, 항공권, 예방접종증명서 등.

- Traveler : 여행자.

- TWOV(Transit Without Visa) : 무사증 통과로 항공기를 갈아타거나 또는 여행자가 규정된 조건 하에서 입국사증 없이 어느 나라에 입국하여 짧은 기간 동안 체류할 수 있는 것.

- T&T(Tax and Tip) : 세금과 팁을 말하며, 주로 식품과 음식가격에 쓰이는 문구이다.

- UG(Undesirable Guest) : 호텔에서 무리한 주문이 많다든가 호텔의 품위에 상처를 주고 손해를 입히는 바람직하지 못한 고객.

- UM(Unaccompanied Minor) : 최초 여행일 기준 만 3개월 이상 만 12세 미만의 유아나 소아가 성인의 동반 없이 혼자 여행하는 승객.

- UNWTO(United Nation World Tourism Organization) : 세계관광기구.

- Up Grading : 상급 Class로 등급을 올리는 것.

- Usher : 주로 호텔에서 안내하는 사람.

- USTTA(U.S Travel and Tourism Administration) : 미국 관광청.

- Vacancy : 호텔의 객실이나 비행기내의 화장실 등이 비어있는 것.

- Vaccination Certificate : 해외여행자를 위해서 전염병을 방지하기 위한 예방접종증명서.

- Valid Passport : 유효한 여권을 말한다.

- Validation Stamp : 항공권에 찍는 Stamp로 발행된 항공사명, 여행사명, 발행연월일 등이 표시되어 있고 여객항공권이 운송인에 공식 발행되었음을 표시하는 항공권상의 유효날인.

- VAT(Value Added Tax) : Margin에 대해서만 과세하는 세금으로 부가가치세.

- VIP Rooms : 호텔에서 특실.

- VIP(Very Important Person) : 여행사나 항공사, 호텔에서의 주요인사.

- Visa : 여행자에게 주는 입국 시 필요한 사증.

- Visitor : 방문객 즉 관광객이란 말로 일반적으로는 외국인 관광객을 뜻하는 말로서 쓰이고 있다.

- VWPP(Visa Waiver Pilot Program) : 미국 Immigration 규정에 의거, 당 협정을 맺은 국가의 국민이 협정 가입 항공사를 이용하여 미국 입국 시 미국 비자 없이도 입국이 가능하도록 한 일종의 단기 비자면제협정.

- Wagon Restaurant : 기차 내에 있는 식당.

- Waiting List : 항공사에서 판매가능 좌석이 모두 예약완료되었으나 공항에서 승객의 요청에 의해 다른 손님의 예약취소나 나타나지 않은 승객이 있을 경우를 대비해서 순번으로 좌석을 기다리는 것.

- Wake-up Call : 호텔에서 손님의 요청에 따라 교환원이 아침에 깨워주는 서비스를 말한다.

- WATA(World Association of Travel Agency) : 세계여행업자협회를 말한다.

- Wave : 항공사에서 승객의 티켓에 대해서 규정에는 벗어나지만 규정위배 부분을 묶인 승인 해주는 것을 말한다.

- Wet Charter Flight : 고객의 요청에 의해 승무원을 포함한 항공기 전체를 전세내는 경우.

- Wet Charter : 항공기의 기체만이 아니고 승무원까지 포함한 대체계약.

- WHO(World Health Organization) . 세계보건기구.

- Wholesaler : 여행사에서 여행상품의 여행도매업자.

- WLRA(World Leisure and Recreation Association) : 세계 레저·레크리에이션 협회.

- Working Holiday : 관광하면서 일도 하고, 즉 관광취업비자라고 말할 수 있는 형태의 제도로서 호주나 일본 등에서 약 30세미만의 여행객이 대상이 되며 그 나라의 문화를 직접 체험할 수 있는 입국사증제도.

- XO : Exchange Order의 약자.

- Yachter : 요트를 타고 여행하는 관광객들을 대상으로 하는 숙박시설로서 비교적 규모가 작으며 단기 체류객을 대상으로 주로 잠자리만 제공하는 일종의 간이호텔.

- Yellow Card : 외국여행 시 전염병을 방지하기 위한 예방접종증명서.

- Yellow Stone National Park : 미국에 있는 세계최초의 국립공원.

- Yield : 유상승객 1인당 1km를 수송하여 벌어들인 수입.

- Youth Fare : 항공사에서 청소년에게 적용되어지는 항공운임.

- Youth Hostel : 청소년들의 수용을 위한 숙박시설.

- ZC(Zero Complain) : 고객에게 불만이 없도록 관광사업체에서 전개하는 고객불만 제로운동.

- Zero Out : 고객의 체크아웃 시 회계균형을 맞추는 것.

- Zip Code : 고객에게 DM을 발송할 때 겉봉투에 쓰는 우편번호.

13.2 표준여행약관

국내여행 표준약관

제1조 【목적】 이 약관은 ○○여행사와 여행자가 체결한 국내여행계약의 세부이행 및 준수사항을 정함을 목적으로 합니다.

제2조 【여행업자와 여행자 의무】 ①여행업자는 여행자에게 안전하고 만족스러운 여행서비스를 제공하기 위하여 여행알선 및 안내·운송·숙박 등 여행계획의 수립 및 실행과정에서 맡은 바 임무를 충실히 수행하여야 합니다.
②여행자는 안전하고 즐거운 여행을 위하여 여행자간 화합도모 및 여행업자의 여행질서 유지에 적극 협조하여야 합니다.

제3조 【여행의 종류 및 정의】 여행의 종류와 정의는 다음과 같습니다.
1. 희망여행 : 여행자가 희망하는 여행조건에 따라 여행업자가 실시하는 여행.
2. 일반모집여행 : 여행업자가 수립한 여행조건에 따라 여행자를 모집하여 실시하는 여행.
3. 위탁모집여행 : 여행업자가 만든 모집여행상품의 여행자 모집을 타 여행업체에 위탁하여 실시하는 여행.

제4조 【계약의 구성】 ①여행계약은 여행계약서(붙임)와 여행약관·여행일정표(또는 여행설명서)를 계약내용으로 합니다.
②여행일정표(또는 여행설명서)에는 여행일자별 여행지와 관광내용·교통수단·쇼핑횟수·숙박장소·식사 등 여행실시일정 및 여행사 제공 서비스 내용과 여행자 유의사항이 포함되어야 합니다.

제5조 【특약】 여행업자와 여행자는 관계법규에 위반되지 않는 범위 내에서 서면으로 특

약을 맺을 수 있습니다. 이 경우 표준약관과 다름을 여행업자는 여행자에게 설명하여야 합니다.

제6조【계약서 및 약관 등 교부】여행업자는 여행자와 여행계약을 체결한 경우 계약서와 여행약관, 여행일정표(또는 여행설명서)를 각 1부씩 여행자에게 교부하여야 합니다.

제7조【계약서 및 약관 등 교부 간주】다음 각 호의 경우에는 여행업자가 여행자에게 여행계약서와 여행약관 및 여행일정표(또는 여행설명서)가 교부된 것으로 간주합니다.

1. 여행자가 인터넷 등 전자정보망으로 제공된 여행계약서, 약관 및 여행일정표(또는 여행설명서)의 내용에 동의하고 여행계약의 체결을 신청한데 대해 여행업자가 전자정보망 내지 기계적 장치 등을 이용하여 여행자에게 승낙의 의사를 통지한 경우

2. 여행업자가 팩시밀리 등 기계적 장치를 이용하여 제공한 여행계약서, 약관 및 여행일정표(또는 여행설명서)의 내용에 대하여 여행자가 동의하고 여행계약의 체결을 신청하는 서면을 송부한데 대해 여행업자가 전자정보망 내지 기계적 장치 등을 이용하여 여행자에게 승낙의 의사를 통지한 경우

제8조【여행업자의 책임】①여행업자는 여행 출발시부터 도착시까지 여행업자 본인 또는 그 고용인, 현지여행업자 또는 그 고용인 등(이하 '사용인'이라 함)이 제2조제1항에서 규정한 여행업자 임무와 관련하여 여행자에게 고의 또는 과실로 손해를 가한 경우 책임을 집니다.
②여행업자는 항공기, 기차, 선박 등 교통기관의 연발착 또는 교통체증 등으로 인하여 여행자가 입은 손해를 배상하여야 합니다. 단, 여행업자가 고의 또는 과실이 없음을 입증한 때에는 그러하지 아니합니다.
③여행업자는 자기나 그 사용인이 여행자의 수화물 수령·인도·보관 등에 관하여 주의를 해태하지 아니하였음을 증명하지 아니하는 한 여행자의 수화물 멸실, 훼손 또는 연착으로 인하여 발생한 손해를 배상하여야 합니다.

제9조【최저 행사인원 미 충족시 계약해제】①여행업자는 최저행사인원이 충족되지 아니하여 여행계약을 해제하는 경우 당일여행의 경우 여행출발 24시간 이전까지, 1박2

일 이상인 경우에는 여행출발 48시간 이전까지 여행자에게 통지하여야 합니다.

②여행업자가 여행참가자 수의 미달로 전항의 기일 내 통지를 하지 아니하고 계약을 해제하는 경우 이미 지급받은 계약금 환급 외에 계약금 100% 상당액을 여행자에게 배상하여야 합니다.

제10조【계약체결 거절】여행업자는 여행자에게 다음 각 호의 1에 해당하는 사유가 있을 경우에는 여행자와의 계약체결을 거절할 수 있습니다.

1. 다른 여행자에게 폐를 끼치거나 여행의 원활한 실시에 지장이 있다고 인정될 때
2. 질병 기타 사유로 여행이 어렵다고 인정될 때
3. 계약서에 명시한 최대행사인원이 초과되었을 때

제11조【여행요금】①기본요금에는 다음 각 호가 포함됩니다. 단, 희망여행은 당사자간 합의에 따릅니다.

1. 항공기, 선박, 철도 등 이용운송기관의 운임(보통운임기준)
2. 공항, 역, 부두와 호텔사이 등 송영버스요금
3. 숙박요금 및 식사요금
4. 안내자경비
5. 여행 중 필요한 각종 세금
6. 국내 공항·항만 이용료
7. 일정표내 관광지 입장료
8. 기타 개별계약에 따른 비용

②여행자는 계약체결 시 계약금(여행요금 중 10% 이하의 금액)을 여행업자에게 지급하여야 하며, 계약금은 여행요금 또는 손해배상액의 전부 또는 일부로 취급합니다.

③여행자는 제1항의 여행요금 중 계약금을 제외한 잔금을 여행출발 전일까지 여행업자에게 지급하여야 합니다.

④여행자는 제1항의 여행요금을 여행업자가 지정한 방법(지로계좌, 무통장 입금 등)으로 지급하여야 합니다.

⑤희망여행요금에 여행자 보험료가 포함되는 경우 여행업자는 보험회사명, 보상내

용 등을 여행자에게 설명하여야 합니다.

제12조【여행조건의 변경요건 및 요금 등의 정산】①위 제1조 내지 제11조의 여행조건은 다음 각 호의 1의 경우에 한하여 변경될 수 있습니다.

1. 여행자의 안전과 보호를 위하여 여행자의 요청 또는 현지사정에 의하여 부득이하다고 쌍방이 합의한 경우

2. 천재 · 지변, 전란, 정부의 명령, 운송·숙박기관 등의 파업·휴업 등으로 여행의 목적을 달성할 수 없는 경우

②제1항의 여행조건 변경으로 인하여 제11조제1항의 여행요금에 증감이 생기는 경우에는 여행출발 전 변경 분은 여행출발 이전에, 여행 중 변경 분은 여행종료 후 10일 이내에 각각 정산(환급)하여야 합니다.

③제1항의 규정에 의하지 아니하고 여행조건이 변경되거나 제13조 또는 제14조의 규정에 의한 계약의 해제·해지로 인하여 손해배상액이 발생한 경우에는 여행출발 전 발생 분은 여행출발 이전에, 여행 중 발생 분은 여행종료 후 10일 이내에 각각 정산(환급)하여야 합니다.

④여행자는 여행 출발후 자기의 사정으로 숙박, 식사, 관광 등 여행요금에 포함된 서비스를 제공받지 못한 경우 여행업자에게 그에 상응하는 요금의 환급을 청구할 수 없습니다. 단, 여행이 중도에 종료된 경우에는 제14조에 준하여 처리합니다.

제13조【여행출발 전 계약해제】①여행업자 또는 여행자는 여행 출발전 이 여행계약을 해제할 수 있습니다. 이 경우 발생하는 손해액은 '소비자피해보상규정'(재정경제부 고시)에 따라 배상합니다.

②여행업자 또는 여행자는 여행출발 전에 다음 각 호의 1에 해당하는 사유가 있는 경우 상대방에게 제1항의 손해배상액을 지급하지 아니하고 이 여행계약을 해제할 수 있습니다.

1. 여행업자가 해제할 수 있는 경우

　가. 제12조제1항제1호 및 제2호사유의 경우

　나. 여행자가 다른 여행자에게 폐를 끼치거나 여행의 원활한 실시에 현저한 지장이 있다고 인정될 때

다. 질병 등 여행자의 신체에 이상이 발생하여 여행에의 참가가 불가능한 경우

라. 여행자가 계약서에 기재된 기일까지 여행요금을 지급하지 아니하는 경우

2. 여행자가 해제할 수 있는 경우

가. 제12조제1항제1호 및 제2호사유의 경우

나. 여행자의 3촌이내 친족이 사망한 경우

다. 질병 등 여행자의 신체에 이상이 발생하여 여행에의 참가가 불가능한 경우

라. 배우자 또는 직계존비속이 신체이상으로 3일 이상 병원(의원)에 입원하여 여행 출발시까지 퇴원이 곤란한 경우 그 배우자 또는 보호자 1인

마. 여행업자의 귀책사유로 계약서에 기재된 여행일정대로의 여행실시가 불가능해진 경우

제14조【여행출발 후 계약해지】①여행업자 또는 여행자는 여행출발 후 부득이한 사유가 있는 경우 이 계약을 해지할 수 있습니다. 단, 이로 인하여 상대방이 입은 손해를 배상하여야 합니다.

②제1항의 규정에 의하여 계약이 해지된 경우 여행업자는 여행자가 귀가하는데 필요한 사항을 협조하여야 하며, 이에 필요한 비용으로서 여행업자의 귀책사유에 의하지 아니한 것은 여행자가 부담합니다.

제15조【여행의 시작과 종료】여행의 시작은 출발하는 시점부터 시작하며 여행일정이 종료하여 최종목적지에 도착함과 동시에 종료합니다. 다만, 계약 및 일정을 변경할 때에는 예외로 합니다.

제16조【설명의무】여행업자는 이 약관에 정하여져 있는 중요한 내용 및 그 변경사항을 여행자가 이해할 수 있도록 설명하여야 합니다.

제17조【보험가입 등】여행업자는 여행과 관련하여 여행자에게 손해가 발생한 경우 여행자에게 보험금을 지급하기 위한 보험 또는 공제에 가입하거나 영업보증금을 예치하여야 합니다.

제18조【기타사항】 ①이 계약에 명시되지 아니한 사항 또는 이 계약의 해석에 관하여 다툼이 있는 경우에는 여행업자와 여행자가 합의하여 결정하되, 합의가 이루어지지 아니한 경우에는 관계법령 및 일반관례에 따릅니다.

②특수지역에의 여행으로서 정당한 사유가 있는 경우에는 약관의 내용과 다르게 정할 수 있습니다.

국외여행 표준약관

2003. 2. 6. 공정거래위원회 승인

제1조【목적】 이 약관은 ○○여행사와 여행자가 체결한 국외여행계약의 세부 이행 및 준수 사항을 정함을 목적으로 합니다.

제2조【여행업자와 여행자 의무】 ①여행업자는 여행자에게 안전하고 만족스러운 여행서비스를 제공하기 위하여 여행알선 및 안내·운송·숙박 등 여행계획의 수립 및 실행과정에서 맡은 바 임무를 충실히 수행하여야 합니다.

②여행자는 안전하고 즐거운 여행을 위하여 여행자간 화합도모 및 여행업자의 여행질서 유지에 적극 협조하여야 합니다.

제3조【용어의 정의】 여행의 종류 및 정의, 해외여행수속대행업의 정의는 다음과 같습니다.

1. 기획여행 : 여행업자가 미리 여행목적지 및 관광일정, 여행자에게 제공될 운송 및 숙식서비스 내용(이하 "여행서비스"라 함), 여행요금을 정하여 광고 또는 기타 방법으로 여행자를 모집하여 실시하는 여행.

2. 희망여행 : 여행자(개인 또는 단체)가 희망하는 여행조건에 따라 여행업자가 운송·숙식·관광 등 여행에 관한 전반적인 계획을 수립하여 실시하는 여행.

3. 해외여행 수속대행(이하 수속대행계약이라 함) · 여행업자가 여행자로부터 소정의 수속대행요금을 받기로 약정하고, 여행자의 위탁에 따라 다음에 열거하는 업무(이하 수속 대행업무라함)를 대행하는 것.

　　1) 여권, 사증, 재입국 허가 및 각종 증명서 취득에 관한 수속

　　2) 출입국 수속서류 작성 및 기타 관련업무

제4조【계약의 구성】 ①여행계약은 여행계약서(붙임)와 여행약관·여행일정표(또는 여행설명서)를 계약내용으로 합니다.

②여행일정표(또는 여행설명서)에는 여행일자별 여행지와 관광내용·교통수단·쇼핑횟

수숙박장소·식사 등 여행실시일정 및 여행사 제공 서비스 내용과 여행자 유의사항이 포함되어야 합니다.

제5조【특약】여행업자와 여행자는 관계법규에 위반되지 않는 범위 내에서 서면으로 특약을 맺을 수 있습니다. 이 경우 표준약관과 다름을 여행업자는 여행자에게 설명해야 합니다.

제6조【계약서 및 약관 등 교부】여행업자는 여행자와 여행계약을 체결한 경우 계약서와 여행약관, 여행일정표(또는 여행설명서)를 각 1부씩 여행자에게 교부하여야 합니다.

제7조【계약서 및 약관 등 교부 간주】여행업자와 여행자는 다음 각 호의 경우 여행계약서와 여행약관 및 여행일정표(또는 여행설명서)가 교부된 것으로 간주합니다.
1. 여행자가 인터넷 등 전자정보망으로 제공된 여행계약서, 약관 및 여행일정표(또는 여행설명서)의 내용에 동의하고 여행계약의 체결을 신청한데 대해 여행업자가 전자정보망 내지 기계적 장치 등을 이용하여 여행자에게 승낙의 의사를 통지한 경우
2. 여행업자가 팩시밀리 등 기계적 장치를 이용하여 제공한 여행계약서, 약관 및 여행일정표(또는 여행설명서)의 내용에 대하여 여행자가 동의하고 여행계약의 체결을 신청하는 서면을 송부한데 대해 여행업자가 전자정보망 내지 기계적 장치 등을 이용하여 여행자에게 승낙의 의사를 통지한 경우

제8조【여행업자의 책임】여행업자는 여행 출발시부터 도착시까지 여행업자 본인 또는 그 고용인, 현지여행업자 또는 그 고용인 등(이하 "사용인"이라 함)이 제2조제1항에서 규정한 여행업자 임무와 관련하여 여행자에게 고의 또는 과실로 손해를 가한 경우 책임을 집니다.

제9조【최저행사인원 미 충족시 계약해제】①여행업자는 최저 행사인원이 충족되지 아니하여 여행계약을 해제하는 경우 여행출발 7일전까지 여행자에게 통지하여야 합니다.
②여행업자가 여행참가자 수 미달로 전항의 기일내 통지를 하지 아니하고 계약을 해제하는 경우 이미 지급받은 계약금 환급 외에 다음 각 목의 1의 금액을 여행자에게 배상하여야 합니다.

가. 여행출발 1일전까지 통지시 : 여행요금의 20%

나. 여행출발 당일 통지시 : 여행요금의 50%

제10조【계약체결 거절】여행업자는 여행자에게 다음 각 호의 1에 해당하는 사유가 있을 경우에는 여행자와의 계약체결을 거절할 수 있습니다.

1. 다른 여행자에게 폐를 끼치거나 여행의 원활한 실시에 지장이 있다고 인정될 때

2. 질병 기타 사유로 여행이 어렵다고 인정될 때

3. 계약서에 명시한 최대행사인원이 초과되었을 때

제11조【여행요금】①여행계약서의 여행요금에는 다음 각 호가 포함됩니다. 단, 희망여행은 당사자간 합의에 따릅니다.

1. 항공기, 선박, 철도 등 이용운송기관의 운임(보통운임기준)

2. 공항, 역, 부두와 호텔사이 등 송영버스요금

3. 숙박요금 및 식사요금

4. 안내자경비

5. 여행 중 필요한 각종세금

6. 국내외 공항·항만세

7. 관광진흥개발기금

8. 일정표내 관광지 입장료

9. 기타 개별계약에 따른 비용

②여행자는 계약체결시 계약금(여행요금 중 10%이하 금액)을 여행업자에게 지급하여야 하며, 계약금은 여행요금 또는 손해배상액의 전부 또는 일부로 취급합니다.

③여행자는 제1항의 여행요금 중 계약금을 제외한 잔금을 여행출발 7일전까지 여행업자에게 지급하여야 합니다.

④여행자는 제1항의 여행요금을 여행업자가 지정한 방법(지로계좌, 무통장입금 등)으로 지급하여야 합니다.

⑤희망여행요금에 여행자 보험료가 포함되는 경우 여행업자는 보험회사명, 보상내용 등을 여행자에게 설명하여야 합니다.

제12조【여행요금의 변경】①국외여행을 실시함에 있어서 이용운송·숙박기관에 지급하여

야 할 요금이 계약체결시보다 5%이상 증감하거나 여행요금에 적용된 외화환율이 계약체결시보다 2% 이상 증감한 경우 여행업자 또는 여행자는 그 증감된 금액 범위 내에서 여행요금의 증감을 상대방에게 청구할 수 있습니다.

②여행업자는 제1항의 규정에 따라 여행요금을 증액하였을 때에는 여행출발일 15일전에 여행자에게 통지하여야 합니다.

제13조【여행조건의 변경요건 및 요금 등의 정산】①위 제1조 내지 제12조의 여행조건은 다음 각 호의 1의 경우에 한하여 변경될 수 있습니다.

　1. 여행자의 안전과 보호를 위하여 여행자의 요청 또는 현지사정에 의하여 부득이하다고 쌍방이 합의한 경우

　2. 천재 · 지변, 전란, 정부의 명령, 운송·숙박기관 등의 파업·휴업 등으로 여행의 목적을 달성할 수 없는 경우

②제1항의 여행조건 변경 및 제12조의 여행요금 변경으로 인하여 제11조제1항의 여행요금에 증감이 생기는 경우에는 여행출발 전 변경 분은 여행출발 이전에, 여행 중 변경 분은 여행종료 후 10일 이내에 각각 정산(환급)하여야 합니다.

③제1항의 규정에 의하지 아니하고 여행조건이 변경되거나 제14조 또는 제15조의 규정에 의한 계약의 해제·해지로 인하여 손해배상액이 발생한 경우에는 여행출발 전 발생 분은 여행출발이전에, 여행 중 발생 분은 여행종료 후 10일 이내에 각각 정산(환급)하여야 합니다.

④여행자는 여행출발 후 자기의 사정으로 숙박, 식사, 관광 등 여행요금에 포함된 서비스를 제공받지 못한 경우 여행업자에게 그에 상응하는 요금의 환급을 청구할 수 없습니다. 단, 여행이 중도에 종료된 경우에는 제16조에 준하여 처리합니다.

제14조【손해배상】①여행업자는 현지여행업자 등의 고의 또는 과실로 여행자에게 손해를 가한 경우 여행업자는 여행자에게 손해를 배상하여야 합니다.

②여행업자의 귀책사유로 여행자의 국외여행에 필요한 여권, 사증, 재입국 허가 또는 각종 증명서 등을 취득하지 못하여 여행자의 여행일정에 차질이 생긴 경우 여행업자는 여행자로부터 절차대행을 위하여 받은 금액 전부 및 그 금액의 100%상당액을 여행자에게 배상하여야 합니다.

③여행업자는 항공기, 기차, 선박 등 교통기관의 연발착 또는 교통체증 등으로 인하

여 여행자가 입은 손해를 배상하여야 합니다. 단, 여행업자가 고의 또는 과실이 없음을 입증한 때에는 그러하지 아니합니다.

④여행업자는 자기나 그 사용인이 여행자의 수하물 수령, 인도, 보관 등에 관하여 주의를 해태(懈怠)하지 아니하였음을 증명하지 아니하면 여행자의 수하물 멸실, 훼손 또는 연착으로 인한 손해를 배상할 책임을 면하지 못합니다.

제15조【여행출발 전 계약해제】 ①여행업자 또는 여행자는 여행출발전 이 여행계약을 해제할 수 있습니다. 이 경우 발생하는 손해액은 '소비자피해보상규정'(재정경제부 고시)에 따라 배상합니다.

②여행업자 또는 여행자는 여행출발 전에 다음 각 호의 1에 해당하는 사유가 있는 경우 상대방에게 제1항의 손해배상액을 지급하지 아니하고 이 여행계약을 해제할 수 있습니다.

1. 여행업자가 해제할 수 있는 경우

   가. 제13조제1항제1호 및 제2호사유의 경우

   나. 다른 여행자에게 폐를 끼치거나 여행의 원활한 실시에 현저한 지장이 있다고 인정될 때

   다. 질병 등 여행자의 신체에 이상이 발생하여 여행에의 참가가 불가능한 경우

   라. 여행자가 계약서에 기재된 기일까지 여행요금을 납입하지 아니한 경우

2. 여행자가 해제할 수 있는 경우

   가. 제13조제1항제1호 및 제2호의 사유가 있는 경우

   나. 여행자의 3촌 이내 친족이 사망한 경우

   다. 질병 등 여행자의 신체에 이상이 발생하여 여행에의 참가가 불가능한 경우

   라. 배우자 또는 직계존비속이 신체이상으로 3일 이상 병원(의원)에 입원하여 여행 출발 전까지 퇴원이 곤란한 경우 그 배우자 또는 보호자 1인

   마. 여행업자의 귀책사유로 계약서 또는 여행일정표(여행설명서)에 기재된 여행 일정대로의 여행실시가 불가능해진 경우

   바. 제12조제1항의 규정에 의한 여행요금의 증액으로 인하여 여행 계속이 어렵다고 인정될 경우

제16조【여행출발 후 계약해지】 ①여행업자 또는 여행자는 여행출발 후 부득이한 사유가

있는 경우 이 여행계약을 해지할 수 있습니다. 단, 이로 인하여 상대방이 입은 손해를 배상하여야 합니다.

②제1항의 규정에 의하여 계약이 해지된 경우 여행업자는 여행자가 귀국하는데 필요한 사항을 협조하여야 하며, 이에 필요한 비용으로서 여행업자의 귀책사유에 의하지 아니한 것은 여행자가 부담합니다.

제17조【여행의 시작과 종료】 여행의 시작은 탑승수속(선박인 경우 승선수속)을 마친 시점으로 하며, 여행의 종료는 여행자가 입국장 보세구역을 벗어나는 시점으로 합니다. 단, 계약내용상 국내이동이 있을 경우에는 최초 출발지에서 이용하는 운송수단의 출발시각과 도착시각으로 합니다.

제18조【설명의무】 여행업자는 계약서에 정하여져 있는 중요한 내용 및 그 변경사항을 여행자가 이해할 수 있도록 설명하여야 합니다.

제19조【보험가입 등】 여행업자는 이 여행과 관련하여 여행자에게 손해가 발생한 경우 여행자에게 보험금을 지급하기 위한 보험 또는 공제에 가입하거나 영업보증금을 예치하여야 합니다.

제20조【기타사항】 ①이 계약에 명시되지 아니한 사항 또는 이 계약의 해석에 관하여 다툼이 있는 경우에는 여행업자 또는 여행자가 합의하여 결정하되, 합의가 이루어지지 아니한 경우에는 관계법령 및 일반관례에 따릅니다.

②특수지역에의 여행으로서 정당한 사유가 있는 경우에는 이 표준약관의 내용과 달리 정할 수 있습니다.

13.3 역사연표

| 연 대 | 국 사 | 시대구분 | | | 세계사 |
		한 국	중 국	서 양	
	약 70만년 전 구석기문화	선사시대 및 연맹왕국	황허문명	고대사회	
	6000년경 신석기 문화				3000년경 이집트 통일국가 형성
					메소포타미아 문명시작
					2500년경 인더스 문명
					황허(黃河)문명 시작
	2333년 단군, 아사달에 도읍, 고조선 건국				
					1800년경 함무라비왕, 메소포타미아 문명 통일
			은		1500년경 은(殷)왕조 설립
			주 (서주)		1120 주(周)나라 건국
1000	1000년경 청동기 문화 전개				1000년경 그리스, 폴리스 형성
	고조선 발전				770년경 주의 동천 춘추 전국시대 시작
			동주	춘추전국시대	671년경 아시리아 오리엔트 통일
					525 페르시아, 오리엔트 통일 (~330)
	4000년경 철기문화의 보급				492 페르시아 전쟁(~479)
					334 알렉산더 대왕, 동방 원정 (~323)
	194 위만조선 건립		진		221 진(秦)의 중국 통일
	108 고조선 멸망		전한		202 전한(前漢)건국(~A.D8)
	57 신라 건국				
	37 고구려 건국				
B.C	18 백제 건국				27 로마 제정(帝政)시대
A.D					

연 대	국 사	시대구분			세계사
		한 국	중 국	서 양	
A.D			신(新)		8 신 건국
			후한		25 중국 후한(後漢) 건국
					45년경 인도, 쿠샨 왕조설립
			삼국		220 중국, 후한멸망, 삼국시대 시작
			진(晉)		280 중국 진(晉)의 통일
	313 고구려 낙랑군 멸망시킴	삼국시대		고대사회	313 밀라노 칙령, 크리스트교 공인
	372 고구려 불교전래, 태학설치		5호 16국		316 5호 16국 시대시작
	384 백제 불교전래				375 게르만 민족 대이동 개시
	405 백제, 일본에 한학 전함				395 로마제국 동서분열
	427 고구려, 평양천도		남북조시대		439 남북조 시대 시작
	433 나제 동맹설립				476 서로마 제국 멸망
	475 백제 웅진 천도				486 프랑크 왕국 건설
500				중세사회	
	527 신라 불교 공인				529 유스타니우스 법전 편찬
	553 나제 동맹 결렬		수		589 수(隨)의 중국 통일
	668 고구려 멸망				
	676 신라 삼국 통일	발해 / 통일신라	5대 10국		
	698 발해의 건국				716 제지술, 유럽전파
	900 견훤, 후백제 건국				907 당 멸망, 5대의 시작
	901 궁예, 후고구려 건국				
	918 왕건, 고려 건국				
	926 발해(渤海) 멸망				
	936 고려, 후삼국통일				
	958 과거제도 실시	고려	북송		960 송(宋)건국 (북송~1127)
1000					

연 대	국 사	시대구분			세계사
		한 국	중 국	서 양	
1000	1019 강감찬, 귀주대첩	고 려	북 송	중 세 사 회	1000 송, 나침반 화약발명
	1086 의천, 교정도감을 두고 속장경조판				1037 셀주크 투르크 제국건국
	1170 무신정변		남 송		
	1231 몽골의 제1차침입				1192 일본, 가마쿠라 막부
					1206 칭기즈칸 몽골통일
	1236 팔만대장경 새김 (~1251)		원		1299 원(元)제국 설립
					1337 영국과 프랑스의 100년 전쟁
					1368 원 멸망, 명(明) 건국
	1392 고려멸망 조선건국	조 선	명		
	1433 4군 설치				
	1437 6진 설치				1450 구텐베르크, 활판 인쇄술 발명
	1433 세종 훈민정음 창제			근 대 사 회	1453 비잔틴 제국 멸망
	1466 직전법 실시				1492 콜럼버스 아메리카대륙 발견
	1469 경국대전 완성				1498 바스코 다 가마 인도항로 발견
1500	1510 3포(三浦)왜란				1517 루터의 종교개혁
	1512 임신 약조				1519 마젤란 세계일주
					1526 인도 무굴제국 성립
					1588 영국 에스파냐 무적 함대 격파
					1590 도요토미 히데요시 일본통일
	1592 임진왜란, 한산도 대첩		청		
	1609 일본과 국교 회복				1616 후금(淸) 건국
	1623 인조반정				1642 영국 청교도 혁명
	1624 이괄의 난				1644 명 멸망, 청 중국 통일
	1636 병자호란				1688 영국 명예혁명
					1689 청·러 네르친스크조약
	1725 영조, 탕평책 실시				1776 미국독립선언
					1789 프랑스 대혁명
					1840 아편전쟁
					1861 미국 남북전쟁
	1863 고종 즉위 흥선대원군집권				이탈리아 통일

연 대	국 사	시대구분			세계사
		한 국	중 국	서 양	
	1970 새마을운동 시작	대한민국	중화인민공화국	현대사회	1969 아폴로 11호 달 착륙
					1975 베트남 전쟁 종결
	1979 박정희 대통령 서거				
	1980 5·18 민주화운동				1980 이란·이라크 전쟁
	1981 전두환 정권 출범				
	1988 노태우 정권 출범				1988 이란·이라크 전쟁 종결
	1990 한·소(러시아) 수교				1990 독일 통일
	1991 남북한 동시 UN 가입				1991 걸프전쟁
	1992 중국·베트남과 국교수립				발트 3국 독립
	1993 김영삼 정권 출범				1992 소련해체후 독립연합국가연합(CIS) 탄생
	1994 북한 김일성 사망				1993 유럽연합(EU) 출현
	1997 외환위기 발생				1997 홍콩, 중국에 반환
	1998 김대중 정권 출범				1999 마카오 중국에 반환 파나마 운하, 파나마에 반환
2000	2003 노무현 정권 출범				2006 이스라엘 레바논 침공
	2008 이명박 정권 출범				

13.4 세계 주요공항의 거리 및 이동시간

13.4.1. 아시아

국 가	도 시	항 공	소요시간	직항여부
일 본	도 쿄	KE,OZ,JL,NH,JD,NW,UA	2 H ~ 2 H 20	직항
	아오모리	KE	2 H 30	직항
	후쿠오카	KE,OZ,JL	1 H 10 ~ 1 H 25	직항
	후쿠시마	OZ	2 H 10	직항
	히로시마	OZ,JL	1 H 30	직항
	가고시마	KE	1 H 30	직항
	고마쓰	JL	1 H 30	직항
	마쓰야마	OZ	1 H 30	직항
	미야자키	OZ	1 H 30	직항
	나가사키	KE	1 H 20	직항
	나고야	KE,OZ,JL	1 H 45	직항
	니가타	KE	2 H	직항
	오이타	KE	1 H 35	직항
	오카야마	KE	1 H 25	직항
	오키나와	OZ	2 H 20	직항
	오사카	KE,OZ,JL,NH,JD	1 H 40	직항
	삿포로	KE	2 H 45	직항
	센다이	OZ	2 H 20	직항
	다카마쓰	OZ	1 H 35	직항
	도야마	OZ	1 H 50 ~ 2H	직항
	요나고	OZ	1 H 10	직항
중 국	베이징(북경)	KE,OZ,CA	2 H	직항
	창 춘(장춘)	OZ,CJ	1 H 50 ~ 2 H 20	직항
	청 두(성도)	OZ,SZ	3 H 45 ~ 4 H	직항
	충 칭(중경)	OZ,SZ	3 H 30 ~ 3 H 50	직항
	다 롄(대련)	CJ	1 H	직항
	광저우(광주)	OZ,CZ	3 H 15 ~ 3 H 35	직항
	구이린(계림)	OZ,CZ	3 H 20 ~ 3 H 50	직항
	하얼빈(합이빈)	OZ,CZ	2 H 10 ~ 2 H 30	직항

중 국	홍 콩	KE,OZ,CX,TG	3 H 45	직항
	쿤 밍(곤명)	3Q	4 H 40	직항
	칭다오(청도)	KE,CA	1 H 20 ~ 1 H 35	직항
	싼 야(삼아)	KE	4 H 50	직항
	상하이(상해)	OZ,MU	1 H 40 ~ 2 H 15	직항
	선 양(심양)	KE,CJ	1 H 30 ~ 1 H 50	직항
	톈 진(천진)	KE	1 H 50	직항
	시 안(서안)	OZ,WH	3 H	직항
	옌 지(연길)	CJ	2 H	직항
	옌타이(연태)	OZ,MU	1 H 05 ~ 1 H 30	직항
태 국	방 콕	KE,OZ,TG,SQ	5 H 40 7 H 20 (경유)	직항 대만, 홍콩 경유
필리핀	마닐라	KE,OZ,PR	3 H 50 ~ 4 H 10	직항
	세 부	PR	4 H 20	직항
인도네 시아	자카르타	KE,OZ,GA	6 H 50 ~ 7 H 40	직항
	덴파사	GA	9 H 55	자카르타 경유
베트남	하노이	VN	4 H 50	직항
	호치민	KE,OZ,VN	5 H 05 ~ 5 H 50	직항
말레이 시아	코타키나바루	MH	5 H 05	직항
	쿠알라룸푸르	KE,MH	6 H 40 8 H 35 (코타키나바루 경유)	직항 MH(금) 코타키나바루 경유
인 도	뭄바이	KE	7 H 50	직항
	뉴델리	OZ,AL	8 H	직항
싱가포르	싱가포르	KE,OZ,SQ	6 H ~ 6 H 40 8 H 50 (방콕 경유)	직항 SQ879편 방콕경유
대 만	타이베이(대북)	TG,CX	2 H 30	직항
몽 고	울란바토르	KE,OM	3 H 10 ~ 3 H 50	직항

13.4.2. 러시아 및 중앙아시아

국 가	도 시	항 공	소요시간	직항여부
카자흐스탄	알마티	OZ,9Y	6 H 30 (OZ) 5 H 15 (9Y)	직항
키르키즈탄	비시케크	K2	8 H 35	직항
우즈베키스탄	타슈켄트	OZ,HY	6 H 50 (OZ) 7 H 25 (HY)	직항
러시아	모스크바	JE,SU	9 H 30	직항
	상트페테르부르크	7B	13 H 05	크라스노야르스크 경유
	하바로브스크	OZ,H8	3 H (OZ) 2 H 25 (H8)	직항
	노보시비르스크	S7	5 H 50	직항
	블라디보스토크	KE,XF	2 H 15	직항
	크라스노야르스크	7B	5 H 05	직항
	사할린	OZ,HZ	3 H (OZ) 2 H 40 (HZ)	직항

13.4.3. 오세아니아

국 가	도 시	항 공	소요시간	직항여부
호 주	시드니	KE,OZ,QF	10 H 25	직항
	브리즈번	KE	8 H 30	직항
뉴질랜드	오클랜드	KE	11 H 25 14 H 35 (나디 경유)	직항 나디 경유
피 지	나 디	KE	10 H	직항
괌	괌	OZ	4 H 30	직항
사이판	사이판	OZ	4 H 30	직항

343

13.4.4. 아메리카

국 가	도 시	항 공	소요시간	직항여부
미 국	앵커리지	KE	7 H 40	직항
	애틀랜타	KE	16 H 10	댈러스 경유
	보스톤	UA	19 H	동경,시카고 경유
	시카고	KE,UA	12 H 45 (KE) 17 H (UA, 동경 경유)	직항 UA (동경 경유)
	댈러스	KE	12 H 50	직항
	호놀룰루	KE	8 H 40	직항
	로스앤젤레스	KE,OZ,UA,AA	11 H 30 (KE)	직항 동경 경유
	미네아폴리스	NW	13 H 40 (동경 경유)	동경 경유
	뉴 욕	KE,OZ,AA	15 H 05	직항 앵커리지 경유
	샌프란시스코	KE,OA,UA,AA,SQ	10 H 40	직항
	시애틀	OZ,AA	10 H 20	직항
	워싱턴	KE,UA	13 H 45 21H (동경, 시카고 경유)	직항
브라질	상파울루	KE	25 H 10 (LA 경유)	LA 경유
캐나다	토론토	KE	13 H 30	직항
	밴쿠버	KE,SQ,AC	10 H 11 H 30 (SQ)	직항

13.4.5. 유럽

국 가	도 시	항 공	소요시간	직항여부
네덜란드	암스테르담	KE,OZ,QF	14 H 45 (KE) 11 H 25 (KL)	취리히 경유 (KE) 직항 (KL)
독 일	프랑크푸르트	KE,OZ,LH	11 H 20	직항
영 국	런던	KE	11 H 55	직항
프랑스	파리	KE,AF	11 H 55	직항
이탈리아	로마	KE,AZ	11 H 55 15 H 10 (KE915)	직항 취리히 경유 (KE915)
스위스	취리히	KE	11 H 50	직항
터 키	이스탄불	OZ,TK	11 H 45	직항
이집트	카이로	KE	16 H 30	듀바이 경유
UAE	두바이	KE	9 H 10	직항
이 란	테헤란	W5	15 H 30	직항

13.5 주요국 통화코드

국 명	통화코드(기본단위)
미 국	USD
일 본	JPY 100
유로통화	EUR
영 국	GBP
스위스	CHF
캐나다	CAD
오스트레일리아	AUD
뉴질랜드	NZD
홍 콩	HKD
스웨덴	SEK
덴마크	DKK
노르웨이	NOK
사우디아라비아	SAR
쿠웨이트	KWD
바레인	BHD
아랍에미리트	AED
태 국	THB
싱가포르	SGD
인도네시아	IDR 100
남아프리카	ZAR
러시아	RUB
헝가리	HUF
폴란드	PLN
슬로바키아	SKK
인 도	INR
말레이시아	MYR
파키스탄	PKR
방글라데시	BDT
필리핀	PHP
중 국	CNY
이집트	EGP
멕시코	MXN
브라질	BRL
브루나이	BND
대 만	TWD
이스라엘	ILS
요르단	JOD
베트남	VND 100

13.6 한국 출발/도착 주요 항공사코드

항공사명	대표연락처	공항연락처	국적	코드 ICAO	IATA
S7항공	02-3455-1234,5		러시아	SBI	S7
가루다인도네시아항공	02-773-2092~5	032-744-1990	인도네시아	GIA	GA
네덜란드항공	02-2011-5500	032-744-6700~1	네덜란드	KLM	KL
노스웨스트항공	02-732-1700	032-744-6300	미국	NWA	NW
달라비아항공	02-3788-0222	032-743-2620	러시아	KHB	H8
대한항공	1588-2001	032-742-7654	한국	KAL	KE
델타항공	02-754-1921	032-744-3772~3	미국	DAL	DL
라이언항공	02-732-2662,3398	032-744-3390	인도네시아	LNI	JT
로얄크메르항공	02-739-9933	032-743-5432~3	캄보디아	RKH	RK
루프트한자항공	02-3420-0411~3	032-744-3400	독일	DLH	LH
말레이시아항공	02-753-6241	032-744-3501	말레이시아	MAS	MH
몽골항공	02-756-9761	032-744-6800	몽골	MGL	OM
베트남항공	02-757-8920	032-744-6565~6	베트남	HVN	VN
블라디보스토크항공	02-733-2920~2		러시아	VLK	XF
스촨(四川)항공	02-730-1900	032-743-1540~1	중국	CSC	3U
사할린항공	02-753-7131	032-741-6035	러시아	SHU	HZ
산둥(山東)항공	02-775-2691		중국	CDG	SC
상하이항공	02-774-8800		중국	CSH	FM
세부퍼시픽항공	02-3708-8585~90	032-743-5393~4	필리핀	CEB	5J
스카이마크항공	02-703-9970		일본	SKY	BC
스카이스타	02-703-9970	032-743-5460	태국	SKT	XT
선전(深川)항공	02-766-9933	032-746-0118	중국	CSZ	ZH
싱가포르항공	02-755-1226	032-744-6500~2	싱가포르	SIA	SQ
써던항공	02-322-7038	032-742-9257	미국	SOO	9S
아비알항공	02-318-5731		러시아	NVI	
아사아나항공	1588-8000	032-744-2132~3	한국	AAR	OZ
아시안스피릿항공	02-735-8100		필리핀	RIT	6K
아에로플로트항공		032-744-8672~3	러시아	AFL	SU
아틀라스항공		032-743-5220,3	미국	GTI	5Y
알틴항공	02-2263-1006		키르기스탄	LYN	QH
에미레이크항공	02-779-6999	032-743-8101	아랍에미리트	UAE	EK
에바항공	02-756-0015	744-3512	대만	EVA	BR
에어 마카오	02-3455-9900	7433-114	중국	AMU	NX
에어 아스타나	02-3788-0170	032-743-2620	카자흐스탄	KZR	KC
에어 인디아	02-752-5439	032-743-5439	인도	AIC	AI
에어 캐나다	02-3788-0100	032-744-0898~9	캐나다	ACA	AC
에어 프랑스	02-3788-0440	032-744-4900~1	프랑스	AFR	AF
에어홍콩	02-311-2710	032-744-6766	중국	AHK	LD

오리엔트타이항공	02-7767-200	032-743-1014	태국	OEA	OX
우즈베키스탄항공	02-722-6856		우즈베키스탄	UZB	HY
원동항공	02-737-1534		대만	FEA	EF
유나이티드항공	02-757-1691~7	032-744-6666	미국	UAL	UA
유니항공	02-756-0015	032-743-5669	대만	UIA	B7
유피에스항공	02-3661-9000	032-744-3100/3121	미국	UPS	5X
이란항공	02-319-4555	032-744-3728	이란	IRA	IR
이스라엘항공	02-3142-6066		이스라엘	ELY	LY
이스트라인항공	02-2263-0016		러시아	ESL	P7
일본항공	02-3788-5710	032-744-3601~3	일본	JAL	JL
일본화물항공	02-317-8822	032-743-0775	일본	NCA	KZ
장성(長成)항공	02-317-8822	032-743-0775	중국	GWL	IJ
전일본공수	02-752-5500	032-744-3200	일본	ANA	NH
제미나이항공	032-744-3245		미국	GCO	GR
제이드카고	02-702-4008	032-743-2361	중국	JAE	JI
중국국제항공	02-774-6886	032-744-3255~8	중국	CCA	CA
중국남방항공	02-775-9070, 1588-9503	032-744-3270	중국	CSN	CZ
중국동방항공	02-518-0330	032-744-3786	중국	CES	MU
중국샤먼항공	02-3455-1666		중국	CXA	MF
중국우정항공	02-319-8244	032-744-4785	중국	CYZ	8Y
중국해남항공	02-779-0600		중국	CHH	HV
중화항공	02-317-8888/8720	032-743-1513~4	대만	CAL	CI
카고룩스항공	02-2663-8200	032-744-3711	룩셈부르크	CLX	CV
카타르항공	02-3708-8533	032-744-3370~72	카타르	QTR	QR
칼리타항공	02-775-2333~4	032-744-0888	미국	CKS	K4
캐세이퍼시픽항공	02-311-2800	032-744-6777	중국	CPA	CX
크라노야르스크항공	02-777-6399		러시아	KJC	7B
크릴로항공	02-2263-0016		러시아	KRI	K9
타이스카이항공	02-730-1900		태국	TKY	9I
타이항공	02-3707-0011	032-744-3571	태국	THA	TG
터키항공	02-757-0280	032-744-3737	터키	THY	TK
트레이드윈즈항공	02-3663-0174	032-744-3245	미국	TDX	WI
페더럴익스프레스	02-732-1368	032-744-6100	미국	FDX	FX
폴라에어카고		032-744-4215	미국	PAC	PO
푸켓항공	02-761-0947		태국	VAP	9R
프로그래스멀티항공	02-757-7471	032-743-7473	캄보디아	PMT	V4
필리핀항공	02-774-3581	032-744-3720~3	필리핀	PAL	PR

참 고 자 료

강무섭(2002). 청년층 취업능력 제고를 위한 학교와 노동시장의 연계 강화 방안, 직업능 력개 발원.

고종원 외(2001). 여행업경영실무론, 대왕사.

권문호 · 공윤주 · 곽영대(2008). Tour Conductor 서비스실무, 대왕사.

김상태(2000). 여행수배업협회제도권편입에 대한 타당성 검토, 한국관광연구원.

김연화외(2002). 여행/항공/호텔용어, 백산출판사.

류동근(2006). 여행매니아 새내기들에게 들어본다, 세계여행신문사.

변성문(2007). 여행업의 역할, 세계여행신문사.

세계여행신문(2007). 온라인 여행사는 없다. 2007년 6월 18일자, 세계여행신문사.

세계여행신문(2008). 2007년 여행사별 신문광고, 2008년 1월 7일자, 세계여행신문사.

심원섭(2007). 여행업 – 단순 유통업체에서 콘텐츠 업체로의 전환, 한국문화관광정책연 구원.

여행정보신문(2008). 여행사광고분석, 여행정보신문사.

윤대순 · 이재섭(2002). 여행사경영분석에 관한 사례연구, 관광경영학연구 제6권 제2호, 관광경영학회.

이교종(2000). 여행업실무론, 백산출판사.

이진석(2004). 그대 아직 꿈꾸고 있는가, 여행신문사.

임혁빈(2002). 여행업무론, 미학사.

정종훈(2001). 여행 항공용어 2000, 대왕사.

정찬종(2002). 여행사실무연습, 백산출판사.

정찬종(2007). 여행사경영론, 백산출판사.

정찬종(2007). 여행사경영실무, 백산출판사.

정찬종(2007). 해외여행안전관리, 백산출판사.

정찬종 · 신동숙(2004). 국외여행인솔실무, 대왕사.

정찬종 · 신석호(2006). 여행상품개발 · 판매실무, 백산출판사.

정찬종 · 최환수 · 박주옥(2003). 여행정보서비스실무, 백산출판사.

조선닷컴(2007). 너도 나도 공무원에 몰릴 때 레저·금융업에 눈 돌려볼까, 조선일보사.

조선닷컴(2007). 스트레스 적고 여가 즐길 수 있는 직업이 최고, 조선일보사.

한국관광공사(2006), 한국관광수요예측.

한국관광공사(2007), 관광종사원 국가자격증 등록현황, 2007년 12월 31일.

한국관광공사(2007), 관광통계분석(출입국 및 관광수지 통계).

한국관광협회 중앙회(2008), 관광사업체 현황, 2008년 4월 1일.

한국일반여행업협회(1998~2007), 1998~2007년 업체별 내국인 관광객 송출 실적.

한국일반여행업협회(1998~2007), 1998~2007년 업체별 외국인 관광객 유치 실적.

한국일반여행업협회(2008), 2007년 업체별 내국인 관광객 송출 실적, 2008년 2월 22일.

한국일반여행업협회(2008), 2007년 업체별 외국인 관광객 유치 실적, 2008년 2월 22일.

한국일반여행업협회(2008), 2007년 업체별 항공권 판매 실적, 2008년 2월 22일.

イカロス出版株式會社(2006). 旅行業界就職ガイドブック2008.

白石弘幸(2002), 業界別對策, 航空·旅行·運輸, 早稻田敎育出版.

安田佳生(2007). 採用の超プロが敎えるできる人できない人, サンタマーク文庫.

久保亮吾(2007). サービス業に就職したい, オータパブリケイションス.

リンクアンドモチベイショングルプ(2005). 就職活動の新しい敎科書, 日本能率協會マ
　　　ネジメントセンタ.

http://antor.or.kr/

http://blog.naver.com/chmilee.do?Redirect=Log&logNo=60002659909

http://blog.naver.com/lim01.do?Redirect=Dlog&Qs=/lim01/60000805074

http://blog.naver.com/maylll/19842006

http://blog.naver.com/sheenaringo

http://cafe.daum.net/avabusan

http://cafe.daum.net/TourConductor

http://job.seoul.go.kr/contents/interview_step6.asp

http://kr.blog.yahoo.com/veida1023

http://tour.interpark.com

http://www.btnikorea.com

http://www.freedom.co.kr

http://www.good.co.kr

http://www.hanatour.com

http://www.hyundaidreamtour.com

http://www.iiac.co.kr/airport/airline

http://www.kaltopas.com

http://www.kaltour.com

http://www.kata.or.kr/

http://www.korchambiz.net/

http://www.lottetours.com

http://www.mct.go.kr/index.jsp

http://www.modetour.com

http://www.moleg.go.kr/

http://www.nextour.co.kr

http://www.oktour.com

http://www.onlinetour.co.kr

http://www.redcaptour.com

http://www.segyetour.com

http://www.tcsa.or.jp/

http://www.theyoungtimes.com

http://www.tour2000.co.kr

http://www.tourbaksa.com

http://www.tourmall.com

http://www.traveltimes.co.kr/news/news_total.asp

http://www.verygoodtour.com

http://www.ybtour.co.kr

저 자 약 력

■ 정찬종(鄭粲鍾)　－ 경기대학교 관광대학 관광경영학과 졸업(경영학사)
　　　　　　　　 － 경희대학교 경영대학원 관광경영학과 졸업(경영학석사)
　　　　　　　　 － 경기대학교 대학원 관광경영학과 졸업(경영학박사)
　　　　　　　　 － (주)동서여행사 국제여행부 이사
　　　　　　　　 － 관광경영학회 및 대한관광경영학회 회장 역임
　　　　　　　　 － 현, 한나라관광(주) 경영자문위원
　　　　　　　　 － 현, 계명문화대학 관광레저학부 정년보장교수
　　　　　　　　 － e-mail : ccj822@km-c.ac.kr

■ 곽영대(郭榮大)　－ 용인대학교 산업정보대학 관광학과 졸업(경영학사)
　　　　　　　　 － 경기대학교 대학원 관광경영학과 졸업(관광학석사)
　　　　　　　　 － 경기대학교 대학원 관광경영학과 졸업(관광학박사)
　　　　　　　　 － (주)오림 사조월드투어 여행사업부 과장
　　　　　　　　 － 다이렉트여행(주) 국외여행부 차장
　　　　　　　　 － 관광경영학회 및 대한관광경영학회, 한국관광학회 정회원
　　　　　　　　 － 현, 동양공업전문대학 경영학부 관광경영과 전임강사
　　　　　　　　 － e-mail : topkwak@dongyang.ac.kr

여행사 취업특강

2008년 9월 1일 인 쇄
2008년 9월 5일 발 행

著　者　정찬종 · 곽영대
發行人　(寅製) 秦 旭 相

發行處　**백산출판사**
　　　　BAEKSAN Publishing

서울시 성북구 정릉3동 653-40
등록 ： 1974. 1. 9. 제 1-72호
전화 ： 914-1621, 917-6240
FAX ： 912-4438
http://www.baek-san.com
edit@baek-san.com

값 **15,000원**
ISBN 978-89-6183-112-3